"十三五"职业教育系列教材

计算机文化基础

主 编 马 强 沈敏捷
副主编 赖 特 张 超 卞白翔
参 编 李 梵 袁 强 张晓云
主 审 王 蓉 范 宇 张正洪

中国电力出版社
CHINA ELECTRIC POWER PRESS

内 容 提 要

本书是“十三五”职业教育规划教材。

全书共7章，主要介绍了计算机基础知识，Windows应用，计算机网络基础，云计算、大数据与“互联网+”，Word 2019、Excel 2019和PowerPoint 2019的应用。

全书以当前新版知识点进行讲授，图文并茂、条理清晰、通俗易懂、内容丰富，在讲解重要的知识点时都配有对应的实训案例，方便读者上机实践。本书适合作为高等院校各专业计算机课程的教材使用。

图书在版编目（CIP）数据

计算机文化基础/马强，沈敏捷主编. —北京：中国电力出版社，2020.7（2024.6重印）
“十三五”职业教育规划教材
ISBN 978-7-5198-4755-5

Ⅰ.①计… Ⅱ.①马…②沈… Ⅲ.①电子计算机—高等职业教育—教材 Ⅳ.①TP3

中国版本图书馆CIP数据核字（2020）第132673号

出版发行：中国电力出版社
地　　址：北京市东城区北京站西街19号（邮政编码100005）
网　　址：http://www.cepp.sgcc.com.cn
责任编辑：张　旻（010-63412536）
责任校对：黄　蓓　于　维
装帧设计：王红柳
责任印制：吴　迪

印　　刷：北京盛通印刷股份有限公司
版　　次：2020年7月第一版
印　　次：2024年6月北京第七次印刷
开　　本：787毫米×1092毫米　16开本
印　　张：15.5
字　　数：376千字
定　　价：49.00元

前　言

快速发展的计算机信息技术已经深度融入到社会生活的方方面面，深刻改变着人类的思维、生产、生活、学习方式。与之密切相关的计算基础应用已经成为人们认识和解决问题的基本能力之一。根据《国家职业教育改革实施方案》要求，坚持知行合一、工学结合，与时俱进，紧密结合当前的计算机信息技术，满足高等院校计算机应用教学的要求，我们组织了一批具有丰富教学经验的教师编写了本书。

作为高等院校的大学计算机基础教学，应该在综合考虑计算机思维能力培养、计算机学科知识传授和计算机应用技能训练三者之间关系的基础上，培养学生持续学习的能力，要教会学生思考问题的新方法，以及利用计算机解决问题的一般方法和技巧，从而拓宽学生的视野，培养学生的创新思维，为学生解决相关专业领域的问题提供有效的基础技能支撑。

全书共7章，第1章介绍了计算机基础知识，包括影响计算机发展的重要人物、计算机的分类、计算机系统的构成等；第2章介绍了Windows 10的基本操作、软件的安装与管理、文字录入的技巧与训练等；第3章介绍了计算机网络基础知识，包括常见的网络设备、网络传输介质、网络配置、网络服务和网络安全等；第4章介绍了云计算、大数据、“互联网+”、物联网、泛在网、区块链等；第5～7章主要介绍Microsoft Office 2019办公软件系列中的Word 2019文档处理、Excel 2019电子表格、PowerPoint 2019电子幻灯片。全书剔除了传统计算机基础教材的陈旧内容，全部以当前新版知识点进行讲授，图文并茂、条理清晰、通俗易懂、内容丰富，在讲解重要的知识点时都配有对应的实训案例，方便读者上机实践。

本书由四川电力职业技术学院马强和沈敏捷老师担任主编，王蓉、范宇、张正洪担任主审。其中，第1章由卞白翔、李梵编写，第2章由赖特编写，第3章由张超编写，第4章、第7章由沈敏捷编写，第5章由马强、张晓云编写，第6章由马强、袁强编写，全书由马强负责统筹和组稿。本书编写过程中，王蓉、范宇、张正洪老师对本书内容提出了宝贵意见，在此表示感谢！

限于编者的水平，书中难免有所疏漏，敬请读者批评指正。

编　者
2020年6月

目　　录

第 1 章　计算机基础知识

1.1　计算机技术对未来生活的影响

1946 年世界上第一台电子数字积分计算机 ENIAC（Electronic Numerical Integrator And Calculator，简称电子数字计算机）诞生于美国宾夕法尼亚大学，从此开启了计算机技术的缤纷发展史。自 ENIAC 诞生至今，计算机经历了几代的发展，无论是体积、性能，还是其应用范围，都发生了翻天覆地的变化。几十年前，计算机对人类的影响还局限于科学研究和数学计算等少数人可接触的层面。通过短短几十年的发展，计算机已迅速发展成为人类工作和生活中必不可少的工具。

展望未来，随着大数据、云计算、物联网、3D 打印和人工智能等新技术的快速发展与推广应用，计算机将融入我们生活和工作的每一个角落。在日常生活中，由计算机控制的各种家用电器，使我们的生活变得更加智能化。在工作方面，由计算机控制的各种自动化机器，使工作质量得到保障的同时节省了大量人力、物力。在出行方面，由计算机控制的各种智能交通工具，使我们的出行变得轻松、有趣，安全而舒适。在医疗保健方面，计算机也将同样得到广泛应用，使我们的身心健康得到保障。如图 1.1 所示，在不远的将来，相信随着计算机技术的不断发展，我们的生活将变得更加丰富多彩，安全便捷。

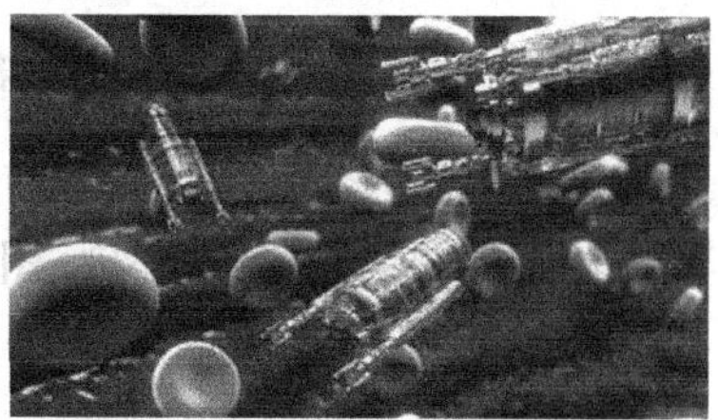

图 1.1　人工智能（Artificial Intelligence，AI）机器人、无人驾驶汽车和纳米机器人

1.2　影响计算机发展的人物和设备

1.2.1　影响计算机发展的重要人物

1. 国外人物

(1) 冯·诺依曼（John von Neumann，1903—1957）。原籍匈牙利，布达佩斯大学数学博士，20 世纪最重要的数学家，是现代计算机、博弈论、核武器和生化武器等领域内的科学全才，被后人称为“计算机之父”和“博弈论之父”。1930 年前往美国，后加入美国国籍；历任普林斯顿大学、普林斯顿高级研究所教授、美国原子能委员会会员、美国全国科学院院士，其图像如图 1.2 所示。

冯·诺伊曼曾对世界上第一台电子计算机 ENIAC 的设计提出过建议，1945 年 3 月他在共同讨论的基础上起草了一个全新的存储程序通用电子计算机方案 EDVAC（Electronic

Discrete Variable Automatic Computer)。这对后来计算机的设计产生了决定性的影响，特别是在确定计算机的结构，采用存储程序以及二进制编码等方面，这些设计准则至今仍被电子计算机设计者所遵循。

(2) 艾伦·麦席森·图灵（Alan Mathison Turing，1912—1954）。出生于英国伦敦，毕业于普林斯顿大学，数学家、逻辑学家，称为“计算机科学之父”“人工智能之父”。1931年进入剑桥大学国王学院，毕业后到美国普林斯顿大学攻读博士学位，第二次世界大战爆发后回到剑桥，后曾协助军方破解德国的著名密码系统 Enigma，帮助盟军取得了第二次世界大战的胜利，其图像如图 1.3 所示。

图 1.2 冯·诺依曼

图 1.3 艾伦·麦席森·图灵

图灵对于人工智能的发展有着诸多的贡献，提出了一种用于判定机器是否具有智能的试验方法，即图灵试验。此外，图灵提出的著名的图灵机模型为现代计算机的逻辑工作方式奠定了基础。

图 1.4 比尔·盖茨和微软公司徽标

(3) 比尔·盖茨（Bill Gates）。全名威廉·亨利·盖茨三世，简称比尔或盖茨，其图像和公司徽标如图 1.4 所示。1955 年 10 月 28 日出生于美国华盛顿州西雅图市，1975 年与好友保罗·艾伦一起创办了微软公司，担任微软公司董事长、CEO 和首席软件设计师。企业家、软件工程师、慈善家、微软公司创始人。比尔·盖茨对软件的贡献，就像爱迪生对灯泡的贡献一样，由他主导创造的微软公司在个人计算和商业计算软件、服务和互联网技术方面都是全球范围内的领导者。

(4) 史蒂夫·乔布斯（Steve Jobs，1955—2011）。出生于美国加利福尼亚州旧金山，美国发明家、企业家、美国苹果公司联合创办人，其图像及公司徽标如图 1.5 所示。

乔布斯经历了苹果公司几十年的起落兴衰，先后主导推出了麦金塔计算机（Macintosh）、iMac、iPod、iPhone、iPad 等风靡全球的电子产品。他勇于变革，不断创新，成功引领了全球资讯科技和电子产品的潮流，把电脑和电子产品不断变得简约化、平民化，让电子产品成为现代人生活的一部分。

图 1.5　乔布斯和苹果公司徽标

2. 国内人物

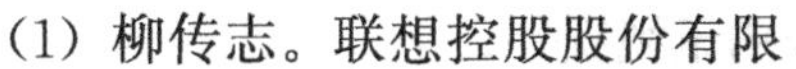

(1) 柳传志。联想控股股份有限公司董事长，联想集团创始人，其图像及公司徽标如图 1.6 所示。企业家、投资家、全球 CEO 发展大会联合主席，西安电子科技大学名誉教授。1992 年，联想率先推出 1+1 家用电脑，致力于让每一个家庭都能用上电脑。从 1996 年开始，联想电脑的销量一直位居我国国内市场首位。1999 年，联想将第一台互联网电脑带给了中国用户。2005 年，联想集团收购 IBM 个人电脑（Personal Computer，PC）事业部。2013 年，联想电脑销售量升居世界第一，成为全球最大的 PC 生产厂商。2014 年 10 月，联想集团完成对摩托罗拉移动公司的收购。

lenovo联想

图 1.6　柳传志和联想集团徽标

(2) 求伯君。金山软件股份有限公司创始人，生于浙江省绍兴市新昌县。毕业于中国人民解放军国防科技大学，有“中国第一程序员”之称，其图像和产品徽标如图 1.7 所示。1989 年，成功开发出 WPS1.0 版，成功填补了我国中文文字处理软件的空白。1994 年，WPS 用户超过千万，占领了中文文字处理市场的 90%。2001 年 5 月，WPS 正式采取国际办公软件通用定名方式，更名为 WPS Office。在产品功能上，WPS Office 从单模块的文字处理软件升级为以文字处理、电子表格、演示制作、电子邮件和网页制作等一系列产品为核心的多模块组件式产品。

WPS Office

图 1.7　求伯君和产品徽标

图 1.8 马化腾和腾讯公司徽标

(3) 马化腾。出生于海南省东方市，祖籍广东省汕头市。腾讯公司主要创办人之一。现任腾讯科技（深圳）有限公司董事会主席兼首席执行官，中华全国青年联合会副主席，全国人大代表，其图像和公司徽标如图 1.8 所示。

马化腾于 1998 年创建腾讯公司，目前是中国最大的互联网综合服务提供商。腾讯多元化的服务包括：QQ、微信、QQ 游戏平台、腾讯网、腾讯新闻客户端，以及腾讯视频等。

(4) 马云。生于浙江省杭州市，祖籍浙江省嵊州市谷来镇，阿里巴巴集团创始人，其图像和公司徽标如图 1.9 所示。1999 年创建阿里巴巴集团，目前阿里系的主要业务包括电子商务服务、蚂蚁金融服务、菜鸟物流服务、大数据云计算服务、广告服务、跨境贸易服务等互联网服务。

图 1.9 马云和阿里巴巴集团徽标

(5) 李彦宏。山西阳泉人，百度创始人、董事长兼首席执行官，其图像和公司徽标如图 1.10 所示。1991 年，毕业于北京大学信息管理专业，随后前往美国布法罗纽约州立大学完成计算机科学硕士学位。2000 年，李彦宏创建了百度公司。经过十多年的发展，目前百度已发展成为全球第二大独立搜索引擎和最大的中文搜索引擎。百度的成功，也使中国成为继美国、俄罗斯和韩国之后，全球第 4 个拥有搜索引擎核心技术的国家。

图 1.10 李彦宏和百度公司徽标

1.2.2 计算机分类

按照计算机的处理能力和用途，通常将计算机大致分成 5 类。

1. 超级计算机

超级计算机（Super Computer）是能够执行个人电脑无法处理的大数据量与高速运算任务的计算机，如图 1.11 所示。其基本部件构成较之个人电脑并无太大差异，但规格与性能要远高于个人电脑，它是一种超大型电子计算机，具有极强的数据计算和处理能力。主要特点表现为高速运行和海量存储，同时还配有多种外部和外围设备，以及丰富的、高功能的软件系统。当前，各国所拥有的超级计算机绝大多数的运算速度都可以达到每秒一太（Trillion，万亿）次以上。

图 1.11 超级计算机天河一号

超级计算机是计算机中功能最强、运算速度最快、存储容量最大的一类计算机，多用于国家高新技术和尖端技术研究领域，是一个国家科研实力的重要体现，它对国家安全、经济和社会发展具有举足轻重的意义，是国家综合国力和科技发展水平的重要标志。

2. 大型机、小型机

大型机或大型主机，英文名 mainframe，如图 1.12 所示。大型机使用专用的处理器指令集、操作系统和应用软件。常见的大型机如 IBM 公司出厂的 system/360 系列计算机。当然“大型机”这个词也可以用来指由其他厂商，如 Amdahl，Hitachi Data Systems（HDS）制造的兼容系统。但有些人用来指 IBM 的 AS/400 或者 iSeries 系统是不恰当的，因为即使 IBM 公司内部也只把这些系列的机器看作中等型号的服务器，而不是大型机。

小型机，英文名 minicomputer 和 midrange computer，是指采用精简指令集处理器，性能和价格介于 PC 服务器和大型机之间的一种高性能 64 位计算机，如图 1.12 所示。1971 年贝尔实验室发布多任务多用户操作系统 UNIX，随后受到一些商业公司的青睐，成为当前服务器的主流操作系统，因此在我国，小型机又成为 UNIX 服务器的代名词。

图 1.12 大型机和小型机

3. 服务器、工作站

服务器是提供计算服务的设备。由于服务器需要响应并及时处理服务请求，因此服务器必须具备承担服务和保障服务的能力。

服务器硬件构成包括处理器、硬盘、内存、系统总线等，与我们的个人计算机结构类似，但又因其需要提供高可靠性的服务，所以在处理能力、稳定性、可靠性、安全性、可扩展性、可管理性等方面远远高于个人计算机。根据服务的外形，可以将其分为刀片式、机架式、塔式和机柜式服务器，如图 1.13 所示。在网络环境下，根据服务器提供的服务类型可以将其分为文件服务器、数据库服务器、应用程序服务器、网页（Web）服务器等。

图 1.13 刀片式服务器、机架式服务器和塔式服务器

工作站是一种高端的通用微型计算机。其主要作用是为单个用户提供比个人计算机尤其在图形图像处理、多任务并行等方面更为强大的性能。通常工作站都配有高分辨率的大屏、多屏显示器及大容量的内、外存储器，具有极强的数据计算处理能力。此外，连接到服务器的终端机也可称为工作站。

4. 微型计算机

微型计算机简称“微型机”“微机”，因其具备了人脑的某些功能，所以也称其为“微电脑”。微型计算机是由大规模集成电路组成的、体积较小的电子计算机。因其体积小、灵活度大、价格低、使用方便已被广泛应用并普及。我们日常工作、学习和生活中用到的个人电脑就属于微型计算机，当它连接网络后即成为网络连接的终端机，如图 1.14 所示。

图 1.14 微型计算机

5. 移动终端

移动终端也称为移动通信终端，是指支持在移动环境中使用的计算机设备，如图 1.15 所示。从理论上而言，移动终端包括手机、笔记本、平板电脑、POS 机，甚至包括车载电脑，但是大部分情况下是指具有多种应用功能的智能手机和平板电脑。随着通信和集成电路技术的飞速发展，移动网络将开放更大带宽空间，移动终端将拥有更为强大的运算处理能力，移动终端正在从简单的通话工具变为一个综合信息处理平台。这也为移动终端提供了更加宽广的发展空间。

图 1.15 手机、平板电脑和 POS 机

1.3　计算机系统的构成

一个完整的计算机系统是由硬件系统和软件系统两大部分组成的，如图 1.16 所示。硬件系统，是指计算机的各种看得见、摸得着的实实在在的物理设备的总称，包括组成计算机的各类电子的、机械的元器件或装置，是计算机系统的物质基础。软件系统，是指在硬件系统上运行的各类程序、数据和相关资料的总称。

综上所述，计算机硬件是软件建立和依托的基础，软件是计算机的灵魂。如果没有硬件的物质支持，软件的功能和价值则无法得到发挥和体现，同时，硬件的性能决定了软件的运行速度、显示效果等因素，而软件决定了计算机可进行的工作种类。所以硬件和软件相互结合构成了一个完整的计算机系统，只有将硬件和软件有机结合，才能充分发挥计算机系统的功能。

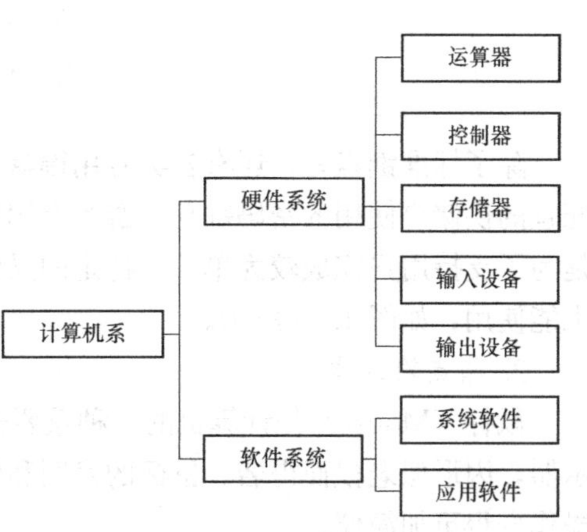

图 1.16　计算机系统的组成示意

1.3.1　硬件系统

计算机硬件系统是将由电子、机械、光电元件等组成的各种物理装置科学、有序地按照系统结构要求组合成为一个有机的整体。其基本功能是接受计算机程序的控制来实现数据输入、输出、运算等一系列根本性操作，如图 1.17 所示。虽然计算机的制造技术从第一台计算机诞生至今已经发生了翻天覆地的变化，但在基本硬件结构方面，一直沿袭着冯·诺依曼的传统框架，即计算机硬件系统由运算器、控制器、存储器、输入设备、输出设备五大部件构成。

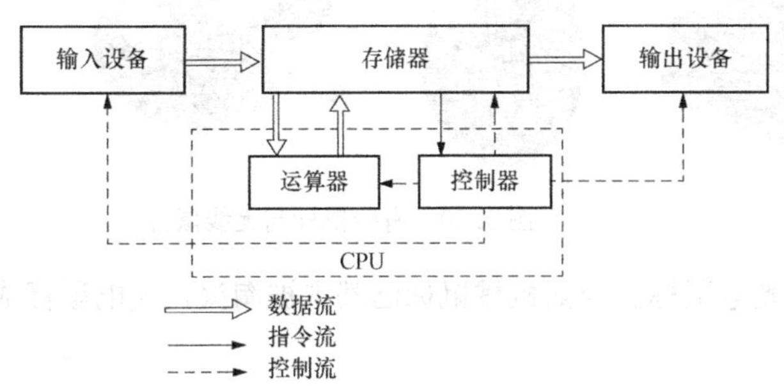

图 1.17　五个基本功能部件的相互关系

1.3.1.1　输入设备

输入设备，是指向计算机输入数据和信息的设备，是计算机与用户或其他设备通信的桥梁。输入设备是用户与计算机系统之间进行信息交换的主要装置之一。

1. 键盘输入类

键盘（Keyboard）是人机对话的最基本的设备之一，用户用它来输入数据、命令和程序。目前主流键盘大部分采用 USB 接口，传统键盘是 101 键、102 键，为了适应网络与其他计算机连接的需要，现已增加至 104 键、106 键、108 键。

键盘的连接方式分为有线和无线（蓝牙）连接。键盘的主键盘区设置与英文打字机相同，另外还设置了一些专用键和功能键以便于操作和使用。

按照各类按键的功能和位置，通常将键盘划分为主键区、数字键区、功能键区和编辑键区四个部分，如图 1.18 所示。

图 1.18　键盘功能解析

除了标准键盘外，还有各类专用键盘是专为某些特殊应用而设计的。例如，银行柜台上配置的供储户使用的密码键盘、游戏专用键盘等。特殊应用键盘的按键数量往往较少，主要是为了支持用户完成较为单一、特定的操作而配备的。其主要特点为操作简单，不需要培训也能使用，如图 1.19 所示。

2. 指点输入类

鼠标（Mouse）是计算机的一种重要输入设备，也是计算机显示系统纵横坐标定位的指示器，因形似老鼠而得名。鼠标的发明和使用取代了键盘部分烦琐指令的输入，使计算机的操作变得更加简便。

鼠标按接口类型可分为串行鼠标、PS/2 鼠标、总线鼠标、USB 鼠标四种。目前绝大多数用户都使用的 USB 接口鼠标，如图 1.20 所示。

图 1.19　专用键盘　　图 1.20　有线鼠标与无线鼠标

鼠标按其工作原理分为机械鼠标和光电鼠标。当前机械鼠标已基本被淘汰，光电鼠标成为主流。

鼠标按其使用形式分为有线鼠标和无线鼠标。随着蓝牙、抗干扰等技术的不断发展，选择使用无线鼠标的用户也越来越多。其实，随着科学技术的不断更新与发展，指点类设备除了传统的鼠标外，还衍生出了许多产品，如电子笔、手写板、触摸屏等，它们极大地方便了不同用户的不同需要。

3. 扫描输入类

随着多媒体技术的发展以及各种个性化软件的不断推广应用，扫描仪的应用也越来越广泛，其种类也越来越丰富。扫描仪是一种高精度的光机电一体化高科技产品，目前常见的图形扫描仪、条形码/二维码扫描仪、光学字符阅读器（Optical Character Recognition，OCR）

等都属于扫描输入类设备。

(1) 图形扫描仪。是一种图形、图像输入设备，可以直接将图形、图像、照片、文本输入计算机中，如图 1.21 所示。例如，用户可以把照片、图片、纸质文件经扫描仪输入计算机中，后期对扫描出来的图像进行保存、编辑、分类、共享等操作。

分辨率是体现扫描仪对图像细节表现能力的重要技术指标，通常用每英寸长度上扫描图像所含有像素点的个数表示，记为 dpi。目前，大多数扫描仪的分辨率在 300～2400dpi 之间。但扫描仪的实际精度一般用 lpi（即一英寸长度上实际能分辨出的线条个数）表示，分辨率为 300～2400dpi 的扫描仪其实际精度一般为 200～300lpi。

图 1.21　扫描仪

(2) 光学字符阅读器。是指可将点阵图形的字符转换成文本的扫描仪，如图 1.22 所示。该类设备可以轻松地将图片中的文字转换为文本文件。

(3) 条码扫描仪。通常也被称为条码扫描枪/阅读器，如图 1.23 所示。信息的专用设备，可分为一维、二维条码扫描仪。此外，还可以分为 CCD、全角度激光和激光手持式条码扫描仪。目前，条码扫描仪在人们日常生活与工作中被广泛使用，如超市收银、手机二维码收付款、仓库存储管理等。

图 1.22　光学字符阅读器

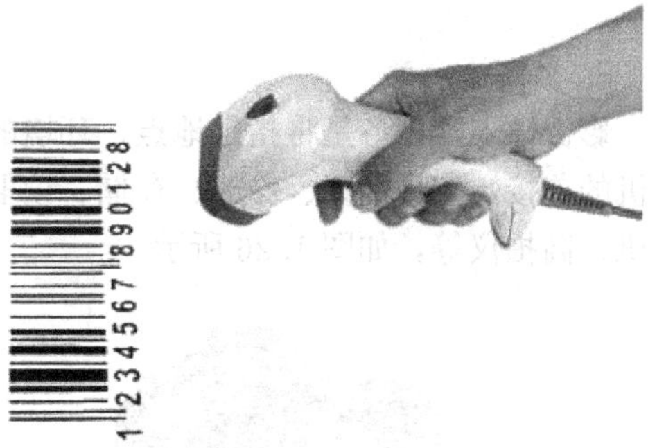

图 1.23　条码扫描仪

(4) 刷卡器。按照其工作原理可分为接触式、非接触式、混合式。在日常生活中，接触式刷卡器一般针对如 IC 卡、磁条卡等需要将其插入设备中才能正常使用的情况。非接触式刷卡器一般针对如门禁卡、RFID 射频识别标签等场景。而混合式刷卡器一般针对如在高速路口、桥梁等场所设立了电子收费系统（Electric Toll Collection，ETC）自动分析收取各种车辆的过路费、提高收费效率，银行卡等同时满足接触和非接触两种使用场景的情况。如图 1.24 所示。

4. 语音输入类

语音输入技术的原理是通过受话器将外界声音转变成为电脑能识别的语音信号。随着近年来科技的发展，语音输入技术已从以前的语音记录、通话等单一的简单功能逐渐演变为可通过语音信息来控制计算机调取、查询、修改数据信息等复杂工作的智能语音输入设备，如苹果手机内置的 Siri、小米公司开发的“小爱同学”等，如图 1.25 所示。

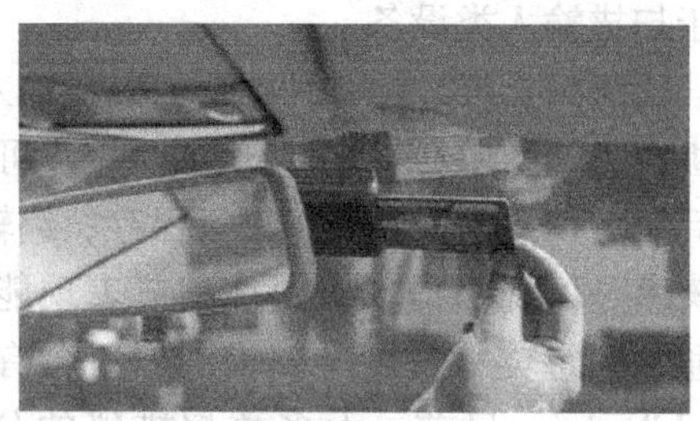

图 1.24 各类型刷卡设备

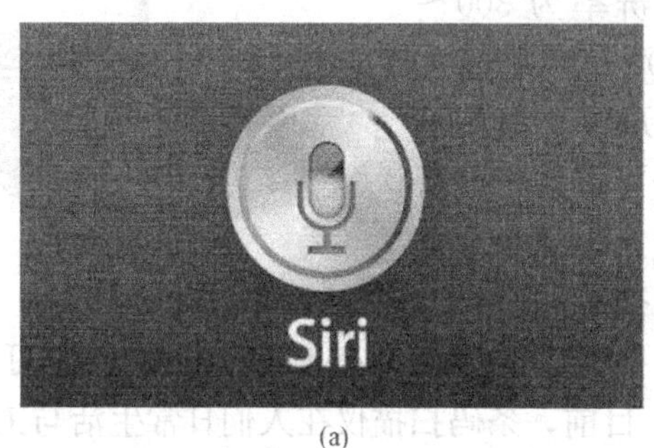

(a)

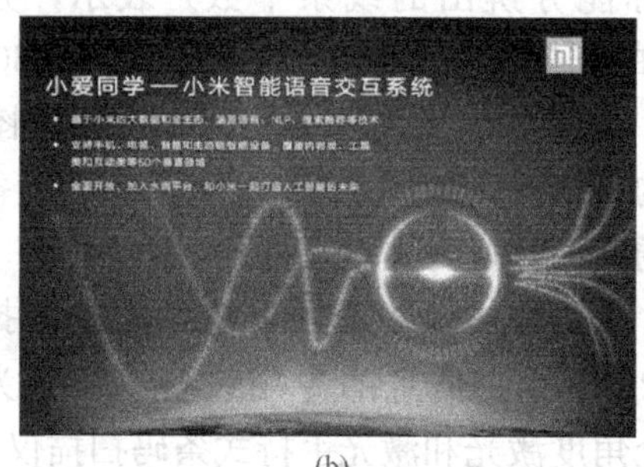

(b)

图 1.25 智能语音输入识别系统

(a) Siri 智能语音输入识别系统；(b) 小爱同学智能语音输入识别系统

5. 影像输入类

影像输入类设备是将指定地点、环境的人、物、景转换成数字图片或视频并可通过与计算机的连接，实现保存、修改、存储、读取等操作。影像输入类设备主要包括摄像头、数码相机、高拍仪等，如图 1.26 所示。

图 1.26 数码相机、高拍仪和摄像头

6. 传感输入类

(1) 指纹识别。由于人的指纹具有唯一性、稳定性等特点，为身份的鉴定提供了客观依据，因此，指纹识别目前被广泛应用于诸如手机指纹锁、指纹考勤打卡机、指纹开锁、出入境管理等各个领域。

指纹识别过程可以分为四个步骤：采集指纹图像、提取指纹特征、保存数据和对比。通过指纹读取设备读取到人体指纹的图像，读取到指纹后，要对原始图像进行初步处理，指纹辨识软件建立指纹的数字表示特征数据，软件从指纹上找到称为“节点”的特征点，这些数据（通常称为模板），保存为大小1KB的记录。最后，计算机通过模糊对比法，把两个指纹的模板进行对比，计算出它们的相似程度，最终得到两个指纹的匹配结果，如图1.27所示。

（2）人脸识别。是基于人的脸部特征信息进行身份识别的一种生物识别技术。是指用摄像机或摄像头采集含有人脸的图像或视频流并自动在图像中检测和跟踪人脸，进而对检测到的人脸进行脸部识别的一系列相关技术，通常也称为人像识别、面部识别。人脸识别技术因其使用方便，直观性突出，识别精度高，不易仿冒等技术优势，一经推出便迅速被推广运用，多应用于银行卡OCR识别，身份证OCR识别，社区、学校等人脸门禁系统，火车站人脸识别过安检等行业领域，如图1.28所示。

图1.27 指纹识别

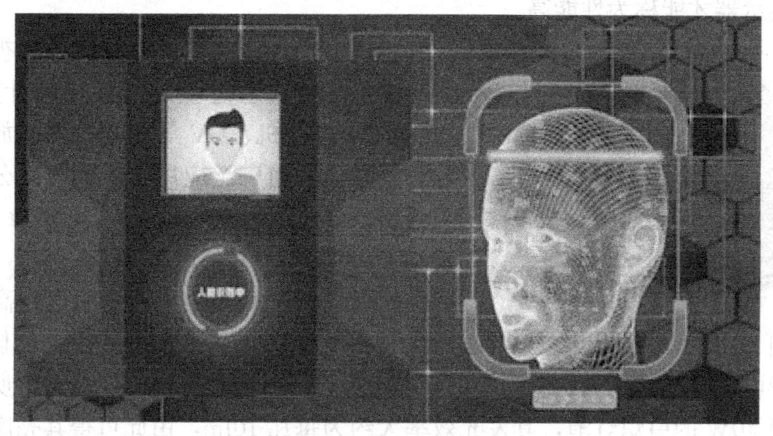

图1.28 人脸识别

1.3.1.2 输出设备

按照设备的工作属性，人们把显示器、投影仪、打印机、扬声器（音响）等设备称为计算机的输出设备，通过输出设备来把计算机处理过的信息（图像、声音、文字等）传输出去。

1. 影像输出

（1）显示器。发展到今天，经历了从单色到彩色，从模糊到清晰，从小到大无数的变化。最具备代表性的有CRT显示器（球面显像管、平面直角显像管）、LCD显示器（液晶显示器）、LED显示器（通过控制半导体发光二极管的显示方式），如图1.29所示。

显示器的性能主要由以下两个参数决定：

1）分辨率。是屏幕图像的精密度，通俗来说，就是指显示器所能显示的像素有多少。由于屏幕上的点、线、面均由像素组成，显示器可显示的像素越多，画面就越精细，同样的屏幕区域内能显示的信息也就越多。所以显示器的分辨率是个非常重要的性能指标。在理解显示器分辨率时，可以把要显示的整个图像想象成是一个大型的棋盘，而分辨率的表示方式就是所有经线和纬线交叉点的数目。在显示分辨率一定的情况下，显示屏越小，图像越清

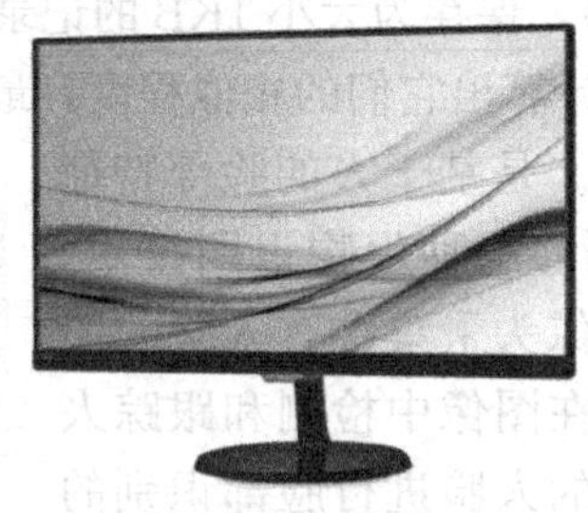

图 1.29 CRT 显示器和 LED 显示器

晰。反之，显示屏大小固定时，显示分辨率越高，图像就越清晰。

2）刷新率。是指电子束对屏幕上的图像重复扫描的次数。刷新率的高低与显示图像稳定性有关。刷新率越高，所显示的图像（画面）稳定性就越好。虽然刷新率的高低直接影响显示器的价格，但是由于刷新率与分辨率两者是相互制约的关系，因此只有兼顾高分辨率与高刷新率的显示器才能称为性能高。

图 1.30 投影仪

（2）投影仪。是一种可以将图像或视频投射到幕布上的设备，可以通过不同的接口与计算机、VCD、DVD、BD、游戏机、DV 等相连接并播放相应的数字信号。投影仪目前广泛应用于家庭、办公室、学校和娱乐场所，根据工作方式不同，可分为 CRT、LCD、DLP 等不同类型，如图 1.30 所示。

在投影仪的技术参数中，流明值越高表示明亮度越高，明亮度越高则意味着投影效果更佳，其受周围光线环境的影响较小。流明（lm），简单来说就是指蜡烛的烛光在 1m 距离外所显现出的亮度。一个普通 40W 的白炽灯泡，其发光效率大约为每瓦 10lm，由此可得其亮度为 400lm。

（3）显示卡（Video Card、Display Card、Graphics Card）。通常称为显卡，是个人计算机最基本也是最重要的组成部分之一，它将计算机系统所需要显示的信息进行转换并向显示器提供逐行或隔行扫描信号，控制显示器正确显示。显卡是连接显示器与计算机主板的重要硬件，是人机交互的重要设备，如图 1.31 所示。

图 1.31 显示卡

1）显存。也称帧缓存，用来存储显卡芯片处理过或即将提取的渲染数据。其功能与原理类似计算机的内存储器。显存是用来存储待处理的图形信息的部件。目前，主流显卡的显存容量通常可达 512MB、1GB、2GB，某些专业显卡甚至已经具有 4GB 的显存。显存容量的大小将直接影响图形图像的处理速度，进而决定该台计算机的显示效果与性能。

2）位宽。是指内存或显存单次传输的最大数据量。简单地说，就是一次能传输的数据宽度，就像公路的车道宽度，双向四车道、双向六车道，当然车道越多，单次能通过的汽车数量就越大，所以位宽越大，单次通过的数据就越多，从而有效提升显卡的性能。作为显存的重要参数之一，显存位宽是显存在一个时钟周期内所能传送数据的位数，位数越大则瞬间所能传输的数据量就越大，显卡的性能也就越高。

2. 音频输出

（1）音响。是音响系统的简称，代指一整套可以还原播放音频信号的设备。音响系统大体包含：声源设备（如 DVD、CD、MP3、MP4、电脑、手机、麦克风等声源输出设备）；音频信号动态处理设备（压限器、效果器、调音台、音频处理器、均衡器等音频信号处理设备）；音频信号放大设备（前级功率放大器、后级功率放大器、数字功率放大器等模拟功率放大器、设备）；声音还原设备（全频音箱、吸顶扬声器、音柱、线阵音箱、阵列式音箱、高音扬声器、低音炮等）。

声道（Sound Channel）。是指声音在录制或播放时在不同空间位置采集或回放相互独立的音频信号，所以声道数也就是声音录制时的音源数量或回放时相应的扬声器数量。

（2）声卡（Sound Card）。也称音频卡，是多媒体技术中最基本的组成部分，是实现声波/数字信号相互转换的一种硬件。声卡的基本功能是把来自话筒、磁带、光盘的原始声音信号加以转换，输出到耳机、扬声器、扩音机等声响设备或通过音乐设备数字接口（MIDI）使乐器发出与传输数字信号相对应的声音，如图 1.32 所示。

3. 介质输出

（1）打印机（Printer）。是计算机的输出设备之一，用于将计算机处理结果打印在相关介质上。衡量一部打印机的好坏有打印分辨率、打印速度、打印噪声三项指标。

图 1.32　声卡

打印机的种类很多，按打印元件对纸是否有击打动作，分击打式打印机与非击打式打印机。按打印字符结构，分全形字打印机和点阵字符打印机。按一行字在纸上形成的方式，分串式打印机与行式打印机。按工作方式分为针式打印机、喷墨式打印机、激光打印机和热敏打印机等，如图 1.33 所示。

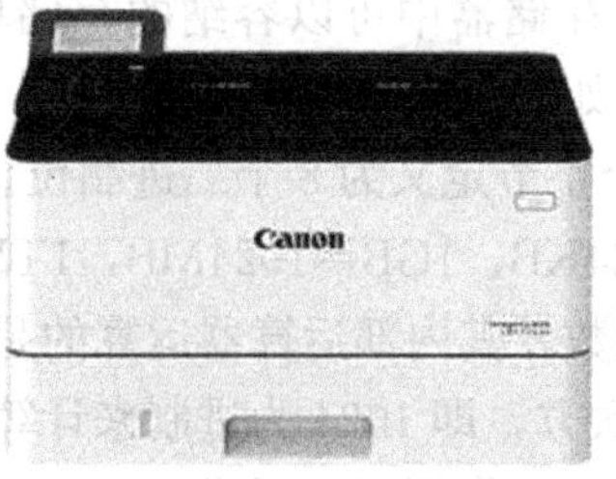

图 1.33　针式打印机、激光打印机和热敏打印机

(2) 绘图机。是一种自动化的制图设备。通过计算机编辑控制指令，由控制接口将计算机语言转换成绘图机能够识别的控制信号，控制X、Y方向电动机的转动和抬笔、落笔等动作，从而绘制出用户所需的图形。在多笔头的绘图机中，用户可根据需要选择不同颜色和不同粗细的线条绘制色彩更为复杂的图形，如图1.34所示。

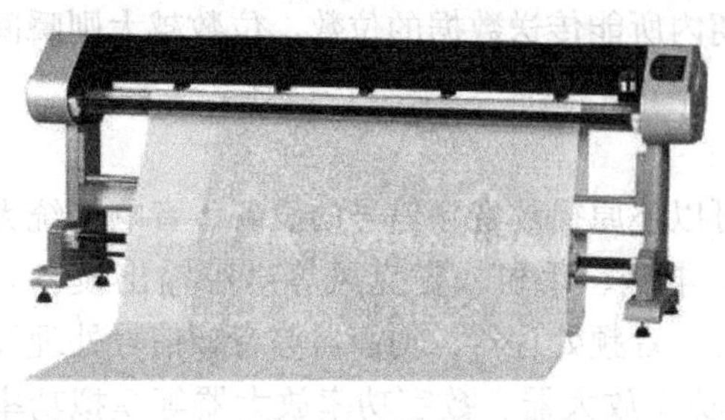
图1.34 绘图机

1.3.1.3 存储器

1. 相关概念

(1) 存储器（Memory）。是现代信息技术中用于保存信息的记忆设备。在微型计算机硬件系统内部，存储器是仅次于中央处理器（Central Processing Unit，CPU）的最重要器件之一，它直接影响微型计算机的整体性能。存储器按用途可分为内存储器（主存储器）和外存储器（辅助存储设备）。有了存储器，计算机才有了记忆功能，才能保证计算机正常、连续地工作。

(2) 数制。人们在生产实践和日常生活中，创造了多种表示数的方法，这些数的表示规则称为数制，其中按照进位方式技术的数制称为进位计数制。目前，常用的有十进制、十六进制、二进制等。其中，二进制因其简单可行、运算规则简单等特点称为计算机中的计数方式。

(3) 二进制（binary）。任意一个二进制数可用0、1两个数字符号表示。它还有两个数字符号：0、1。位权为2^i($i=m\sim n-1$，其中m、n为自然数)。

(4) 十进制（decimal）。任意一个十进制数可用0、1、2、3、4、5、6、7、8、9共10个数字符号表示。位权为10^i($i=m\sim n-1$，其中m、n为自然数)。

(5) 十六进制（hexadecimal）。任意一个十六进制数可用0、1、2、3、4、5、6、7、8、9、A、B、C、D、E、F共16个数字符号表示。位权为16^i($i=m\sim n-1$，其中m、n为自然数)。

(6) 数据单位。计算机中采用二进制数来存储数据信息，常用的数据单位有以下几种：

1) 位（bit）。是指二进制数的一位0或1，又称比特（bit），它是计算机存储数据的最小单位。

2) 字节（Byte）。8位二进制数为一个字节，缩写为B。字节是存储数据的基本单位。通常，一个字节可以存放一个英文字母或数字，两个字节可存放一个汉字。

3) 字（word）。字由一个或多个字节组成。字与字长有关。字长，是指CPU能同时处理二进制数据的位数，分8位、16位、32位、64位等。

(7) 存储容量。是指一个存储器中可以容纳的存储单元总数，称为该存储器的存储容量。通常用字节或字来表示，如64KB、512KB、64MB、8GB等。

B表示字节（Byte），一个字节定义为8个二进制位。

1KB=1024B，1MB=1024KB，1GB=1024MB，1TB=1024GB。

由于计算机只识别二进制数，其内部运算器运算的是二进制数。因此，计算机常用存储单位之间的转换是以2的10次方，即1024为进制来计算的。

(8) 内存频率。是指内存的工作频率，通常以MHz（兆赫）为单位来计量，内存频率在一定程度上决定了内存的实际性能，内存频率越高，说明该内存在正常工作下的速度越快。因而内存频率与 CPU 主频一样，习惯上被用来表示内存的速度，也代表着该内存所能达到的最高工作频率。比如，DDR2 内存的频率有 533、667、800MHz 等，而 DDR3 内存的频率有 800、1066、1333MHz 等。内存频率越高，速度越快，这就好比开车一样，驾驶员将油门加得越大，车开得就越快，但这也需要与系统的配合，车的最高时速再高，其行驶的路面坑洼不平，还是无法发挥最佳性能，而且车开得越快，安全系数也就越低。内存频率也是如此，频率为 667MHz 的 DDR2 内存，实际工作时的速度无法达到 667MHz，而且过高的内存频率，将导致内存延迟的增长，反而影响内存速度。因而受到工艺技术的限制，DDR2 内存的最高频率一般为 800MHz。

2. 内存储器

计算机内存储器也称为内存，是计算机主板上的存储部件，用来存放当前正在执行的数据和程序，但仅用于暂时存放程序和数据，关闭电源或断电，数据会丢失。计算机所有程序的运行都是在内存储器中进行的。

内存一般按照字节分成许多存储单元，每个存储单元都有一个编号称为地址。CPU 通过地址查找所需的存储单元，该类操作称为读操作。而把数据写入指定的存储单元称为写操作。读、写操作通常称为“访问”或“存取”操作。

存储容量和存取时间是内存性能优劣的两个重要指标。存储容量，是指存储器可容纳的二进制数据信息量，就是通常所说的内存达到 2、4GB 等。通常情况下，内存容量越大，程序运行速度相对就越快。存储时间，是指存储器收到有效地址到其输出端出现有效数据的时间间隔，一般情况下，存取时间越短，则代表性能越高。

根据功能，内存又可分为随机存取存储器（Random Access Memory，RAM）、只读存储器（Read Only Memory，ROM）和高度缓冲存储器（Cache，简称高速缓存）。

RAM 和 ROM 的区别：

RAM 为随机存储，当 RAM 断电时，其存储的数据会全部清除，不被保存。

ROM 为只读存储，当 ROM 断电时，其存储的数据不会被清除，会被保存。

通俗地讲，比如在计算机中，内存就是一种 RAM，光盘就是一种 ROM，RAM 运行速度远远快于 ROM 运行速度，在计算机的日常操作中，很多程序都将临时运行的程序命令存放在内存中，但遇到关机或停电的情况，内存里面原本临时存储的程序信息将全部清空。因此，内存只能临时存储数据信息，不能长久保存，而 ROM 则可以存储，即使断电或重新启动计算机也可以找到之前存储的数据信息。内存条如图 1.35 所示。

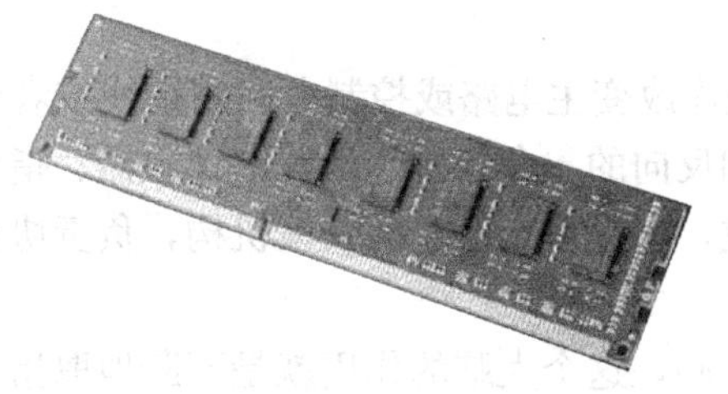

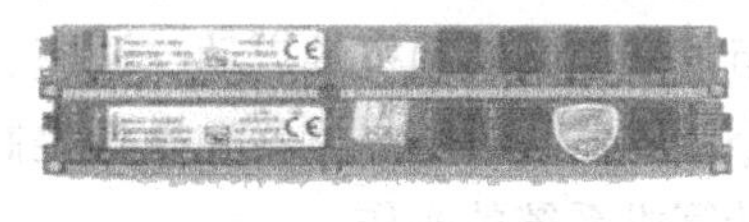

图 1.35　内存条

3. 外存储器

外存储器属于外部设备，它既是输入设备，也是输出设备，是内存的后备与补充。与内存相比，外存的容量远大于内存，且关机后信息不会丢失，但存储速度较慢，一般用来存放暂时不用的程序和数据，如图 1.36 所示。

图 1.36 磁盘（硬盘）

外存虽然具有存储量大，断电后信息不丢失等优势，但它只能与内存交换信息，不能被计算机系统中的其他部件直接访问。当 CPU 需要访问外存数据时，需要先将数据读入内存中，再由 CPU 从内存中访问该数据。当 CPU 需要输出数据时，也只能将数据先写入内存，然后再由内存写入外存中。

目前，微型计算机常用的外存储器有光盘、磁盘（硬盘）、移动存储设备等，如图 1.37 所示。

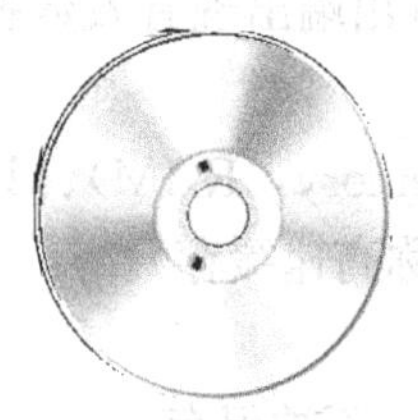

图 1.37 移动存储设备

1.3.1.4 运算器、控制器

1. 相关概念

（1）运算器。由算术逻辑单元（Arithmetic Logic Unit，ALU）、累加器、状态寄存器、通用寄存器组等元件组成。算术逻辑单元（ALU）的基本功能为加、减、乘、除四则运算，与、或、非、异等逻辑操作，以及移位、求补等操作。计算机运行时，运算器的操作和操作种类由控制器决定。

（2）控制器（Controller）。是指按照既定顺序改变主电路或控制电路的接线或者改变电路中电阻值来控制电动机的启动、调速、制动和反向的主令装置。由程序计数器、指令寄存器、指令译码器、时序产生器和操作控制器组成，它是发布命令的决策机构，负责协调和指挥整个计算机系统的操作。

控制器就像人的大脑一样，是电脑的控制中心，这个大脑的作用就是不断地取指令，然后分析指令，最后执行指令，在主频时钟的调控下使得计算机有条不紊地运行。

2. 中央处理器

中央处理器（CPU）。是一块超大规模的集成电路，是一台计算机的运算核心（Core）和控制核心（Control Unit）。它的主要功能是解释计算机指令和处理计算机软件中的数据，主要包括运算器算术逻辑单元（ALU）和高速缓冲存储器（Cache），以及实现它们之间联系的数据（Data）、控制和状态的总线（Bus），如图1.38所示。

图1.38　个人计算机的CPU

主频，即CPU内核工作的时钟频率（CPU Clock Speed），单位是MHz，表示在CPU内数字脉冲信号震荡的速度。虽然主频与CPU性能相关，但不能完全代表CPU的整体性能。

CPU字长，表示CPU单次可以同时处理的二进制数据的位数。通常人们所说的32位机、64位机就是指该台计算机中CPU可以同时处理32位、64位二进制数据。CPU字长是衡量其性能的一个重要指标。简单来说，字长越长代表CPU性能越好。

3. 主板

主板又称为主机板或系统板，是一个提供了各种板卡插槽和系统总线及扩展总线的电路板。主板上的插槽用来安装组成微型计算机的各个部件，如内存条、显卡、声卡、网卡等，而主板上的总线则主要负责主板上各部件之间的信息交换。因此，可以认为主板是一个载体，将计算机各个部件集中在一起并实现互通。

主板主要包括CPU插座、内存插槽、BIOS、CMOS、各种I/O接口、控制芯片组、扩展插槽、键盘/鼠标接口、硬盘接口和各类电源插座等，如图1.39所示。

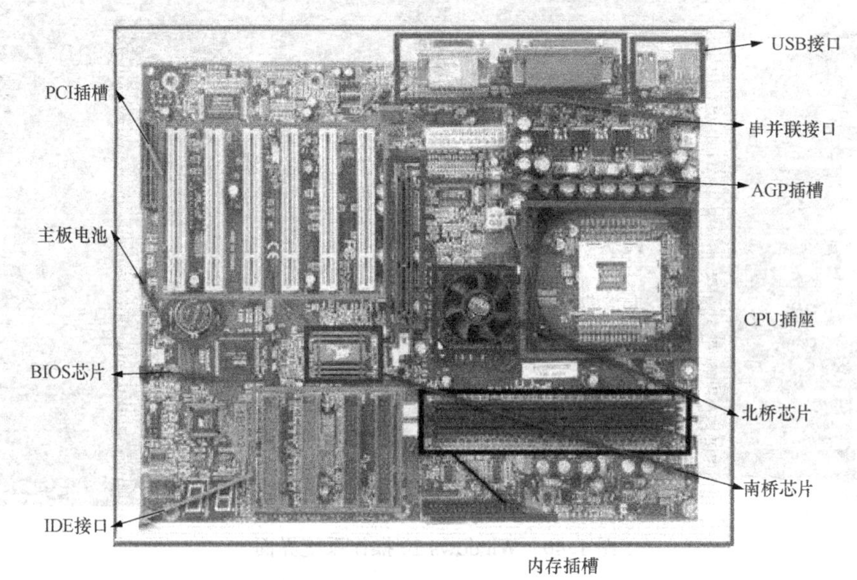

图1.39　微型计算机主板

1.3.2 软件系统

软件（Software），是指与计算机系统操作有关的计算机程序、规程、规则，以及可能有的文件、文档和数据。一般来说，软件被划分为系统软件、应用软件和介于这两者之间的中间件。软件并不只是包括可以在计算机上运行的电脑程序，与这些电脑程序相关的文档一般也认为是软件的一部分，简单地说，软件就是程序加文档的集合体。

软件系统（Software Systems），是指由系统软件、支撑软件和应用软件组成的计算机软件系统，它是计算机系统中由软件组成的部分。软件系统可分为系统软件和应用软件两大类。

1.3.2.1 系统软件

系统软件是计算机必须具备的支撑软件，负责管理、控制和维护计算机的各种软硬件资源，并为用户提供一个友好的操作界面，协助用户编写、调试、装配、编译和运行程序。它包括操作系统、语言处理程序、数据库管理系统、分布式软件系统和人机交互系统等。

1. 操作系统

操作系统（Operating System，OS）是管理软硬件资源、控制程序执行、改善人机界面、合理组织计算机工作流程和为用户使用计算机提供良好运行环境的一种系统软件。操作系统是位于硬件层之上，所有软件层之下的必不可少的、最基本也是最重要的一种系统软件。它对计算机系统的全部软、硬件和数据资源进行统一控制、调度和管理。

目前，个人计算机上常见的操作系统主要有Windows系列、Linux系列和Mac OS系列。

（1）Windows系列操作系统。Windows系列操作系统是微软（Microsoft）公司推出的系列操作系统，是目前世界上个人计算机使用最广泛的操作系统。随着计算机硬件和软件技术的进步，Windows操作系统也不断推出新版本。从16位、32位到64位，发布了从最初的Windows 1.0和Windows 3.2到Windows 7、Windows 8、Windows 10各种版本的操作系统。Windows 10操作系统界面如图1.40所示。

图1.40 Windows 10操作系统界面

（2）Linux系列操作系统。Linux操作系统是免费使用和自由传播的、开放源码的类UNIX操作系统。Linux操作系统是由全世界各地程序员设计和实现的。许多公司都推出了自己的版本，但它们都使用了 Linux 内核。Linux 操作系统的目的是建立不受商品化软件版权制约的、全世界都能自由使用的 UNIX 兼容产品。Linux 操作系统界面如图 1.41 所示。

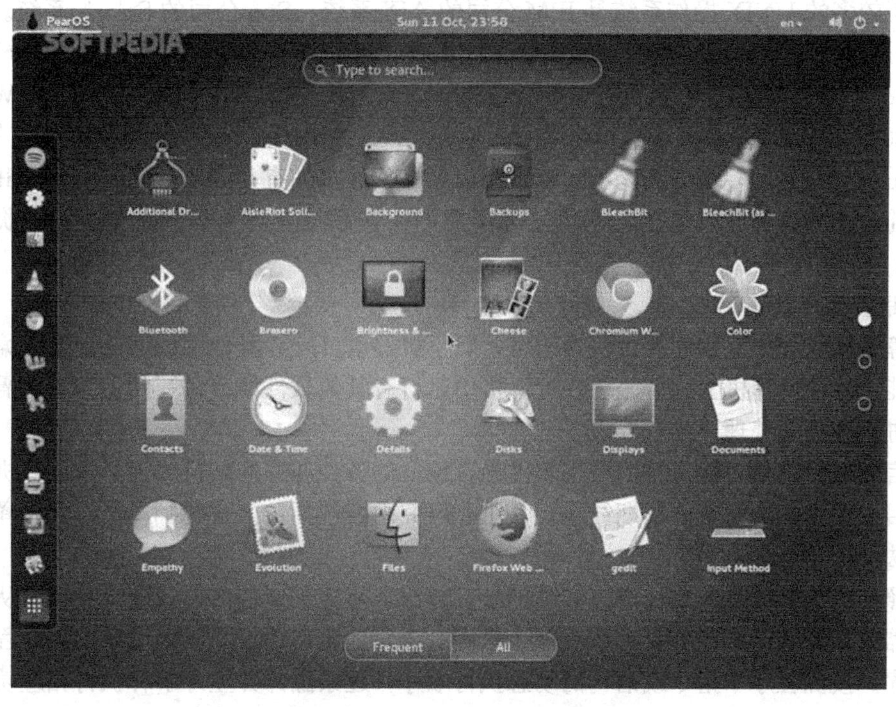

图 1.41　Linux 操作系统界面

(3) Mac OS 系列操作系统。Mac OS 操作系统是美国苹果公司（Apple Inc.）为其 Mac 系列产品开发的操作系统。Mac OS 操作系统是基于 UNIX 内核的图形化操作系统。Mac OS 操作系统界面如图 1.42 所示。

图 1.42　Mac OS 操作系统界面

目前，主流的服务器操作系统有UNIX、Windows和Linux等。

UNIX操作系统经过多年的发展、演变，目前已经产生了由不同公司推出的多种版本。现在使用较多的UNIX操作系统是IBM公司的AIX系统、Sun公司的Solaris系统。

Microsoft公司自1993年推出服务器版本的操作系统Windows NT以来，陆续推出了多个Windows服务器版的操作系统，如Windows NT4.0、Windows 2000 Server、Windows Server 2003、Windows Server 2008、Windows Server 2012、Windows Server 2016等。

Linux服务器操作系统有很多发行版本，目前使用较多的有Centos、Ubuntu、RedHat等。

当前，移动终端发展迅猛，使用较为广泛的操作系统有苹果公司的iOS、谷歌公司的Android等。

2. 语言处理系统

计算机只能直接识别和执行机器语言，除了机器语言外，其他用任何软件语言编写的程序都不能直接在计算机上执行。要在计算机中运行有其他软件语言编写的程序，都需要对这些语言进行适当地处理。

语言处理系统的功能是将用户用软件语言编写的各种源程序转换成为可为计算机识别和运行的目标程序，从而获得预期结果。其主要研究内容包括：语言的翻译技术和翻译程序的构造方法与工具。

按照不同的源语言、目标语言和翻译处理方法，可把翻译程序分成若干种类。从汇编语言到机器语言的翻译程序称为汇编程序，从高级语言到机器语言或汇编语言的翻译程序称为编译程序。按源程序中指令或语句的动态执行顺序，逐条翻译并立即解释执行相应功能的处理程序称为解释程序。除了翻译程序外，语言处理系统通常还包括正文编辑程序、宏加工程序，连接编辑程序和装入程序。

对源程序进行编译和解释任务的程序，分别称为编译程序和解释程序。如FORTRAN、COBOL、Pascal和C等高级语言，使用时需有相应的编译程序。Basic、Lisp等高级语言，使用时需有相应的解释程序。

3. 数据库系统

在当前信息化时代的背景下，人们的社会和生产活动产生了大量的信息，以至于人工管理难以应付，希望借助计算机对信息进行搜集、存储、处理和使用。数据库系统（Database System，DBS）就是在这种需求下产生和发展起来的。

数据库（Database，DB），是指按照一定数据模型存储的数据集合。如学生的成绩信息、工厂仓储物资信息、医院的病历、人事部门的档案等都可分别组成相应的数据库。

数据库管理系统（Database Management System，DBMS）则是能够对数据库进行加工、管理的系统软件，其主要功能是建立、删除、维护数据库和对库中数据进行各种操作，从而得到有用的结果。DBMS通常自带语言进行数据操作。

数据库系统由数据库、数据库管理系统和相应的应用程序组成。数据库系统不但能够存放大量的数据，更为重要的是能够迅速、自动地对数据进行增加、删除、检索、修改、统计、排序、合并、数据挖掘等操作，为人们提供有用的信息。这一点是传统的文件系统无法做到的。目前，大型数据库系统有SQL Server、Oracle等，中小型数据库系统有MySQL、Foxpro等。

4. 分布式软件系统

分布式软件系统包括分布式操作系统、分布式程序设计系统、分布式文件系统、分布式数据库系统等。

分布式软件系统的功能是管理分布式计算机系统资源和控制分布式程序的运行，提供分布式程序设计语言和工具，提供分布式文件系统管理和分布式数据库管理关系等。分布式软件系统的主要研究内容包括分布式操作系统和网络操作系统、分布式程序设计、分布式文件系统和分布式数据库系统。

5. 人机交互系统

人机交互系统是指用户与计算机系统之间按照一定约定进行信息交互的软件系统，可为用户提供一个友好的人机界面。

人机交互系统的功能是在人和计算机之间提供一个友善的人机接口，其主要研究内容包括人机交互原理，人机接口分析和规约，认知复杂性理论，数据输入、显示和检索接口，计算机控制接口等。

1.3.2.2 应用软件

应用软件是为了满足用户解决不同领域的特定问题通过开发、研制或购买的计算机程序。常用的计算机应用软件包括文字处理、图形图像处理、计算机辅助设计和工程计算等软件。随着信息时代的到来，各个软件公司也在不断开发各种应用软件来满足各行各业在信息处理方面的需求，如教学辅助系统、交通售票系统、酒店预订系统等。

根据应用软件的服务对象，可以将其分为通用软件和专用软件两类。

1. 通用软件

通用软件通常为解决某一类问题而设计开发，所解决的问题具有普遍性和代表性，包括文字处理软件、报表处理软件、地理信息软件、网络软件、游戏软件、企业管理软件、多媒体应用软件、信息安全软件等。通用软件为许多商业、科学和个人应用的程序提供工作框架，它既可以在PC上使用，也可以在Mac、Linux甚至手机上使用。

(1) 文字处理软件。能够通过计算机撰写文章、书信、工作函等文档并对其进行编辑、修改、排版和保存等操作的应用程序通常称为文字处理软件。目前，主流文字处理软件有微软公司开发的Microsoft Office办公软件中的Word，以及金山公司开发的WPS办公软件中的Word。

(2) 电子表格软件。电子表格可以用来记录数值数据，便于用户对数据进行计算、统计、分类、查询等操作，实现对数据信息的高效管理。微软公司开发的Microsoft Office办公软件中的Excel就是此类软件的典型代表。

(3) 绘图软件。随着大数据、云计算、人工智能（Artificial Intelligence，AI）等技术的兴起与发展，工程设计、计算机辅助设计中巨大的计算、烦琐的编辑、绘制等工作已逐渐由计算机代替完成，极大地提高了设计质量和工作效率。目前，通用的绘图软件有AutoCAD、3DS Max等。

2. 专用软件

在一些专业领域或特定环境中，会出现通用软件无法满足用户需求的情况。比如用户希望有一个程序能自动控制车间里的机器设备，完成指定工艺生产任务并将完成情况等数据信息与上层事务性工作集成并统一管理等。由于其使用具有极强的针对性与特殊性，因此往往需要组织专业人员进行现场调研、采集需求，然后进行软件开发。上述类型的软件或程序通常就归类为专用软件。

综上所述，计算机系统由硬件系统和软件系统两部分组成，两者缺一不可。而软件系统又由系统软件和应用软件组成，操作系统是系统软件的核心，在计算机系统中是必不可少的。在操作系统平台之上，各用户可以根据各自的应用领域配置不同的应用软件。

第 2 章　Windows 应用

2.1　Windows 的发展

Microsoft Windows 是美国微软公司研发的一套操作系统，1985 年 Windows1.0 版本正式发布，它采用了 16 位操作系统 MS - DOS 的图形界面，它用窗口替换了命令提示符，还自带了日历、记事本、计算器等简单的应用程序，使得电脑操作变得简单。历经数十年的发展，Windows 经历了 1.0、2.0、3.0、NT、95、98、2000、XP、vista、7、8、10 等版本，如图 2.1 所示。由于微软公司对 Windows 系统不断更新升级、扩展调优，使得 Windows 操作系统不但易用，也慢慢地成为全球最受欢迎的桌面操作系统。

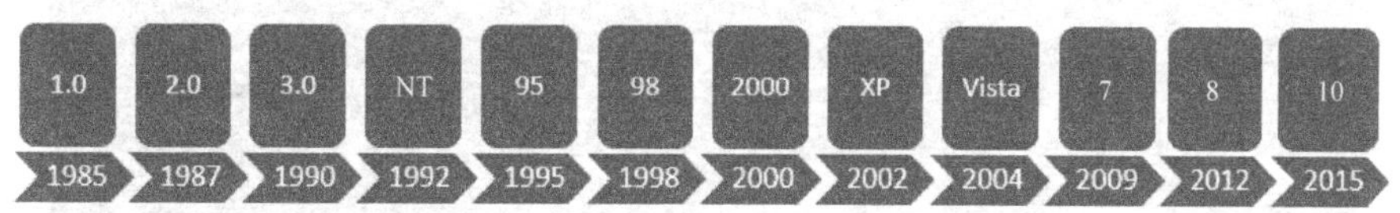

图 2.1　Windows 系统发展历史

目前，微软公司最新正式的操作系统版本为 Windows 10，共有 7 个发行版本，包括家庭版（Home）、移动版（Mobile）、专业版（Professional）、企业版（Enterprise）、教育版（Education）、移动企业版（Mobile Enterprise）和物联网核心版（Windows 10IoTCore）。Windows 10 支持 32 位版本和 64 位版本，两个版本在外观和功能上没有区别，主要是操作系统寻址空间不同。32 位系统的最大寻址空间为 2^{32}（4GB），而 64 位系统的最大寻址空间为 2^{64}（大于 1 亿 GB），目前所有新的 CPU 均兼容 64 位系统。

2.2　Windows 10 基本操作

2.2.1　Windows 10 的启动与退出

正常启动，是指在尚未开启电脑的情况下进行启动，也就是第一次启动电脑。通常，开关机时需要按照一定的顺序，开机时应先开外设（即主机箱以外的部分），再开主机，这样能够防止开关外设时引起的电流变化对主机电源的冲击，从而保护主机电源和主板。关机的顺序与此相反，即先关主机后关外设。

1. *Windows 10 的启动*

启动 Windows 10 系统操作步骤如下：

第 1 步：连通电源，打开显示器的电源开关（⏻），再按下主机上的电源按钮，电脑自检完成后，进入 Windows 加载界面。

第 2 步：加载完成后，可按键盘上任意键或按住鼠标左键往上拖拽进入 Windows 10 登录界面。

第 3 步：在文本框中输入登录密码后，按 Enter 键，密码正确即可看到 Windows 10 系统界面，如图 2.2 所示。

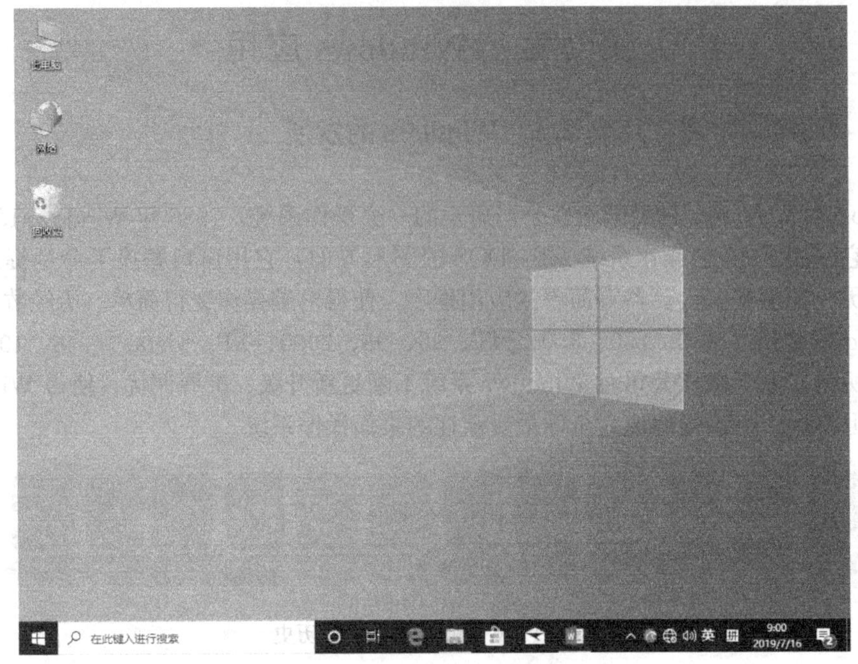

图 2.2 Windows 10 系统桌面

【提示】如果在安装操作系统过程中没有设置开机密码，则加载完成后直接进入 Windows 10 桌面。

2. Windows 10 的退出

(1) 注销。注销就是退出当前用户，让其他用户登录 Windows 10 系统。右键单击“开始”菜单，选择“关机或注销”→“注销”命令。

如果需要暂时离开但不关闭 Windows 10 系统，为了保护个人隐私，此时可以使用 Windows 10 系统的锁屏功能，这样可以防止他人在不知道密码的情况下访问系统内部文件。锁屏可通过快捷键 Win+L 实现。

(2) 切换用户。切换用户是 Windows 10 系统提供的在保留当前环境的前提下允许他人登录的功能。切换用户可以使用 Alt+F4 快捷键实现，打开“关闭 Windows”窗口，在下拉列表中选择“切换用户”项，选择需要登录的用户即可。

如果暂时不使用电脑，可以使用 Windows 10 操作系统中的睡眠功能。依次单击“开始”→“电源”→“睡眠”命令即可进入睡眠状态。睡眠时电脑保持开机状态，但功耗少，应用程序会一直保持打开状态，当重新输入密码唤醒系统后会立即恢复到睡眠之前的工作状态。

2.2.2 Windows 10 桌面管理

正常启动进入 Windows 10 系统以后，用户会看到如图 2.2 所示的系统桌面。系统桌面包括桌面图标、开启菜单、任务栏、通知区域、搜索框等。

1. 桌面图标

桌面图标是各种文件、文件夹和应用程序等的桌面标识，图标下面的文字是该对象的名称，通过双击鼠标的方式可以打开该图标对应的文件或应用程序。

首次安装 Windows 10 系统，桌面上只有“回收站”和 Microsoft Edge 两个桌面图标。除此之外，Windows 10 常见的桌面图标还包括“计算机”“用户的文件”“网络”等。为了操作方便，可以通过设置将其余桌面图标显示出来，操作步骤如下：

第 1 步：在桌面空白处右击，在弹出的快捷菜单中选择“个性化”命令。

第 2 步：在弹出“设置—个性化”对话框中，单击“主题”选项。

第 3 步：在“主题”界面找到“相关设置”，单击“桌面图标设置”选项，弹出“桌面图标设置”对话框，在其中选择需要添加的系统桌面图标复选框，并单击“确定”按钮，如图 2.3 所示。

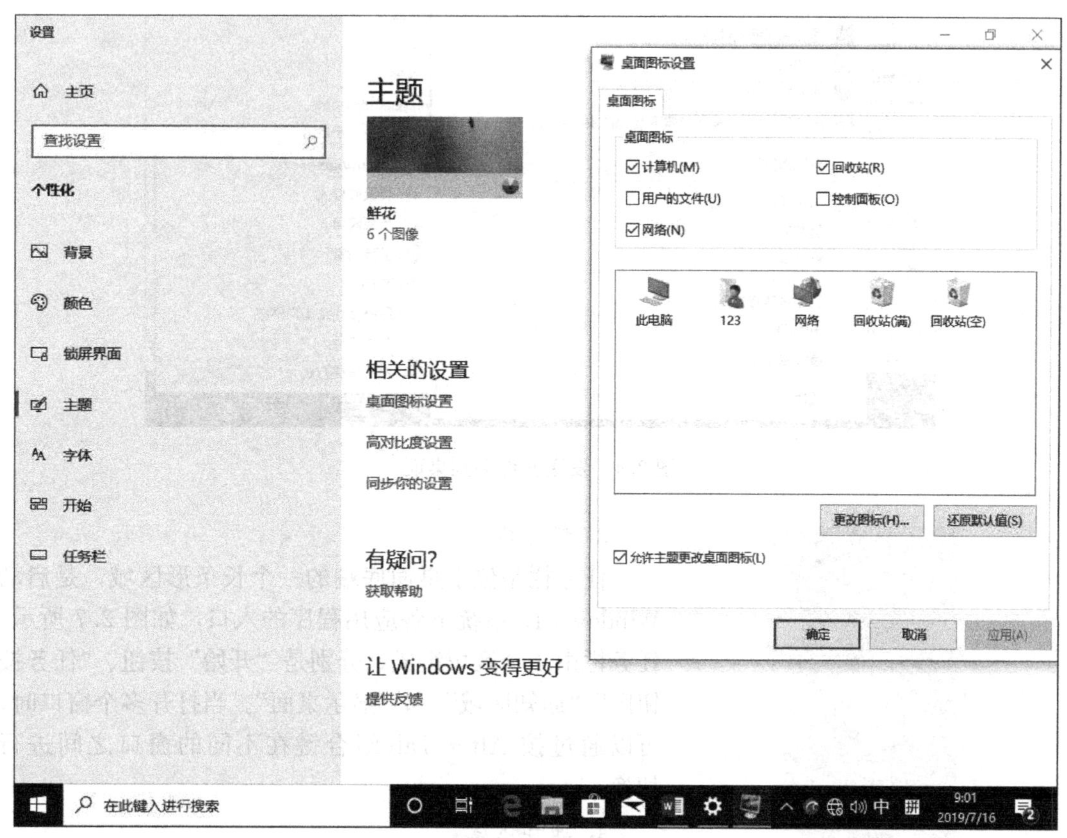

图 2.3　Windows 10 系统显示桌面图标

为了方便使用，用户可以将常用的文件、文件夹和应用程序的图标添加到桌面，本书以添加文件夹图标为例，操作步骤如下：右击需要添加的文件夹，在弹出的快捷菜单中选择“发送到”→“桌面快捷方式”命令。操作完成后即可在桌面上看到添加的文件夹图标，如图 2.4 和图 2.5 所示。

2. 开始屏幕

“开始”屏幕（Start Screen）是打开操作系统程序、文件夹、系统设置的主通道，可以通过单击“开始”按钮或利用 Windows 键来启动。左侧依次为用户账户头像、常用的应用程序列表及快捷选项，右侧为“开始”屏幕，如图 2.6 所示。

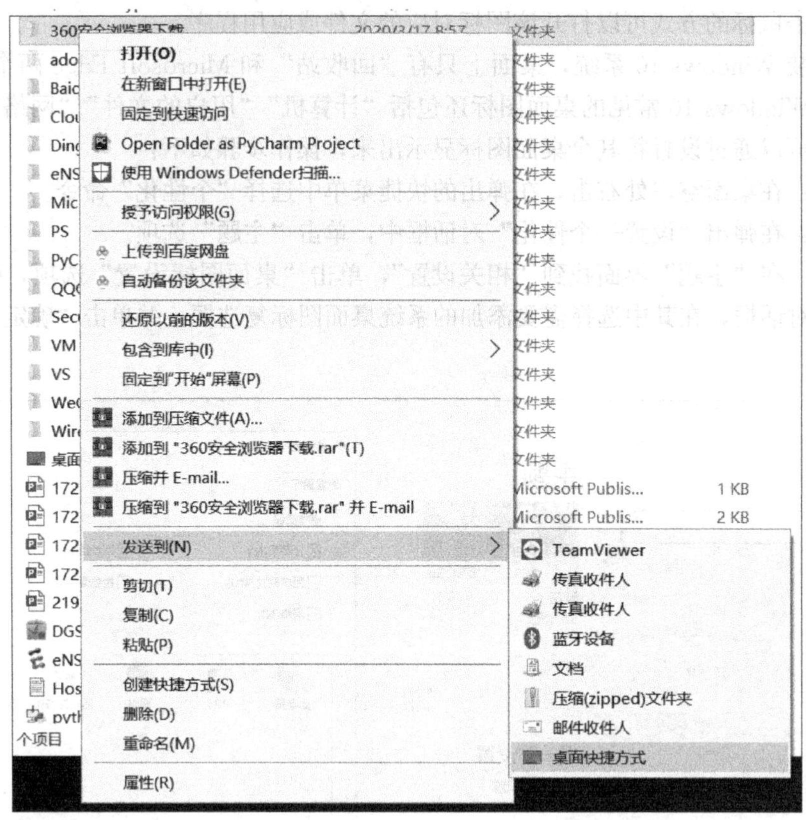

图 2.4　发送文件夹到桌面

图 2.5　文件夹桌面快捷方式

3. 任务栏

任务栏是位于桌面底端的一个长条形区域，是启动 Windows 10 系统下各应用程序的入口，如图 2.7 所示。任务栏由 4 个区域组成，分别是“开始”按钮、“任务按钮区”“通知区域”和“显示桌面”。当打开多个窗口时，可以通过按 Alt＋Tab 组合键在不同的窗口之间进行切换。

4. 通知区域

通知区域通常位于任务栏的右侧，包含一些应用程序图标，这些应用程序图标提供网络连接、声音等设备的状态和通知。安装新程序时，可以将新程序的图标添加到通知区域，如图 2.8 所示。

Windows 10 系统在通知区域已有一些图标，某些应用程序在安装过程中也会自动将图标添加到通知区域，用户可以更改通知区域的图标和通知，可以将不常用的图标隐藏起来。用户可以通过将图标拖拽到想要的位置，从而更改图标在通知区域的顺序和隐藏图标的顺序。

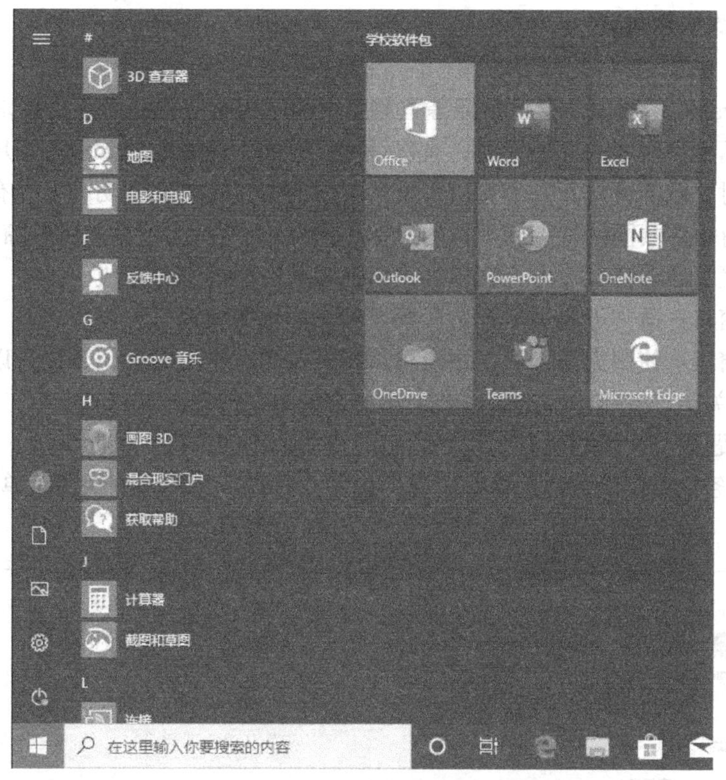

图 2.6　Windows 10 开始屏幕

图 2.7　Windows 10 任务栏

5. 搜索框

在 Windows 10 系统中，搜索框和 Cortana 高度集成，在搜索框中输入需要查询的关键词或打开“开始”菜单输入关键词，即可搜索相应的桌面应用程序、网页、我的资料等，单击搜索到的结果即可查看，如图 2.9 所示。

图 2.8　Windows 10 通知区域图标

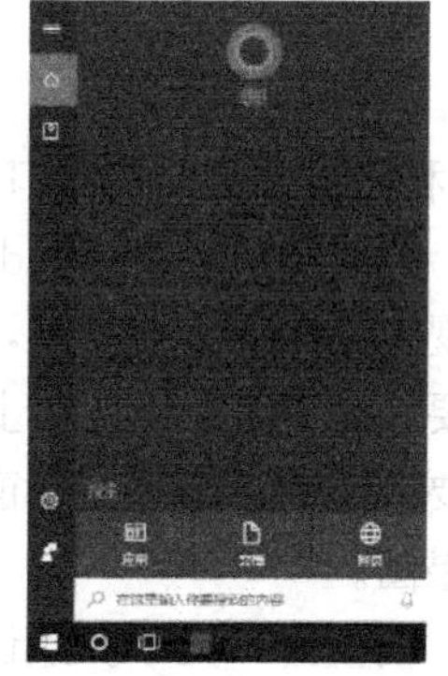

图 2.9　Windows 10 搜索框

2.2.3 基本操作对象

1. 窗口

在 Windows 10 系统中，窗口是屏幕上与应用程序相对应的一个矩形区域，是用户与产生该窗口的应用程序之间的可视界面。窗口是用户界面中最重要的部分，当用户打开或运行一个应用程序时，系统会打开一个窗口。虽然不同的窗口在内容和功能上会有所不同，但大多数窗口都具有很多共同的特点和类似的操作。图 2.10 所示为“此电脑”窗口，由标题栏、地址栏、工具栏、导航窗口、内容窗口、搜索框和状态栏等部分组成。

（1）打开窗口：通常可通过“开始”菜单和桌面快捷图标打开窗口。

（2）关闭窗口：使用完窗口后，用户可以将其关闭。常见的关闭方法有以下几种。

1）利用“关闭”按钮：单击窗口右上角的“关闭”按钮。

2）利用标题栏：在标题栏右击，在弹出的快捷菜单中选择“关闭”项。

3）利用任务栏：在任务栏选择对应应用程序并右击，在弹出的快捷菜单中选择“关闭”选项。

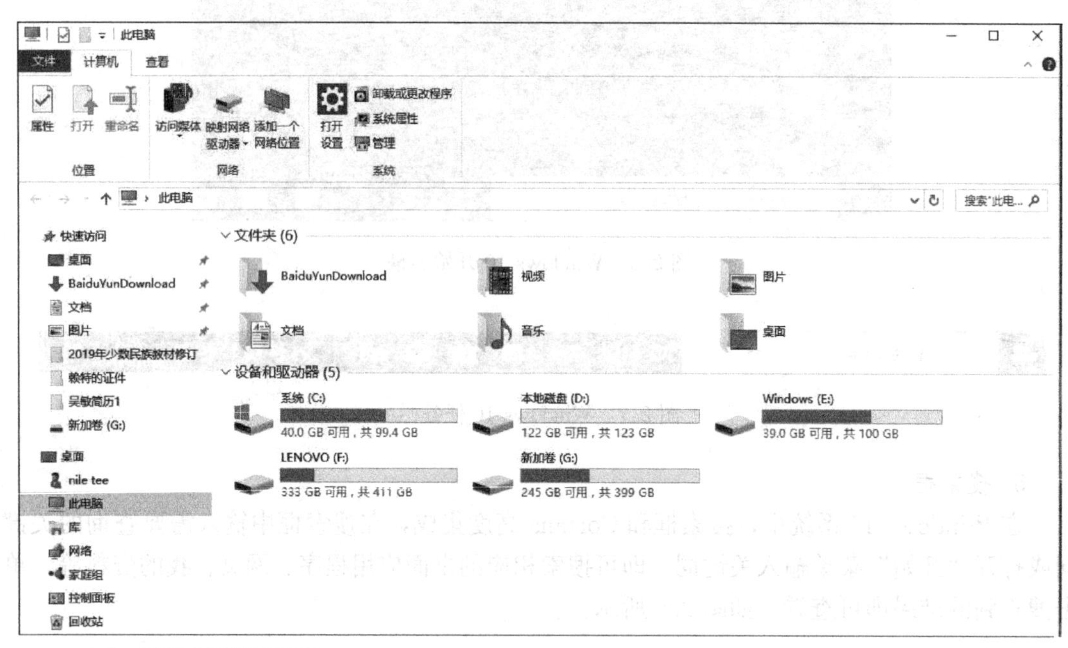

图 2.10 Windows 10 窗口

4）利用组合键：在窗口中按 Alt+F4 组合键可关闭窗口。

（3）移动窗口。在 Windows 10 系统中，窗口具有一定的透明性，当同时打开多个窗口时会出现多窗口重叠的情况，此时通过移动窗口从而避免窗口重叠。操作步骤如下：将鼠标放在需要移动窗口的标题栏上，当鼠标指针变成箭头形状时，按住鼠标左键不放，将窗口拖动到需要的位置，即可完成窗口位置的移动，图 2.11 所示为通过移动窗口实现避免窗口重叠的效果图。

（4）调整窗口大小。默认情况下，打开窗口的大小与上次关闭窗口时大小一致，用户可根据需要调整窗口大小，以下以“记事本”软件窗口为例，介绍设置窗口大小的方法。

1）利用窗口按钮设置窗口大小。“记事本”窗口右上角有“最大化”“最小化”“向下还

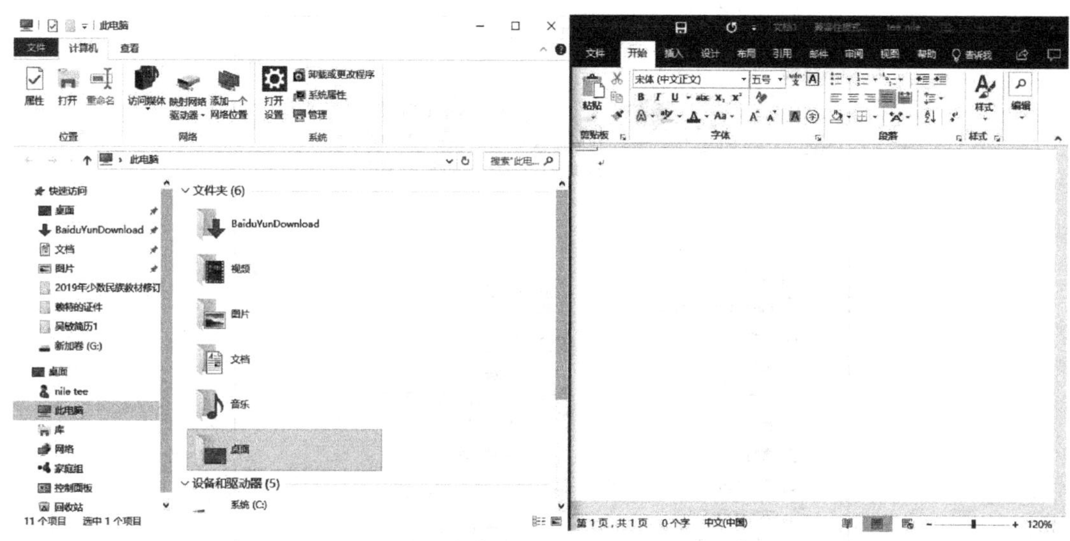

图 2.11　移动窗口

原”按钮。单击“最大化”按钮，则“记事本”窗口将扩展到整个屏幕，显示所有的窗口内容。此时“最大化”按钮变为“向下还原”按钮，单击该按钮，即可将窗口还原到原来时的大小，如图 2.12 所示。单击“最小化”按钮，“记事本”窗口会最小化到“任务栏”，用户想要显示窗口，需要单击“任务栏”上的程序。

2）手动调整窗口大小。除了使用“最大化”和“最小化”按钮外，还可以使用鼠标拖拽窗口的边框，任意调整窗口的大小。将鼠标放在窗口的边缘上，当鼠标指针变为箭头时，可上下或左右移动边框以横向或纵向改变窗口的大小。也可以将鼠标放到窗口四个角，变为双向箭头标示时，拖拽鼠标，即可沿水平或垂直方向等比例放大或缩小窗口。

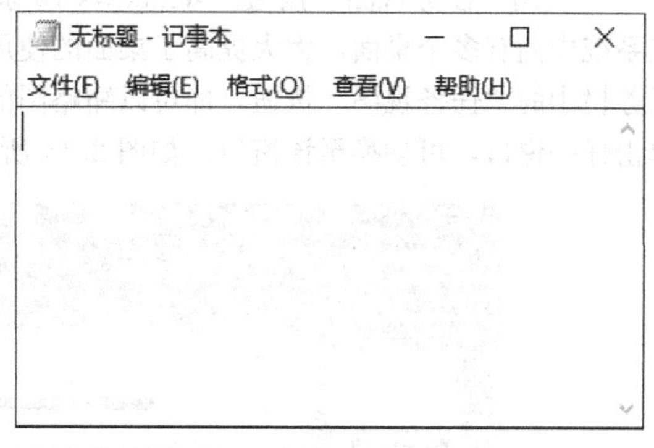

图 2.12　“记事本”窗口

3）滚动条。在调整窗口大小时，如果窗口缩得太小，而窗口中的内容超出了当前窗口显示的范围，此时窗口的右侧或者底端会出现滚动条，如图 2.13 所示。当窗口可以显示全部内容时，窗口中的滚动条消失。

4）切换当前活动窗口。虽然 Windows 10 系统提供了同时打开多个窗口的功能，但是活动窗口只有一个，用户可根据需要在各个窗口之间进行切换，具体方法如下：

a. 利用程序按钮。每个打开的程序在“任务栏”都有一个对应的程序图标按钮，将鼠标指针放在程序图标按钮上，即可打开软件的预览窗口，单击该预览窗口即可打开该窗口。

b. 利用 Alt+Tab 组合键。利用 Alt+Tab 组合键可以快速实现各个窗口之间的切换。弹出窗口缩略图图标，按 Alt 键不放，再按 Tab 键，可以在不同窗口之间进行切换，当切换到需要的窗口后，松开按键，即可打开对应的窗口。

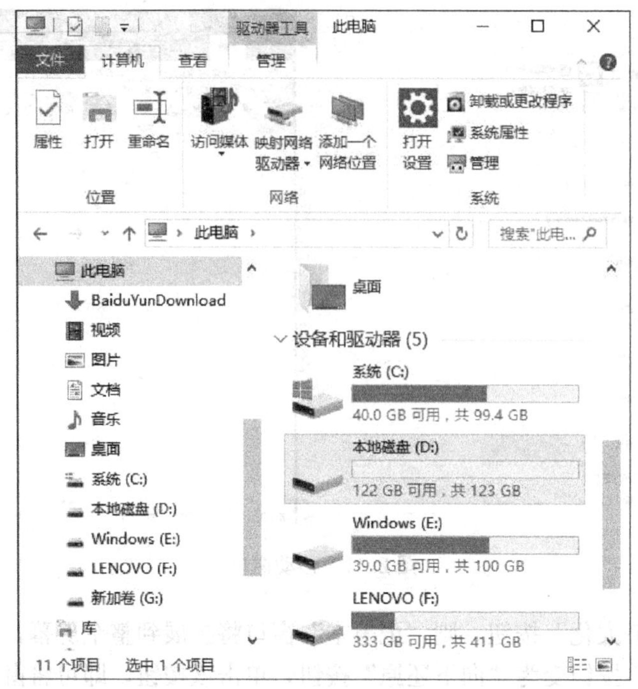

图 2.13　滚动条

c. 使用"任务视图"按钮。Windows 10 系统提供了任务视图（虚拟桌面）功能，可以在系统中拥有多个桌面，大大提高了桌面的使用效率，同时也可以用于切换活动窗口。单击任务栏中的"任务视图"按钮，即可以缩略图的方式显示当前所有程序的窗口，在缩略图中单击任一窗口，可切换至该窗口，如图 2.14 所示。

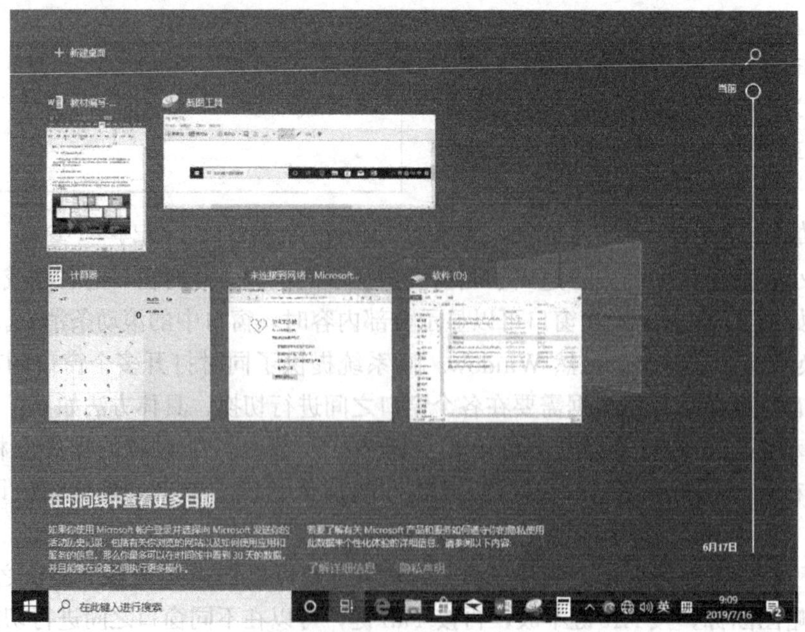

图 2.14　Windows 10 任务视图

2. 对话框

对话框是 Windows 10 系统中的一种特殊窗口，它允许人机交互，即允许用户通过对话框与系统“对话”。用户通过对话框将信息输入系统，系统就会执行相应的操作。对话框通常包含按钮和各种选项等，通过它们可以完成特定的命令或任务。

对话框通常不能改变形状大小，不具备最大化、最小化等按钮，且不同功能的对话框在组成上也有差异。对话框通常包含标题栏、选项卡、标签、命令按钮、下拉列表、单选按钮、复选框等。“声音”设置选项卡如图 2.15 所示。

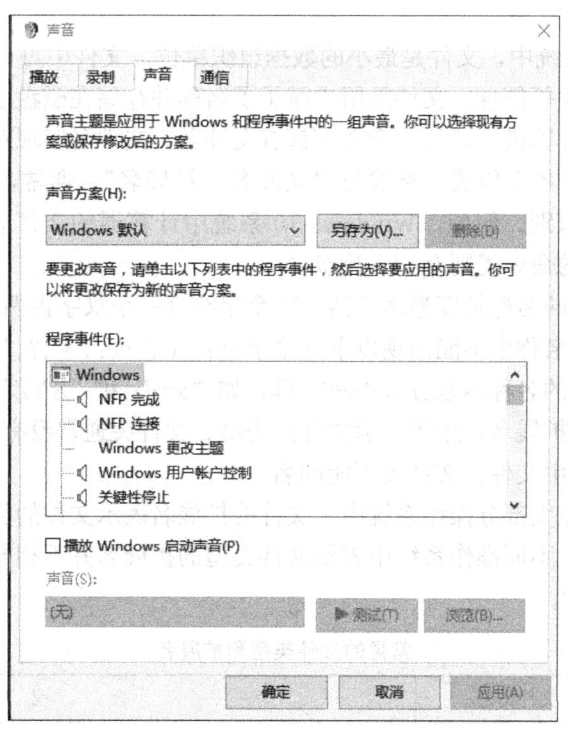

图 2.15　Windows 10“声音”设置选项卡

3. 菜单

Windows 10 系统中，菜单是将命令用列表的形式组织起来的，当用户需要执行某种操作时，只要从中选择对应的命令即可进行操作。常见的菜单包括：“开始”菜单、窗口控制菜单、应用程序下拉菜单、右键快捷菜单等。在菜单中，常标记有一些符号，表 2.1 介绍了这些符号的名称和含义。

表 2.1　菜单中常见的符号名称与含义

名称	含　义
灰色菜单	表示在当前状态下不能使用
命令后的快捷键	表示可以直接使用该快捷键执行命令
命令后的√	表示该命令有下一层子菜单
命令后的…	表示执行改名了会弹出对话框
命令前的√	表示此命令有两条状态：已执行和未执行。有“√”表示命令已执行；否则，未执行
命令前的●	表示一组命令中，有“●”标识的命令当前被选中

2.2.4 文件与文件夹

在计算机中，文件系统（File System）是命名文件和放置文件的逻辑存储和恢复的系统。所有的操作系统都有自己的文件系统，在Windows 10系统中，文件被放置在分等级的（树状）结构目录或子目录中。这些目录称为文件夹，子目录则称为文件夹的文件或子文件夹。

文件资源是Windows 10操作系统资源的重要组成部分，管理好文件资源有利于更好地利用操作系统完成工作和学习。

1. 文件的基本概念

在Windows 10系统中，文件是最小的数据组织单位，文件中可以存放文字、数字、图形、图像、声音和视频等信息。文件是用户赋予了名称并存储在磁盘上信息的有序集合。

（1）文件名。在计算机中，每一个文件都有文件名，文件名实现对文件的按名存储。文件的名称由文件名和扩展名组成，格式为“文件名．扩展名”。通常，文件名为有意义的词语或数字，方便用户识别。例如，Windows 10系统中计算器的文件名为calc.exe。一般情况下，文件和文件夹的命名规则有如下几点：

1）文件和文件夹的名称长度最多可达256个字符（一个汉字占两个字符）。

2）文件和文件夹名称中不能出现以下9个字符：＼、/、:、*、?、“、＜、＞、|。

3）文件和文件夹的名称不区分大小写字母，如“xyz”和“XYZ”是同一个文件名。

4）文件通常都有扩展名，用于表示文件的类型，文件夹通常没有扩展名。

5）同一个文件夹中文件、文件夹不能同名。

（2）文件类型。在大部分操作系统中，文件的扩展名表示文件的类型，不同类型的文件的处理方式是不同的。不同操作系统中表示文件类型的扩展名并不相同，常见的文件扩展名和表示的意义见表2.2。

表2.2　常见的文件类型和扩展名

文件扩展名	文件类型	含　义
docx、xlsx、pptx	MSOffice文档文件	微软Office2019的Word、Excel、PPT创建的文档
jpg、bmp、gif、png	图像文件	不同的扩展名表示不同格式的图像文件
html、jsp	网页文件	前者通常为静态网页，后者为动态页面
mp3、wav、mid	音频文件	不同的扩展名表示不同格式的音频文件
mp4、avi、wmv	视频文件	不同的扩展名表示不同格式的视频文件
rar、zip、7z	压缩文件	不同的扩展名表示不同格式的压缩文件
exe、com	可执行文件	可执行文件

（3）文件属性。文件属性，是指将文件分为不同类型的文件，以便存放和传输，它定义了文件的某种独特性质。右键单击文件或文件夹对象时，弹出“属性”对话框，如图2.16所示。在文件属性“常规”选项卡中包含文件名、文件类型、打开方式、位置、大小、占用空间、创建时间、修改时间和访问时间等。文件属性有只读、隐藏、存档3种。

只读：文件只可以做读操作，不能对文件进行写操作，即文件的写保护。

隐藏：隐藏文件是为了保护文件或文件夹。将其设置为隐藏后，该对象在默认情况下不会显示在所存储的对应位置，即被隐藏起来了。

存档：任何新创建的文件或修改后的文件，都具有存档属性。单击图 2.16“属性”中的“高级”按钮，弹出图 2.17“高级属性”对话框，用于标记文件改动，即上一次备份后文件有所改动。

图 2.16　文件属性

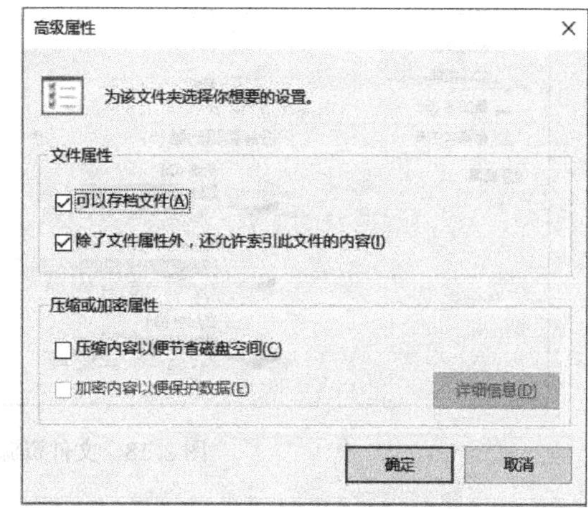

图 2.17　“高级属性”对话框

2. 文件目录结构

在 Windows 10 系统中，文件夹是用来组织和管理磁盘文件的一种数据结构，是计算机磁盘空间为了分类存储文件而建立独立路径的目录。每一个文件夹对应一块磁盘空间，它提供了指向对应空间的地址。

Windows 10 系统中有成千上万的文件，用户可以在每个磁盘的根目录下创建子目录，在子目录下建立更低一级的子目录，从而形成树状的目录结构，然后将文件分类存放到目录中。这种目录结构像一棵倒挂的树，树根为根目录，树中的每一个分支为子目录，树叶为文件。在同一个文件夹下，不能存放同名同类型的两个文件。可将其存放在不同文件夹下，或者将其中一个修改为不同的文件名。

3. 文件资源管理器

Windows 10 系统提供了管理文件资源的工具“文件资源管理器”，用户可以通过它查看系统的所有文件资源，如图 2.18 所示。在文件资源管理器中，默认包含桌面、下载、文档和图片 4 个固定的文件夹，同时会显示用户最近常用的文件夹。通过常用文件夹，用户可打开文件夹来查看其中的文件，打开方式有以下几种：

(1) 利用 Win+E 组合键。

(2) 双击桌面“此电脑”图标。

(3) 单击任务栏“文件资源管理器”图标。

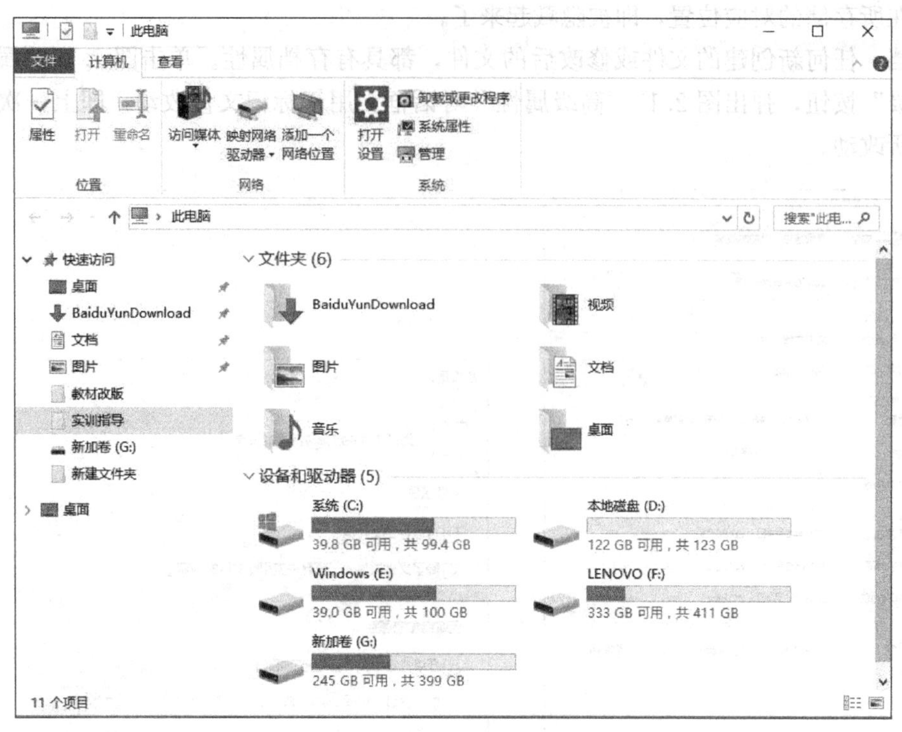

图 2.18 文件资源管理器

4. 文件与文件夹管理

用户想要管理 Windows 10 系统中的数据，需要熟练掌握文件或文件夹的基本操作，即新建文件或文件夹、打开和关闭文件或文件夹、复制和移动文件或文件夹、删除文件或文件夹、重命名文件或文件夹等。

（1）新建文件或文件夹。新建文件或文件夹是文件和文件夹管理的基本操作之一，如创建一个记事本文件等，也可以新建一个文件夹来管理这些文件。

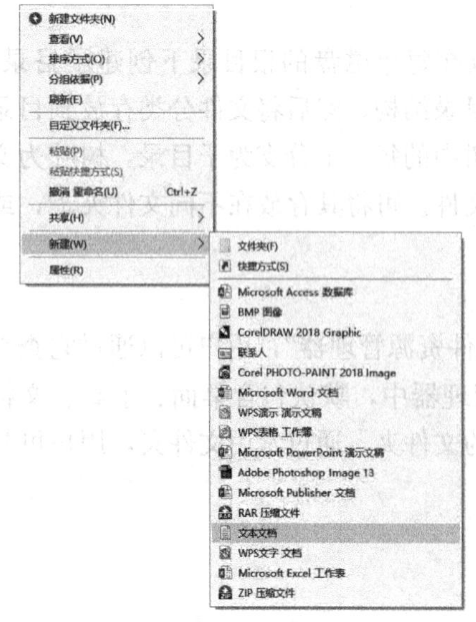

图 2.19 新建文件

1）新建文件。一般情况下，可以通过“新建”命令创建一些常见的文件，以创建一个“记事本”文件为例，介绍新建文件的具体操作步骤。

第 1 步：在文件夹窗口的空白处右击，在弹出的快捷菜单中选择“新建”→“文本文档”命令，如图 2.19 所示。

第 2 步：第 1 步完成后，已完成一个“新建文本文档”的创建，此时文件名处于可编辑状态，用户输入文件名后即可完成新建。

如果要创建一些特殊的文件，如 Auto CAD 等，可以使用应用软件的新建命令进行创建。

2）新建文件夹。新建文件夹操作步骤与新建文件类似，具体步骤如下。

第 1 步：在文件夹窗口的空白处右击，在弹出的快捷菜单中选择“新建”→“文件夹”命令。

第 2 步：第 1 步完成后，已完成一个“新建文件夹”的创建，此时文件夹名处于可编辑状态，用户输入文件夹名后即可完成新建。

（2）打开和关闭文件或文件夹。

1）打开文件或文件夹。打开文件或文件夹通常有以下两种方法：

a. 用鼠标选择需要打开的文件或文件夹，双击打开。

b. 选中需要打开的文件或文件夹并右击，在弹出的快捷菜单中选择“打开”命令打开对应文件，还可以通过“打开方式”命令将其打开。

2）关闭文件或文件夹。通常有以下两种方法关闭文件或文件夹：

a. 通过单击文件或文件夹右上角的“关闭”按钮关闭。

b. 通过 Alt＋F4 快捷键关闭。

3）选定文件或文件夹。

a. 选择单个文件或文件夹，只需鼠标单击选定的对象即可。

b. 选择连续多个文件或文件夹，单击第一个要选择的对象，再按住 Shift 键不放，用鼠标单击最后一个需要选择的对象。

c. 选择非连续的文件或文件夹，单击第一个要选择的对象，再按住 Ctrl 键不放，用鼠标依次单击需要选择的对象。

d. 选择全部文件或文件夹，使用 Ctrl＋A 组合键即可实现。

（3）复制和移动文件或文件夹。复制文件或文件夹即创建其副本，可对原有文件或文件夹进行备份，实现方法有以下 3 种：

1）选择要复制的文件或文件夹，按 Ctrl＋C 组合键，再到目标位置，按 Ctrl＋V 组合键即可。

2）选择要复制的文件或文件夹，按 Ctrl 键将其拖拽到目标位置，释放 Ctrl 键即可。

3）选择要复制的文件或文件夹，按住鼠标左键将其拖拽到目标位置，释放鼠标左键即可。

移动文件和文件夹是将其从原位置移动到另一个位置，操作完成后，原位置没有该对象。实现方法有以下 2 种：

a. 选择要移动的文件或文件夹，按 Ctrl＋X 组合键，再到目标位置，按 Ctrl＋V 组合键即可。

b. 选择要移动的文件或文件夹并右击，在弹出的快捷菜单中选择“剪切”命令，在目标位置空白处单击鼠标右键，在弹出的快捷菜单中选择“粘贴”命令即可实现。

（4）删除文件或文件夹。删除文件或文件夹的常见方法有以下几种：

1）选择要删除的文件或文件夹，按 Ctrl＋D 组合键或 Delete 键即可实现。

2）选择要删除的文件或文件夹并单击鼠标右键，在弹出的快捷菜单中选择“删除”命令即可实现。

3）选择要删除的文件或文件夹，单击“主页”选项卡“组织”中的“删除”按钮即可实现。

（5）重命名文件或文件夹。常见的更改文件或文件夹名称的方法有以下几种：

1）选择要重命名的文件或文件夹并单击鼠标右键，在弹出的快捷菜单中选择“重命名”命令，当名称以蓝色背景显示时表示可编辑状态，用户直接输入新的文件名并按 Enter 键即可。

2）选择要重命名的文件或文件夹，单击“主页”选项卡“组织”中的“重命名”按钮，当文件名进入可编辑状态，用户直接输入新的文件名并按 Enter 键即可。

3）选择要重命名的文件或文件夹，按 F2 键，当文件名进入可编辑状态，用户直接输入新的文件名并按 Enter 键即可。

(6) 搜索文件或文件夹。当用户忘记了文件或文件夹所在的位置，只知道该文件或文件夹的名称时，可使用 Windows 10 系统的搜索功能来搜索需要的文件或文件夹。下文以搜索计算机中的“说明书”为例，介绍搜索功能的具体使用方法。

打开“文件资源管理器”窗口，选择左侧“此电脑”选项，将搜索的范围设置为“此电脑”，在搜索文本框中输入关键字“说明书”，此时系统开始搜索此电脑本地磁盘中含有“说明书”关键字的所有文件和文件夹，搜索完成后，将在下方的窗格中显示搜索的结果，用户可根据文件名称、文件大小、文件修改日期等指标选择需要的文件或文件夹，如图 2.20 所示。

图 2.20 搜索“说明书”结果

5. 回收站

回收站是 Windows 10 系统用于存储系统中临时删除文件的地方。回收站中的临时文件既可以被还原，也可以被彻底清除，操作方法如下：

(1) 文件还原。使用鼠标双击打开桌面“回收站”图标，选择要恢复的文件或文件夹等对象并右击，在弹出的快捷菜单中选择“还原”命令即可。

(2) 清空回收站。在桌面右击“回收站”图标，在弹出的快捷菜单中选择“清空回收站”命令，弹出“删除多个项目”对话框，单击“是”按钮，即可完成清空回收站的操作。

如果要清除回收站中的某些对象，可以进入“回收站”后，选择要清除的对象并右击，在弹出的快捷菜单中选择“删除”命令，弹出“删除文件”对话框，单击“是”按钮，即可完成清除文件操作。

2.2.5　字体安装

Windows 10 系统默认带有“宋体”“黑体”“隶书”等多种字体，当用户需要安装新字体时，只需将新字体复制到 Windows 10 系统字体库即可。Windows 10 系统默认的字体文件夹在 C:\Windows\Fonts 中，从文件资源管理器的地址栏直接输入“C:\Windows\Fonts”即可进入；将需要安装的字体直接复制到字体库文件夹中即可。字体安装后无须重新启动系统，用户即可调用新装字体。

Windows 10 系统默认的“日本字体”等字体一般用不到，直接在字体库选中不用的字体并右击，在弹出的快捷菜单中选择“删除”命令，在弹出“删除字体”对话框中，单击“是”按钮即可。系统中过多的字体会影响系统的内存和速度，可以通过删除不用的字体来提高系统速度。

2.2.6　操作技巧

使用 Windows 10 系统的过程是一个熟能生巧的过程，此外，想要提高工作效率，使用快捷键是一个非常有效的方法，熟练应用系统的快捷方式常常能够达到事半功倍的效果。系统常用的快捷键见表 2.3。

表 2.3　Windows 10 系统常用快捷键

快捷键	功能	快捷键	功能
Win+Tab	激活任务视图	Win+K	激活无线显示器连接或音频设备连接
Win+A	激活操作中心	Win+L	锁定屏幕
Win+C	通过语音激活 Cortana	Win+P	投影屏幕
Win+D	显示桌面	Win+R	运行
Win+E	打开文件管理器	Win+S	激活 Cortana
Win+G	打开 Xbox 游戏录制工具栏，供用户录制游戏视频或截屏	Win+X	打开高级用户功能
Win+H	激活 Windows 10 应用的分享功能	Win+左/右/上/下	移动应用窗口
Win+I	打开 Windows 10 设置	Win+Ctrl+D	创建一个新的虚拟桌面

2.3　系统设置与管理

Windows 10 系统不仅为用户提供了良好的交互界面和工作环境，还为用户提供了方便管理和使用操作系统的工具，用户可通过这些工具快速对系统进行配置，从而满足用户的个性化使用需求。

2.3.1 Windows 设置

Windows 设置是集系统设置管理、设备设置管理、网络和 Internet 设置管理、个性化设置管理、账户设置管理、时间和语言设置管理、更新和安全设置管理等各类系统设置管理于一体的应用，如图 2.21 所示。

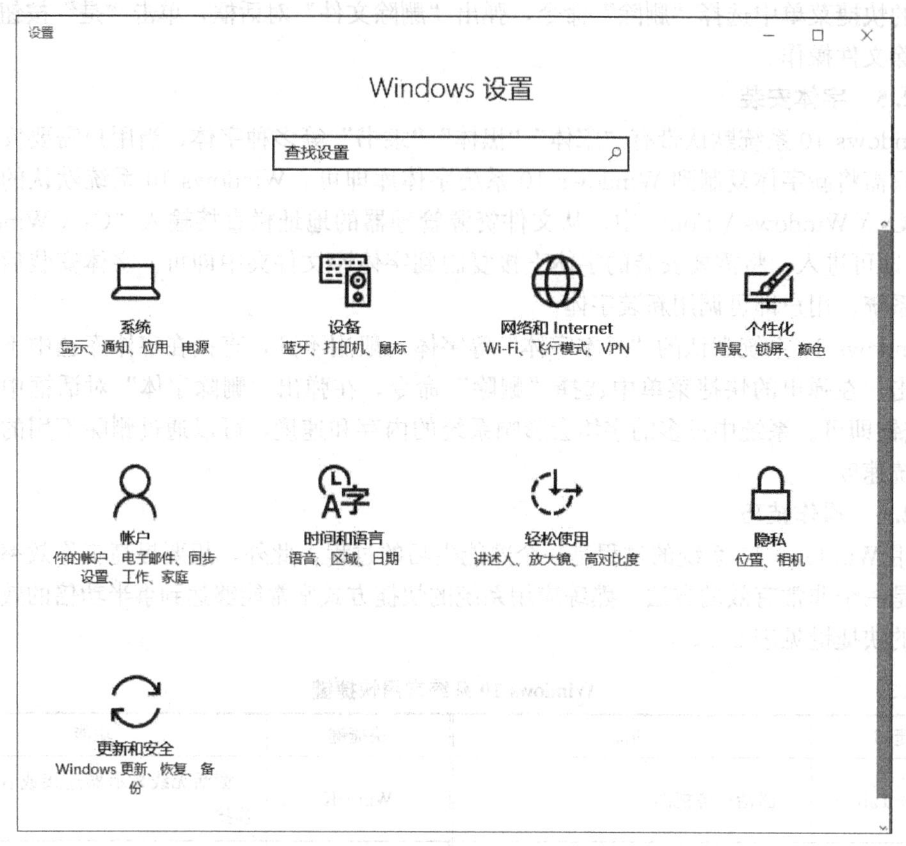

图 2.21 Windows 设置

打开 Windows 设置的方式有以下几种：

(1) 使用鼠标依次单击“开始”→“设置”按钮打开 Windows 设置。

(2) 使用鼠标右击“开始”菜单，在弹出的快捷菜单中单击“设置”按钮即可。

(3) 通过按 Win+I 组合键可打开 Windows 设置。

2.3.2 显示设置

用户可以对 Windows 10 系统进行个性化设置，比如设置桌面背景、设置系统主题、设置屏幕保护程序、调整系统分辨率等。

(1) 设置桌面背景。Windows 10 系统提供了多种桌面背景图片供用户选用，用户也可使用自己喜欢的图片作为背景，具体设置方法如下：

第 1 步：在系统桌面空白处单击鼠标右键，在弹出的快捷菜单中选择“个性化”命令。

第 2 步：在弹出的“设置—个性化”窗口中，单击喜欢的背景图案，即可预览并应用该图片，如图 2.22 所示。

如果用户希望将非系统自带的图片作为背景，那么可以选择将“背景”类型设置为图

图 2.22　Windows 10 设置桌面背景

片，然后单击“选择图片”下方的“浏览”按钮，打开“打开”对话框，选择图片所在的文件夹，单击需要设置为背景的图片，单击“选择图片”按钮，返回“设置—个性化”窗口，即可查看预览的效果。

(2) 设置系统主题。系统主题是集桌面背景图片、窗口颜色和声音于一体的套件，用户可根据自己的喜好对其进行选择设置，具体操作步骤如下。

第 1 步：在系统桌面空白处单击鼠标右键，在弹出的快捷菜单中选择“个性化”命令。打开“设置—个性化”窗口，在其中选择“主题”选项，单击“主题设置”选项。

第 2 步：选择“个性化—主题”下方的背景、颜色、声音和鼠标光标选项，即可对其进行更改设置，如图 2.23 所示。

第 3 步：向下拖拽鼠标浏览，可以看到应用主题列表，选择喜欢的主题，即可快速应用该主题。

(3) 设置屏幕保护程序。屏幕保护程序，是指用户在一段时间内没有使用鼠标或键盘时，计算机屏幕上会出现移动的图片或图案，用户设置为锁屏后重新登录需要输入密码，以此提高计算机的安全性。设置屏幕保护程序的步骤如下：

第 1 步：在系统桌面空白处单击鼠标右键，在弹出的快捷菜单中选择“个性化”命令。打开“设置—个性化”窗口，在其中选择“锁屏界面”选项。

第 2 步：在“锁屏界面”设置窗口中单击“屏幕超时设置”超链接，打开“电源和睡眠”设置界面，在其中设置屏幕睡眠时间。

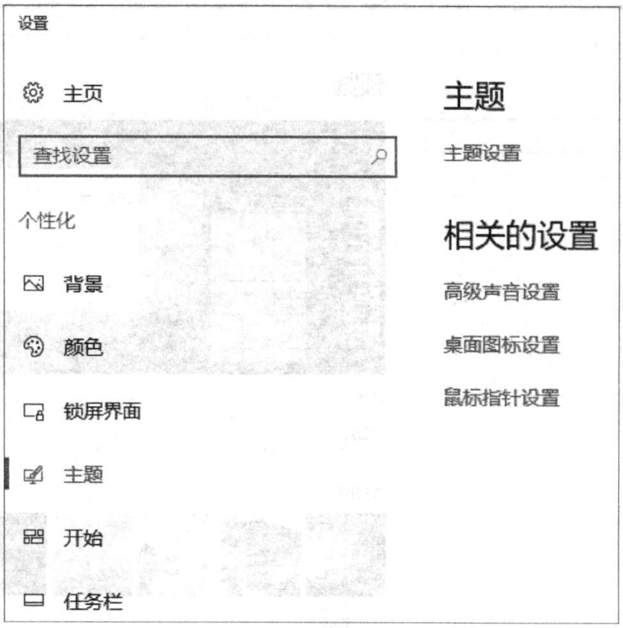

图 2.23　Windows 10 设置系统主题

第 3 步：在“锁屏界面”设置窗口中单击“屏幕保护程序设置”超链接，打开“屏幕保护程序设置”对话框，选中“在恢复时显示登录屏幕”复选框，如图 2.24 所示。

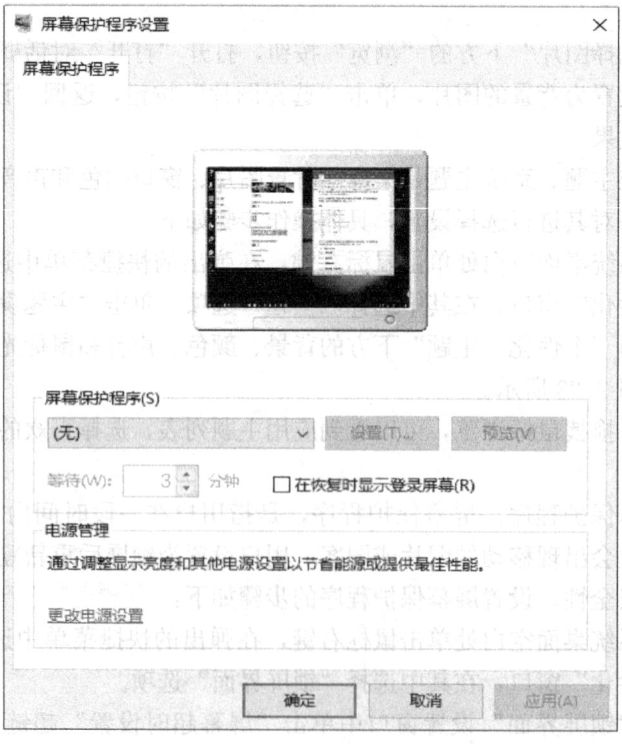

图 2.24　Windows 10 设置屏幕保护

第 4 步：在“屏幕保护程序”下拉菜单中选择“3D 文字”选项，此时在上方的预览框中可以看到设置后的效果。

第 5 步：在“等待”选项中设置等待的时间，建议设置为 3 分钟，设置完成后，单击“确定”按钮，如图 2.24 所示。

设置完成后，如果用户在 3 分钟内没有对计算机进行任何操作，系统将进入自动锁屏状态，再次进入系统需要输入密码。

(4) 调整系统分辨率。屏幕分辨率，是指屏幕上显示的文本和图像的清晰度。显示分辨率就是屏幕上显示的像素个数，分辨率 1920×1080 的意思是水平方向含有像素数为 1920，垂直方向含有像素数为 1080。在屏幕尺寸不变的情况下，分辨率越高，显示效果就越精细和细腻。适当调整分辨率，有助于提高屏幕像素上的清晰度，操作步骤如下：

第 1 步：在系统桌面空白处单击鼠标右键，在弹出的快捷菜单中选择“显示设置”命令。

第 2 步：打开“设置—显示”窗口，进入“显示”设置界面。

第 3 步：单击“显示分辨率”下方右侧的下拉按钮，在弹出的下拉列表中选择需要设置的分辨率即可，如图 2.25 所示。

第 4 步：系统提示用户是否使用当前的分辨率，单击“保留更改”按钮，确认设置即可。

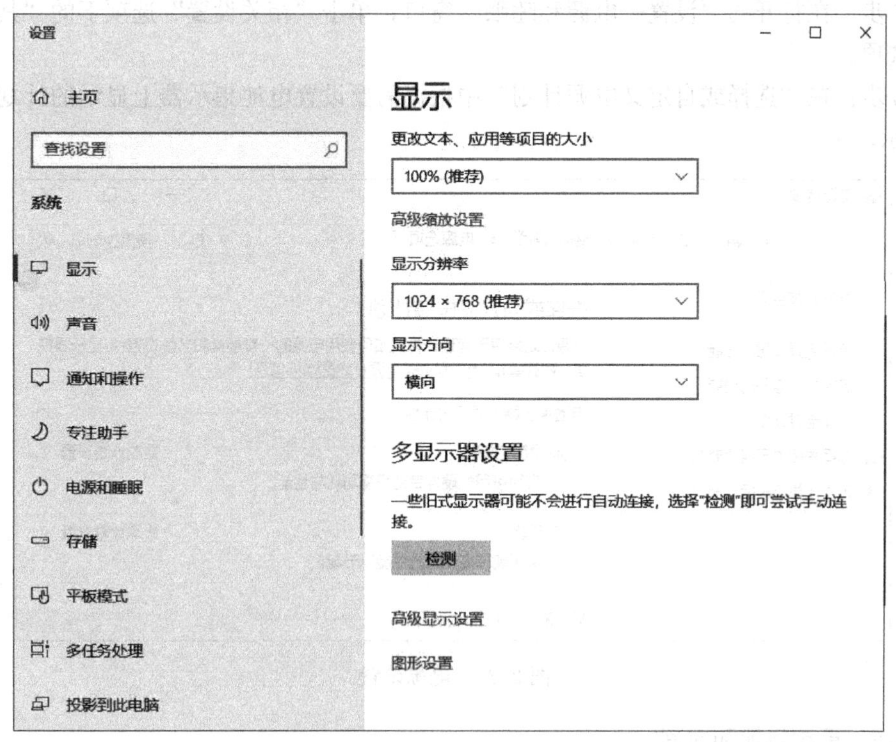

图 2.25 调整系统分辨率

2.3.3 声音设置

用户可根据自己的需要调整 Windows 10 系统的声音，具体操作方法如下：

（1）调节音量大小。鼠标单击系统任务栏右下角声音图标，如图 2.26 所示，在弹出的“扬声器”设置中，鼠标左键单击进度条不放，往右拖拽可调大音量，往左拖动进度条可调小音量。

（2）其他设置。鼠标右键单击系统任务栏右下角声音图标，如图 2.27 所示，可对“打开音量混合器”“播放设备”“录音设备”“声音”等进行设置。

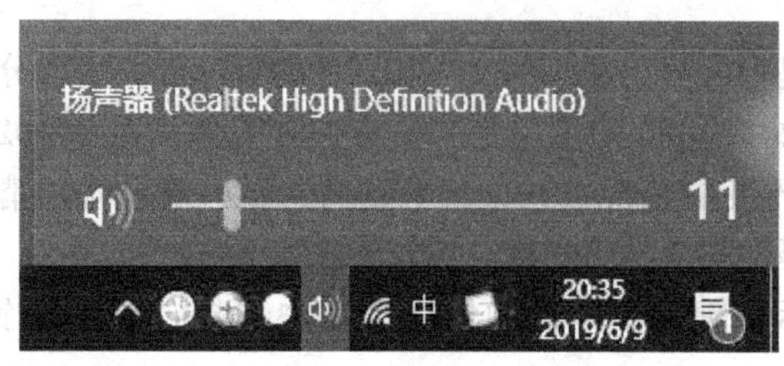

图 2.26　扬声器设置

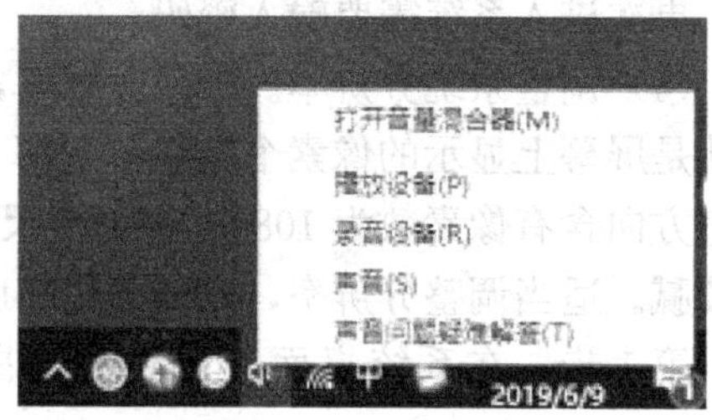

图 2.27　其他声音设置

2.3.4 电源管理

Windows 10 系统中，用户可通过自定义更改电脑电源设置，辅助调节计算机性能，具体操作方法如下：

第 1 步：单击任务栏右端电池图标，单击“电源和睡眠设置”。

第 2 步：在打开的“设置—电源和睡眠”窗口，单击“相关设置”选项下的“其他电源设置”选项。

第 3 步：在“选择或自定义电源计划”中根据需要设置电池指示器上显示的计划，如图 2.28 所示。

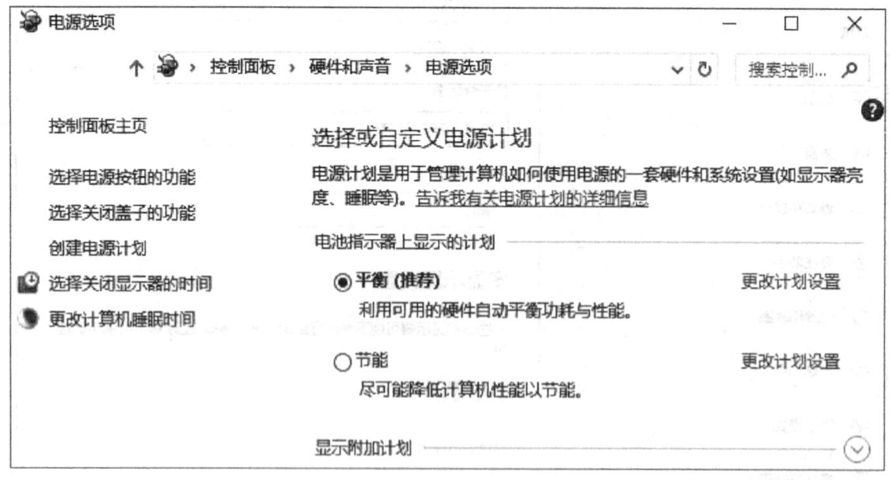

图 2.28　电源设置

2.3.5 更改日期和时间

第 1 步：右键单击桌面右下角显示时间和日期的区域，如图 2.29 所示。

第 2 步：在“设置—日期和时间”界面，单击右侧“更改日期和时间”下的“更改”按钮。

第 3 步：在“更改日期和时间”窗口中，将时间点设置成当前的时间即可。

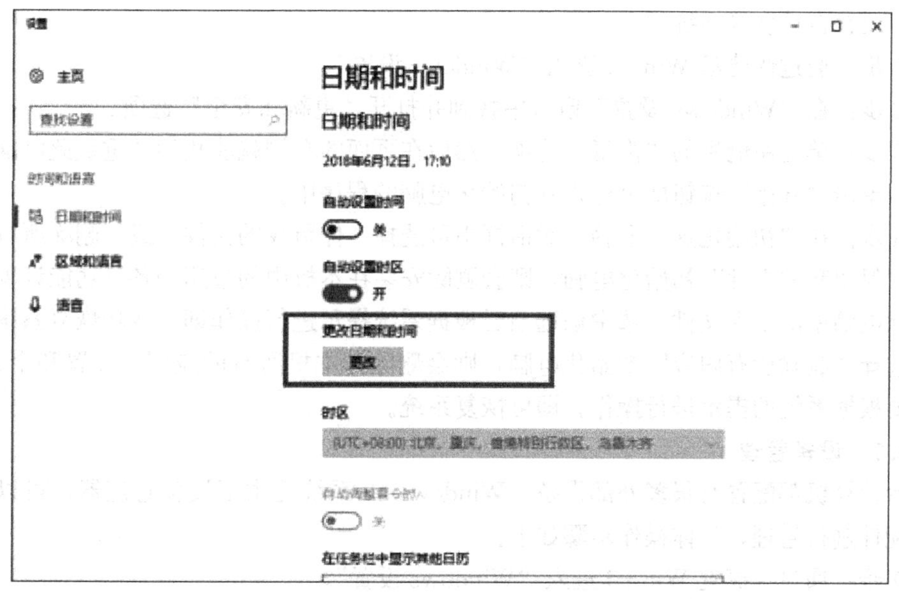

图 2.29 更改日期和时间

2.3.6 系统更新、重置与恢复

(1) 设置自动更新系统。

第 1 步：通过快捷键 Win+I 进入“Windows 设置”，单击“更新和安全”。

第 2 步：在打开的“设置—更新和安全”窗口中，单击“Windows 更新”，在更新状态下，可查看可用更新。单击“立即安装”，可安装系统更新。单击“更新历史记录”，可查看系统安装的所有更新，如图 2.30 所示。

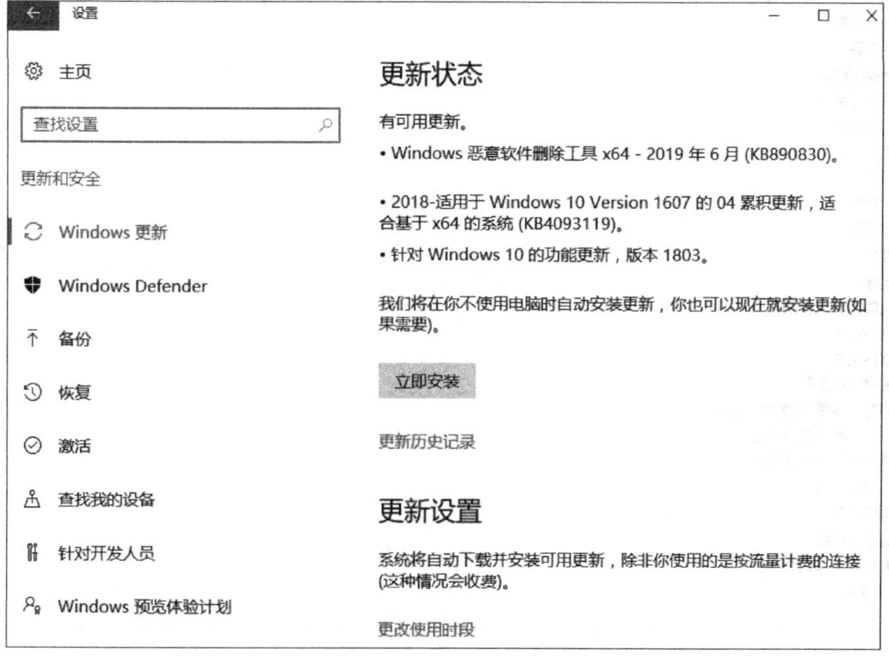

图 2.30 设置系统更新

（2）设置自动恢复系统。

第 1 步：通过快捷键 Win+I 进入“Windows 设置”。

第 2 步：在“Windows 设置”窗口中找到并打开“更新和安全”选项。

第 3 步：单击左侧栏的“恢复”选项，然后在页面的右侧就能找到“重置此电脑”的功能按钮，单击“开始”按钮即可进入到初始化电脑的程序中。

第 4 步：在“初始化这台电脑”对话框中可选择“保留我的文件”或“删除所有内容”。如选择“保留我的文件”初始化电脑，则会删除安装在本机中的应用和各种功能设置，但并不会删除电脑中的个人文件。选中该选项后根据系统提示进行操作即可成功恢复系统。

如选择“删除所有内容”初始化电脑，则会删除掉本机所有的应用、设置和个人文件，同样需要根据系统的提示进行操作，即可恢复系统。

2.3.7 设备管理

每台计算机都配置有很多外部设备，Windows 10 系统提供了设备管理器，可以对电脑的各项配件进行管理，具体操作步骤如下：

第 1 步：通过快捷键 Win+I 进入“Windows 设置”。

第 2 步：在弹出的“Windows 设置”对话框“查找设置”搜索框中输入“设备管理器”。

第 3 步：在打开的“搜索结果”中单击“设备管理器”，打开“设备管理器”界面，如图 2.31 所示。

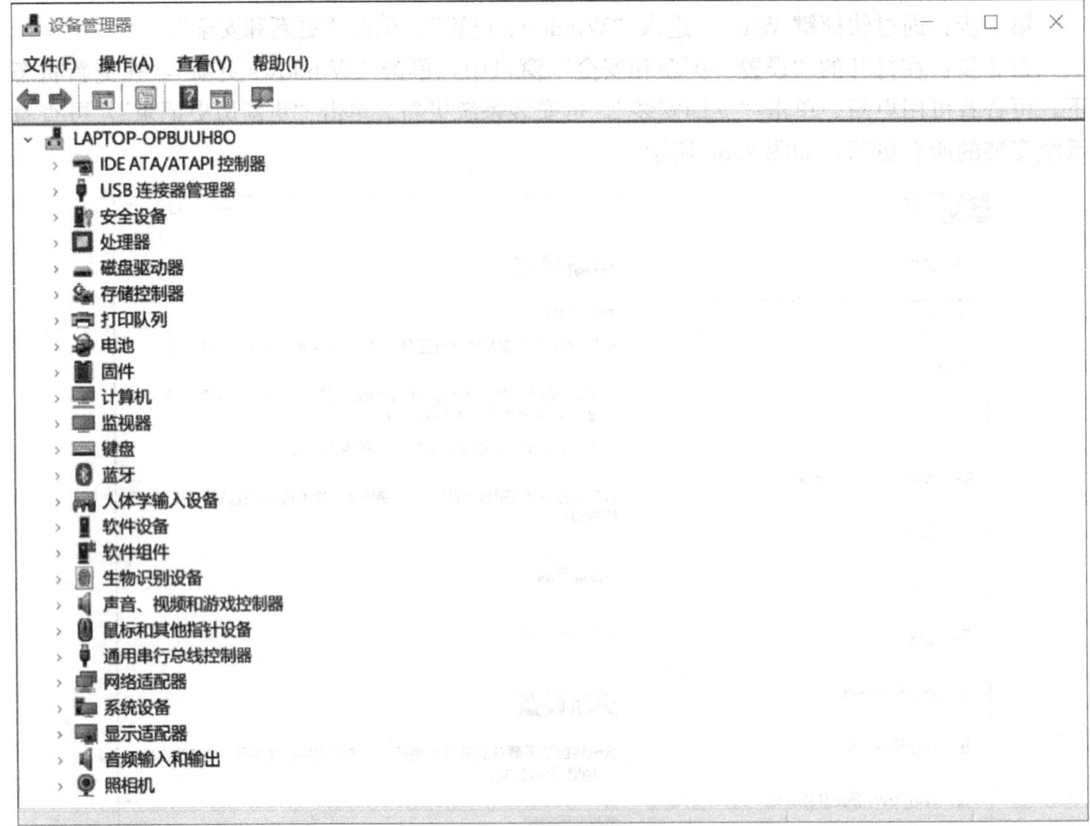

图 2.31 “设备管理器”界面

2.3.8 磁盘管理

磁盘管理是一项计算机使用时的常规任务，Windows 10 系统提供了便捷且丰富的磁盘管理功能，包括磁盘格式化、磁盘清理、磁盘查错和碎片整理等，操作步骤如下。

在 Windows 10 桌面，鼠标右击桌面左下角的开始按钮，在弹出的菜单中选择“磁盘管理”菜单项。这样就可以直接打开磁盘管理的窗口，如图 2.32 所示。

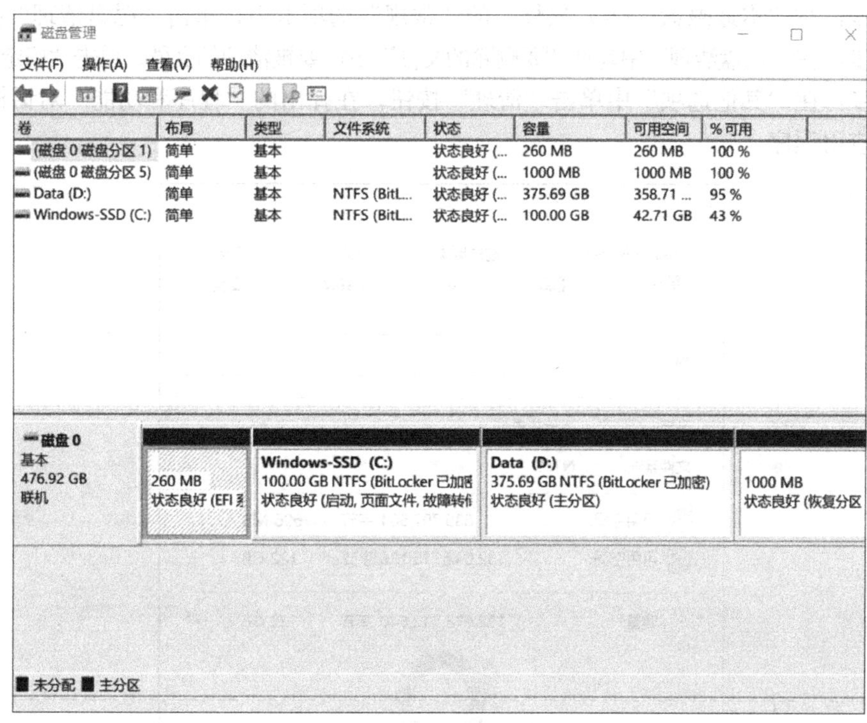

图 2.32 磁盘管理

1. 磁盘格式化

磁盘格式化，是指对磁盘或磁盘中的分区进行初始化的一种操作，这种操作通常会导致现有的磁盘或分区中所有的文件被清除。格式化将盘符划分成一个个小区域并编号，供计算机存储、读取数据；同时对硬盘介质做一致性检测，并且标记出不可读和坏的扇区。以图 2.33中格式化 D 盘为例，操作步骤如下：

第 1 步：在磁盘 0 右侧对应的盘符区域，鼠标右击 D 盘，在弹出的快捷菜单中单击“格式化”。

第 2 步：文件系统选择 NTFS，单击“确定”按钮后计算机即对该磁盘分区进行格式化操作。

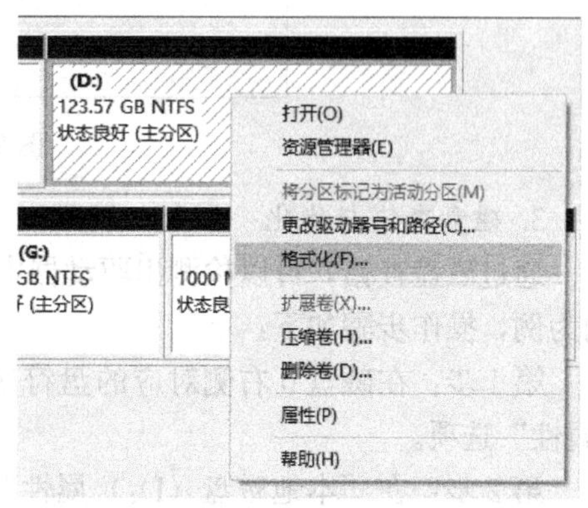

图 2.33 格式化磁盘

2. 磁盘清理

Windows 10 系统使用一段时间之后，磁盘上会保存大量的文件，这些文件并非保存在一个连续的磁盘空间上，系统会把一个文件分散在许多地方，这些零散的文件称为“磁盘碎片”，这些碎片会降低整个 Windows 10 的性能，每次读写文件磁盘触头都要来回移动，浪费了时间。因此，Windows 10 系统提供了磁盘清理功能，可以快速将系统中存在的各种垃圾文件进行清除，从而节约磁盘空间。以图 2.34 中清理 D 盘为例，操作步骤如下：

第 1 步：在磁盘 0 右侧对应的盘符区域，鼠标右击 D 盘，在弹出的快捷菜单中，单击“属性”选项。

第 2 步：在“本地磁盘（D:）属性”的“常规”选项卡中，单击“磁盘清理”按钮。

第 3 步：在“磁盘清理”中勾选“要删除的文件”下需要被清理的文件，单击“确定”按钮。

第 4 步：在“其他选项”中单击“清理”按钮，在弹出的“程序和功能”对话框中删除不需要的应用程序。

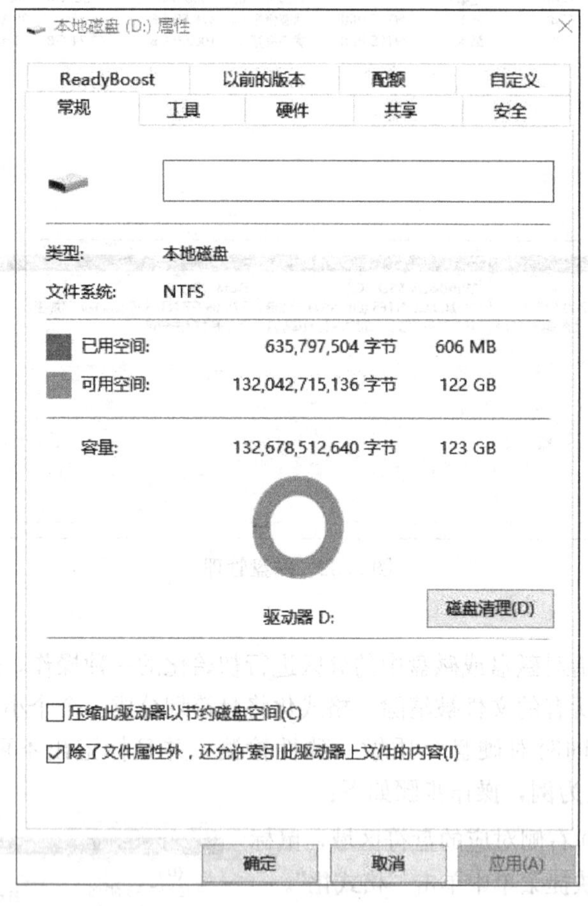

图 2.34 磁盘清理

3. 磁盘查错与优化

通过磁盘查错，可以检测出驱动器中的文件系统错误。以图 2.35 中对 D 盘进行查错检测为例，操作步骤如下：

第 1 步：在磁盘 0 右侧对应的盘符区域，鼠标右击 D 盘，在弹出的快捷菜单中，单击“属性”选项。

第 2 步：在“本地磁盘（D:）属性”的“工具”选项卡中，单击“查错”选项区域中的“检查”按钮，如图 2.35 所示。

第 3 步：在“本地磁盘（D:）属性”的“工具”选项卡中，单击“对驱动器进行优化和碎片整理”选项区域中的“优化”按钮。

图 2.35　磁盘检查与优化

2.4　系统安全设置

2.4.1　账户管理与登录模式

Microsoft 账户是用于登录 Windows 的电子邮件地址和密码，用户可以选择自己所选的任何电子邮件地址，完成账户的注册和登录操作。

1. 注册和登录 Microsoft 账户

当用户需要使用 Microsoft 账户管理设备时，首先需要在该设备上注册和登录 Microsoft 账户，操作步骤如下：

第 1 步：依次单击“开始”→“账户”→“更改账户设置”按钮。在“设置—账户”窗口中，选择“你的信息”选项，单击“改用 Microsoft 账户登录”命令。

第 2 步：在弹出的“个性化设置”界面，输入 Microsoft 账户和密码，单击“登录”按钮。如果没有 Microsoft 账号，单击“创建一个”超链接，弹出“让我们来创建你的账户”界面，再根据提示在文本框中输入邮箱账号并设置系统登录密码，单击“下一步”按钮。

第 3 步：在“查看与你相关度最高的内容”界面，单击“下一步”按钮，在弹出的“使用 Microsoft 账户登录此计算机”界面，根据提示在文本框中输入当前电脑的登录密码。如无密码，则单击“下一步”按钮。

第 4 步：在弹出“创建 PIN”界面，单击“下一步”按钮，在“设置 PIN”对话框中，输入新的 PIN 码，并再次输入 PIN 码确认，然后单击“确定”按钮。

第 5 步：设置完 PIN 码后，即可在“你的信息”设置界面看到登录的账户信息，此时需单击“验证”超链接进行验证。在弹出的“验证电子邮件”界面，需先登录注册邮箱，查看邮箱收到的安全码，并根据提示输入代码；若未收到可单击“立即重新发送”超链接，如果还未收到，则需要进一步核实邮箱输入是否正确，若错误可单击“请在此处修改”超链接更改邮箱地址。输入正确的安全码后，单击“下一步”按钮。

第 6 步：返回“账户信息”界面，“验证”超链接不再显示，表明已完成设置。

2. 本地账户和 Microsoft 账户切换

本地账户和 Microsoft 账户的切换包括以下两种情况。

(1) 从本地账户切换到 Microsoft 账户。

第 1 步：依次单击“开始”→“账户”→“更改账户设置”命令。在“设置－账户”窗口中，选择“你的信息”，单击“改用 Microsoft 账户登录”。

第 2 步：在弹出的“个性化设置”界面，根据提示输入 Microsoft 账户信息并单击“下一步”按钮。

第 3 步：打开“输入密码”对话框，在其中输入 Windows 登录密码，单击“登录”按钮。

第 4 步：在弹出的“使用 Microsoft 账户登录此计算机”界面，输入当前的 Windows 密码，如无密码则直接单击“下一步”按钮。

第 5 步：在弹出的“还有一步”界面，单击“下一步”按钮，输入 Microsoft 账户的 PIN 码，系统会自动验证并跳转。

第 6 步：返回“账户信息”界面，即可看到切换后的 Microsoft 账户信息。

(2) 从 Microsoft 账户切换到本地账户。

第 1 步：在“设置－账户”窗口选择“你的信息”选项，在打开的界面中单击“改用本地账户登录”超链接。

第 2 步：打开“切换到本地账户”界面，在其中输入 Microsoft 账户的登录密码，并单击“下一步”按钮。

打开“切换到本地账户”界面，在其中输入本地账户的用户名、密码和密码提示等信息，然后单击“下一步”按钮。

打开界面中提示用户所有的操作即将完成，单击“注销并完成”按钮，即可完成切换。

2.4.2 用户账户控制

用户账户控制（User Account Control，UAC）可以防止恶意软件损坏电脑，并且有助于组织部署易于管理的桌面。借助 UAC，应用和任务将始终在非管理员账户的安全上下文中运行，除非管理员专门授予管理员级别的访问系统权限。UAC 可阻止自动安装未经授权的应用并防止意外更改系统设置。配置步骤如下：

第 1 步：通过快捷键 Win＋R 打开“运行”对话框，在弹出“运行”对话框中输入“msconfig”命令，单击“确定”按钮。

第 2 步：在打开的“系统配置”窗口中，单击“工具”选项卡。

第 3 步：在打开的“工具”列表中选中“更改 UAC 设置”，单击“启动”按钮。

第 4 步：在“用户账户控制设置”窗口中，根据需要设置系统 UAC 等级，如图 2.36 所示。

2.4.3 Windows 防火墙

Windows 10 系统中提供了防火墙（Firewall）软件以提高系统的安全性能，防火墙通过允许或禁止数据包或应用程序来保护系统安全。打开并配置防火墙的步骤如下：

第 1 步：通过快捷键 Win＋I 进入“Windows 设置”，在弹出“Windows 设置”对话框“查找设置”搜索框中输入“Windows 防火墙”。

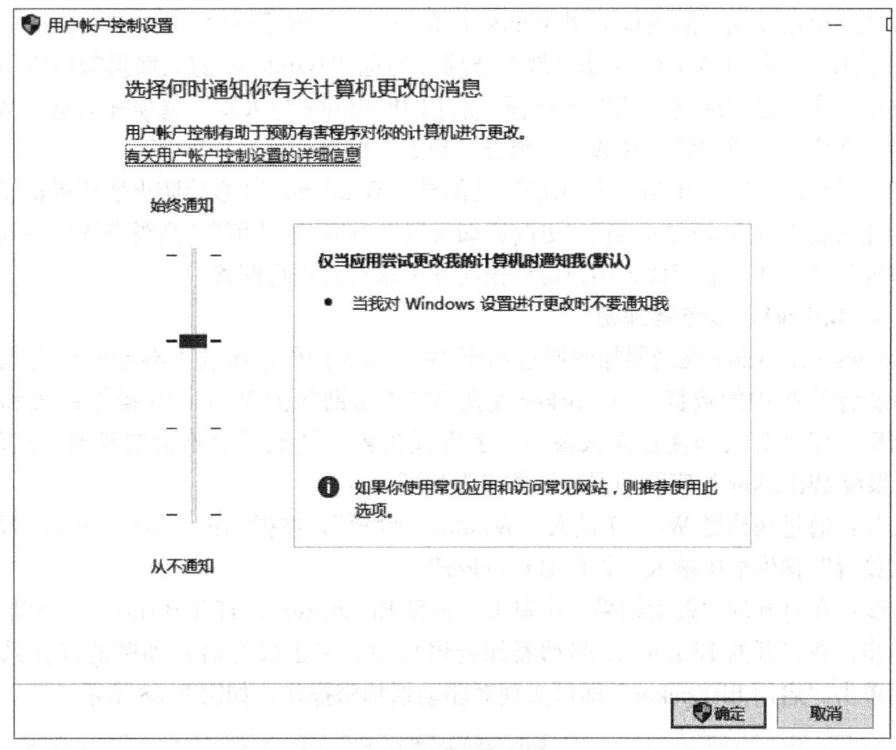

图 2.36　用户账户控制设置

第 2 步：在打开的“搜索结果”中单击“Windows 防火墙”，打开 Windows 防火墙设置窗口，如图 2.37 所示。

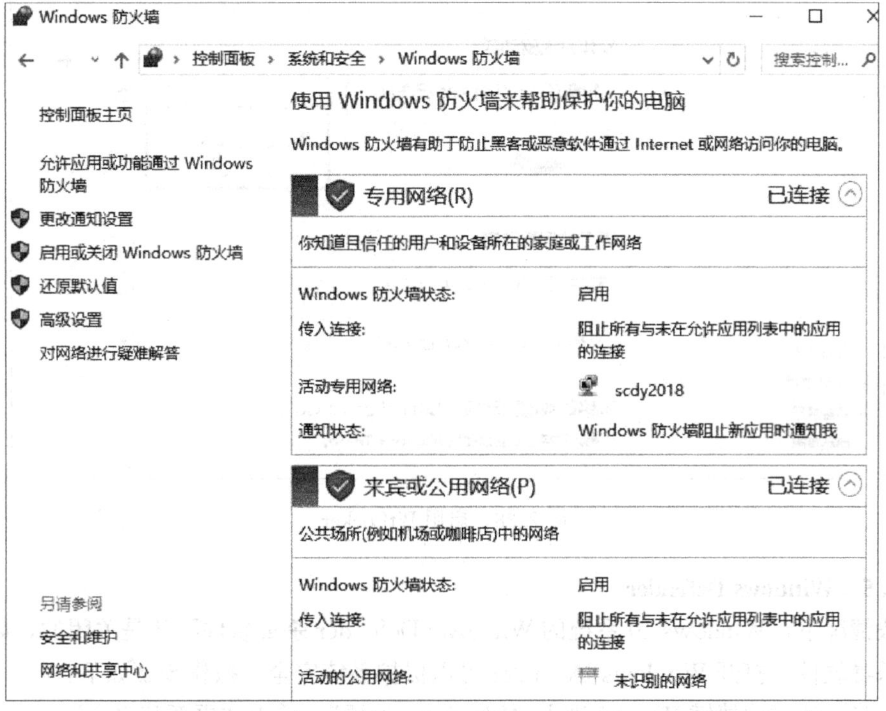

图 2.37　Windows 10 防火墙

第 3 步：单击左侧“启用或关闭 Windows 防火墙”打开防火墙配置界面，在“专用网络设置”下选择“启用 Windows 防火墙”选项并勾选“Windows 防火墙阻断新应用时通知我”复选框，在“公用网络设置”下选择“启用 Windows 防火墙”选项并勾选“Windows 防火墙阻断新应用时通知我”复选框，单击“确定”按钮。

除了“启用或关闭 Windows 防火墙”功能外，Windows 10 系统防火墙还提供了“允许应用或功能通过 Windows 防火墙”“更改通知设置”“还原默认值”“高级设置”等设置，具体配置方式与开启防火墙相似，用户可根据实际需求对其进行配置。

2.4.4 BitLocker 驱动器加密

Windows BitLocker 驱动器加密通过加密 Windows 操作系统卷上存储的所有数据可以更好地保护计算机中的数据。BitLocker 使用 TPM 帮助保护 Windows 操作系统和用户数据，并帮助确保计算机即使在无人参与、丢失或被盗的情况下也不会被篡改。启用 Windows 10 系统 Bitlocker 加密驱动器的操作步骤如下：

第 1 步：通过快捷键 Win+I 进入“Windows 设置”，在弹出的“Windows 设置”对话框“查找设置”搜索框中输入“管理 BitLocker”。

第 2 步：在打开的“搜索结果”中单击“管理 BitLocker”，打开 BitLocker 驱动器加密。

第 3 步：在打开的 BitLocker 驱动器加密窗口中，单击展开需要加密的操作系统驱动器，然后单击“启用 BitLocker”即可实现对驱动器加密操作，如图 2.38 所示。

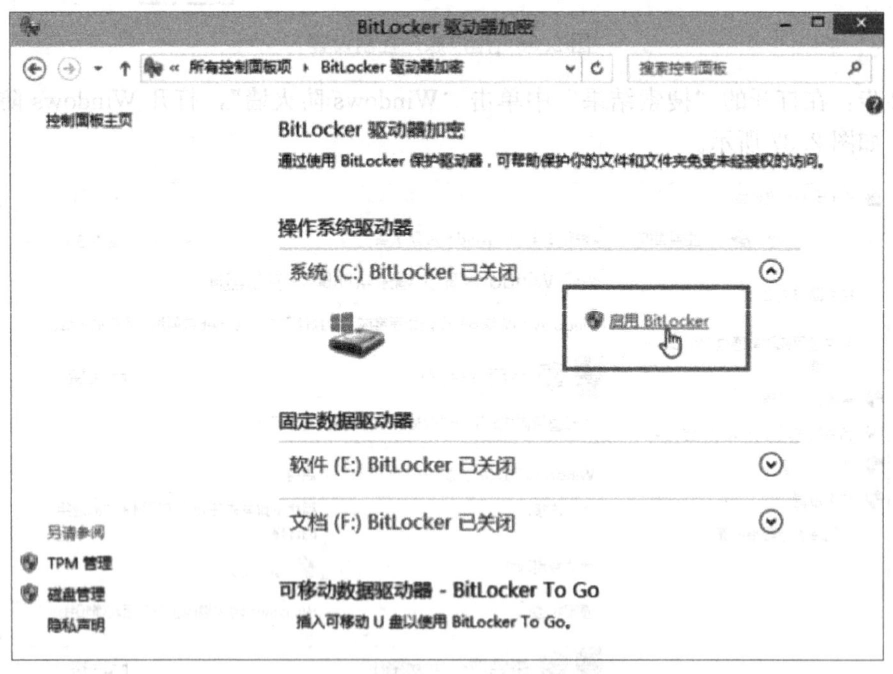

图 2.38 启用 BitLocker

2.4.5 Windows Defender

一般情况下，Windows 10 系统的 Windows Defender 杀毒软件默认是关闭的，如果没有第三方杀毒软件，打开 Windows Defender 可以保护系统安全，操作步骤如下：

第 1 步：通过快捷键 Win+I 进入“Windows 设置”，单击“更新和安全”。

第 2 步：在打开的“设置－更新和安全”窗口中，单击左侧 Windows Defender，在 Windows Defender 右侧的配置界面单击“启用 WindowsDefender 防病毒”按钮，如图 2.39 所示，弹出“Windows Defender 安全中心”窗口，显示“正在保护你的设备”，说明 Windows Defender 已成功打开。

图 2.39　启用 Windows Defender

2.5　软件的安装与管理

软件系统是计算机系统的灵魂，没有软件系统的计算机是无法工作的。软件系统主要包括系统软件和应用软件两部分。其中，操作系统是最重要的系统软件。本节主要介绍 Windows 10 操作系统、即时通信软件、办公应用软件等常用软件的安装与管理。

2.5.1　Windows 10 操作系统的安装

Windows 10 操作系统内置了高度自动化的安装程序向导，用户只需要输入少量的个人信息，按照安装程序向导的提示操作即可成功安装 Windows 10 操作系统，本节主要以优盘安装的方式简要介绍 Windows 10 操作系统的安装过程。

（1）安装前的准备工作。

1）准备好 Windows 10 专业版简体中文版安装优盘。

2）检查硬盘错误并进行修复。

3）准备好 Windows 10 产品密钥（安装序列号）。

4）备份系统上的原有数据。

(2) 安装过程。

第 1 步：将电脑关机后，插入准备好的 Windows 10 系统安全优盘。

第 2 步：重新启动电脑，在 BIOS 引导界面把优盘设置为第一启动盘。当出现"Start booting from USB device"提示后，系统会自动加载安装程序。

第 3 步：等待系统文件加载直到输入语言和其他首选项界面，选择"中文（简体，中国)"选项后，单击"下一步"按钮，单击"现在安装"按钮。

第 4 步：根据提示输入系统密钥，单击"下一步"按钮，在"适用的声明和条款"界面，勾选"我接受条款"选项并单击"下一步"按钮，选择安装类型"自定义：仅安装 Windows（高级)"选项。

第 5 步：选择安装位置时，根据需要选择已有分区或删除创建新分区，单击"下一步"按钮。

第 6 步：安装完成后，重新启动，进入登录界面，设置用户名、登录密码，完成后直接进入 Windows 10 系统界面，如图 2.40 所示。

图 2.40　Windows 10 启动界面

2.5.2　分区与格式化

首次安装 Windows 10 系统在选择安装位置时，可以对磁盘进行分区并进行格式化处理，建议留给 Windows 10 操作系统安装的磁盘容量是 50GB～80GB。例如，需要创建 70GB（即需要在分区参数中输入 70GB=70 * 1024MB=71680MB)，磁盘空间的具体操作步骤如下：

第 1 步：在"你想将 Windows 安装在哪里?"界面中，选择要安装的磁盘，然后单击"新建"按钮。

第 2 步：在"大小"文本框中输入"71680"分区参数，然后单击"应用"按钮。

第 3 步：在弹出的提示对话框中，提示用户若要确保 Windows 所有的功能都能正常使用，Windows 要为系统创建额外的分区，单击"确定"按钮。

第 4 步：使用同样的方法，创建其他分区，然后选择 Windows 10 系统需要安装的磁盘分区，通常为 C 盘，单击"下一步"即可继续 Windows 10 的安装。

2.5.3　常用软件安装与管理

在 Windows 10 操作系统中安装各类应用软件可以大幅度提高生活和工作效率，常见的软件包括办公软件、图形图像处理软件、即时通信软件等。本节主要以即时通信软件腾讯 QQ 为例，讲解 Windows 10 系统中软件的安装包获取、软件安装、软件卸载等过程。

(1) 安装包获取。获取软件安装包的方式很多，最安全的是从软件官方网站上下载。通过访问腾讯官网下载 QQ 安装包，操作步骤如下：

第 1 步：打开浏览器，在地址栏输入"http：//im. QQ. com/pcQQ"，按 Enter 键即可打开 QQ 安装包下载页面。

第 2 步：单击"立即下载"按钮，即可在浏览器下方弹出下载提示，单击"保存"按钮。

第 3 步：下载完毕，会在浏览器下方窗口提示下载完成的信息，单击"运行"按钮，即可开始安装程序。也可以单击"打开文件夹"按钮，查看下载的软件安装包。

(2) 安装 QQ。软件安装包下载完成之后，即可以将其安装在电脑中了，操作步骤如下：

第 1 步：双击下载的安装程序 QQ9. 1. 3. 25332. exe。

第 2 步：在弹出的安装对话框中，勾选"阅读并同意软件许可协议和青少年上网安全指导"，单击"立即安装"按钮，即可立即安装软件。或单击"自定义安装"链接，可以修改软件安装的路径等参数，如图 2. 41 所示。

第 3 步：等待 QQ 安装完毕，单击"完成安装"按钮，即可进入 QQ 启动软件界面。

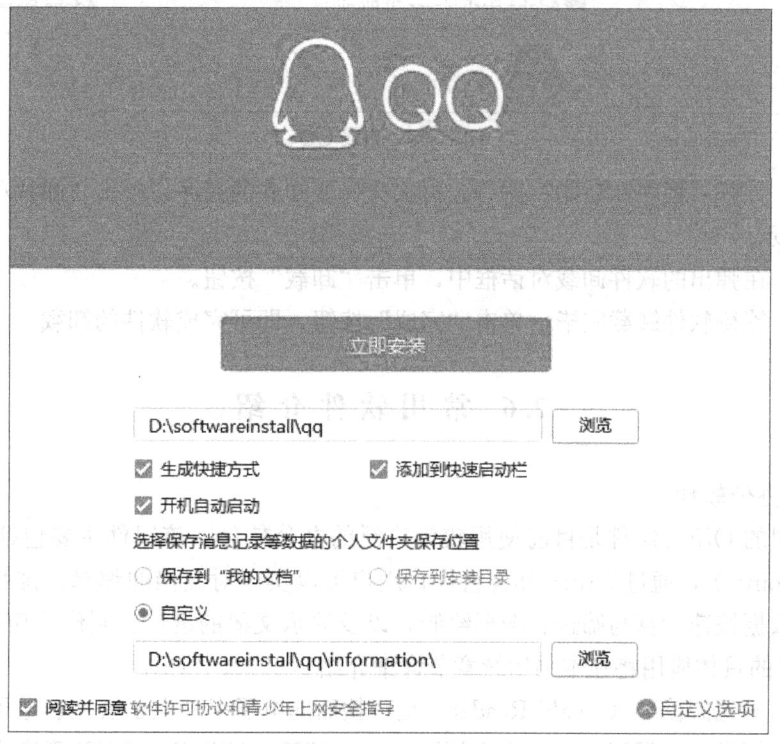

图 2. 41　自定义安装 QQ

(3) 卸载 QQ。当用户不再需要使用 Windows 10 系统中的某些软件时，可以将其卸载以节约存储空间。卸载 QQ 的操作步骤如下：

第 1 步：单击"开始"按钮，在打开的程序列表中右击 QQ，单击弹出的快捷菜单中的"卸载"命令，如图 2.42 所示。

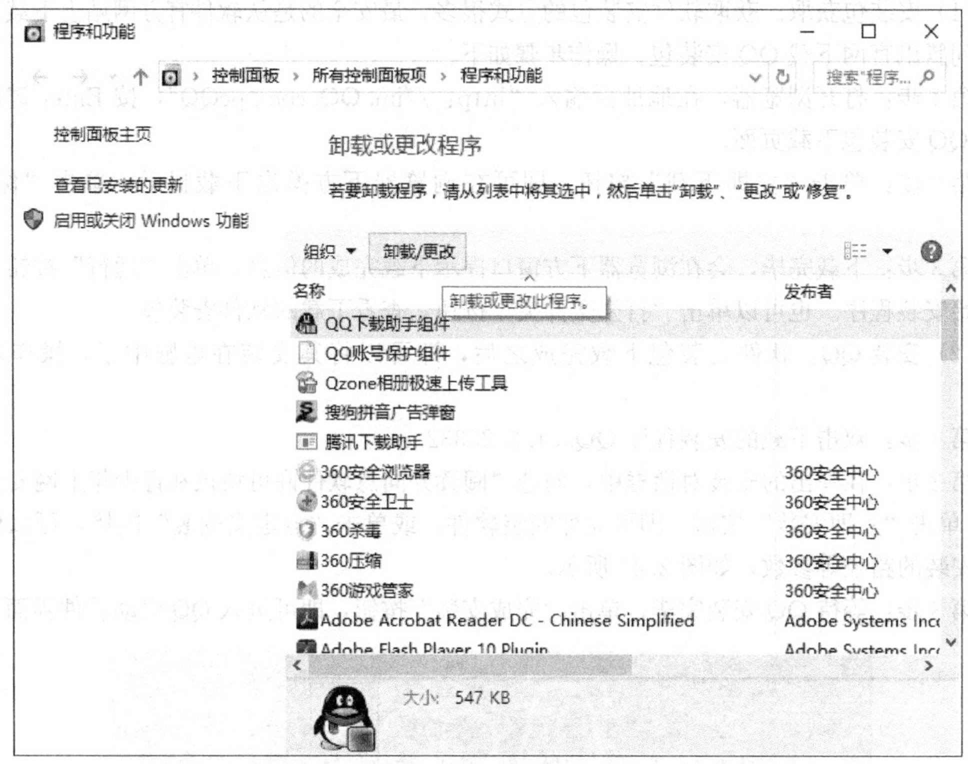

图 2.42　卸载 QQ

第 2 步：打开"程序和功能"窗口，再次选择要卸载的程序，单击"卸载/更改"按钮，如图 2.42 所示。

第 3 步：在弹出的软件卸载对话框中，单击"卸载"按钮。

第 4 步：等待软件卸载完毕，单击"完成"按钮，即可完成软件的卸载。

2.6　常用软件介绍

2.6.1　办公软件

微软公司的 Office 组件是目前使用较为广泛的办公软件，该组件主要包括 Word、Excel、PowerPoint 等，通过 Office 办公组件，用户可以实现对文档的编辑、排版、审阅，表格的设计、数据快速计算与筛选、图形绘制，以及演示文稿的设计、制作等功能，关于 Office 办公软件的具体应用将在本书后续章节详细介绍。

此外，阿帕比阅读器（Apabi Reader）是一款面向电子书、电子公文、电子报纸、电子期刊等多种文档类型的阅读器，可用于阅读 PDF、CEB、HTML、TXT 等格式的电子图书和文件。阿帕比阅读器主要具有复制、查找/搜索、页面放缩、保留阅读状态等功能。

（1）复制。支持问题复制、图像复制、带格式复制和二位表格复制。

（2）查找/搜索。能自动跳转到查找结果并反显关键字。可设定搜索位置，匹配方式灵活选择。

（3）页面放缩。除了多款贴心设置的缩放方式能使页面显示一步到位外，还提供动态缩放工具，让页面缩放的操控更加随心所欲。

（4）保留阅读状态。关闭 Apabi Reader 时自动保存包括页码、缩放比例、页面布局等阅读状态，以便再次打开的时候采用完全相同的阅读状态，很好地保持了阅读的连续性。

（5）重排显示。支持带逻辑结构信息的 CEBX 重排显示。

（6）注释功能。支持插入箭头、直线、矩形、椭圆、多边形、自由划线、批注、下画线、删除线、加亮等注释。

（7）书签功能。支持阅读 TXT 文档时加入书签。

2.6.2　图形图像软件

Photoshop（简称 PS）是专业的图形图像处理软件，该软件在平面设计、广告摄影、影像创意、网页制作、界面设计等领域有广泛的应用，不仅为图形图像的设计提供了广阔的发展空间，更能够对图形图像实现化腐朽为神奇的效果。从功能来看，Photoshop 可分为图像编辑、图像合成、校色调色和功能特效制作部分等。

（1）图像编辑。图像编辑是图像处理的基础，可以对图像做各种变换，如放大、缩小、旋转、倾斜、镜像、透视等；也可进行复制、去除斑点、修补、修饰图像的残损等。

（2）图像合成。图像合成则是将几幅图像通过图层操作、工具应用合成完整的、传达明确意义的图像，这是美术设计的必经之路；该软件提供的绘图工具让外来图像与创意很好地融合。

（3）校色调色。校色调色可方便、快捷地对图像的颜色进行明暗、色偏的调整和校正，也可对不同颜色进行切换以满足图像在不同领域如网页设计、印刷、多媒体等方面的应用。

（4）特效制作。特效制作在该软件中主要由滤镜、通道和工具综合应用完成，包括图像的特效创意和特效字的制作，如油画、浮雕、石膏画、素描等常用的传统美术技巧都可通过该软件特效完成。

2.6.3　压缩软件

压缩软件，是指能够对文件进行压缩使其占用的存储空间减少的软件，经过压缩软件压缩的文件称为压缩文件，压缩的原理是把文件的二进制代码压缩，把相邻的 0，1 代码减少，比如有 000000，可以把它变成 6 个 0 的写法 60，来减少该文件的空间。常见的压缩软件有 WinRAR、7 - zip、2345 好压、360 压缩等，大部分压缩软件功能都相似。本节以 WinRAR 为例，介绍压缩软件。

WinRAR 是 Windows 系统下强大的压缩文件管理工具，该软件可用于备份数据，缩减电子邮件附件的大小，解压缩从 Internet 上下载的 RAR、ZIP 和其他类型文件，并且可以新建 RAR 和 ZIP 格式等的压缩类文件。WinRAR 提供了可选择的、针对多媒体数据的压缩算法，主要功能如下：

（1）对多媒体文件有独特的高压缩率算法。WinRAR 对 WAV、BMP 声音和图像文件可以用独特的多媒体压缩算法大大提高压缩率，虽然我们可以将 WAV、BMP 文件转为 MP3、JPG 等格式节省存储空间，但不要忘记 WinRAR 的压缩可是标准的无损压缩。

(2) 能完善地支持ZIP格式并且可以解压多种格式的压缩包。虽然其他软件也能支持ARJ、LHA等格式，但需要外挂对应软件的DOS版本，实在是功能有限。但WinRAR不同，不但能解压多数压缩格式，且不需外挂程序支持就可直接建立ZIP格式的压缩文件，所以不必担心离开了其他软件如何处理ZIP格式的问题。

(3) 对受损压缩文件的修复能力极强。在网上下载的ZIP、RAR类的文件往往因头部受损的问题导致不能打开，而用WinRAR调入后，只需单击界面中的“修复”按钮就可轻松修复，成功率极高。

(4) 辅助功能设置细致。可以在压缩窗口的“备份”标签中设置压缩前删除目标盘文件；可在压缩前单击“估计”按钮对压缩先评估；可以为压缩包加注释；可以设置压缩包的防受损功能，等等细微之处也能看出WinRAR的体贴、周到。

(5) 压缩包可以锁住。双击进入压缩包后，单击命令选单下的“锁定压缩包”就可防止人为地添加、删除等操作，保持压缩包的原始状态。

2.6.4 网络浏览软件

网络浏览软件是显示网页服务器或档案系统内的文件并让用户与这些文件互动的一种软件，称为Web浏览器。它用来显示在万维网或局域网内的文字、影像和其他资讯。互联网用户通过使用Web浏览器对Web服务器或其他服务器进行访问是网络资源访问的最主要的手段，Web浏览器运行在采用TCP/IP协议的网络中，使用超文本传输协议HTTP。常用的Web浏览器有Windows Edge浏览器、百度浏览器、谷歌浏览器、火狐浏览器等，如图2.43所示。

图2.43 常用浏览器

不同的浏览器有不同的功能，浏览器的通用功能主要包括书签管理、下载管理、网页内容快取、透过第三方插件支持多媒体，都支持http、html、电子证书等标准。同时，部分浏览器还提供了分页浏览、禁止弹出广告、广告过滤等附加功能。

2.6.5 安全软件

安全软件分为杀毒软件、系统工具和反流氓软件。安全软件是一种可以对病毒、木马等一切已知的对计算机有危害的程序代码进行清除的程序工具。安全软件也是辅助管理电脑安全的软件程序，安全软件的好坏决定了杀毒的质量。Windows系统自带的防火墙、Windows defender等都属于安全软件。此外，阿里巴巴、腾讯等大型的互联网公司都有自己的安全软件产品，比如腾讯安全管家、360安全卫士等。本节通过360安全卫士介绍安全软件。

360安全卫士是一款由奇虎360公司推出的完全免费的安全杀毒软件。360安全卫士拥有查杀木马程序、清理插件、修复漏洞、电脑体检、电脑救援、保护隐私、电脑专家、清理垃圾、清理痕迹等多种功能。同时，360安全卫士提供对系统的全貌诊断报告，方便用户及时定位问题所在，为用户提供全方位的安全防护。

360安全卫士独创了“木马防火墙”“360密盘”等功能，依靠抢先侦测和云端鉴别，可全面、智能地拦截各类木马，保护用户的账号、隐私等重要信息。360安全卫士自身非常轻巧，同时还具备垃圾清理、开机加速等多种功能，受到广大用户的喜爱。据统计，360安全卫士使用人数达到2.6亿人次，下载人数达到3.1亿。

360安全卫士具有以下特点：

(1) 查杀速度快。360安全卫士采用了云查杀引擎结合智能加速技术，使其查杀速度非常快。

(2) 内存占用小。360安全卫士取消了特征库升级，因此极大地降低了其内存占用率。

(3) 查杀能力强。360安全卫士通过与服务器端无缝连接，实时更新，查杀各类病毒和木马程序。

(4) 侦测未知木马程序。360公司的安全专家潜心研制的木马特征库识别技术大幅度提升了对未知木马程序的识别能力。

2.7 文字录入技巧

使用计算机的一项基本技能是能够熟练地进行文字录入，至少应达到40字/分钟，因此需要熟练掌握一门输入法。Windows 10操作系统自带了微软拼音输入法，此外，常见的拼音输入法有搜狗拼音输入法、百度输入法、QQ拼音输入法等。

当系统中安装了多种输入法时，选择输入法可以通过单击Windows 10系统任务栏右侧的语言栏单击需要的输入法即可实现切换。此外，通过组合键Windows+Space键也可以进行输入法切换。在输入文字内容中，需要进行中文和英文的切换时，可以使用Shift键快速切换中英文。

拼音输入法是一种常见的输入法，用户最初的输入形式大部分都是从拼音开始的。拼音输入法符合人们的思维习惯，不需要特殊记忆，只要记住拼音就可以输入汉字，本节主要介绍拼音输入法的相关技巧。

(1) 全拼输入。全拼输入法是拼音输入法中最基本的输入方式，是指需要输入字的全部拼音中的所有字母。一般拼音输入法默认打开的是全拼输入法，例如，要输入“计算机”，在全拼模式下用键盘输入“jisuanji”，在候选词中会出现“计算机”选项，如图2.44所示，此时按数字1键或space键即可实现输入。

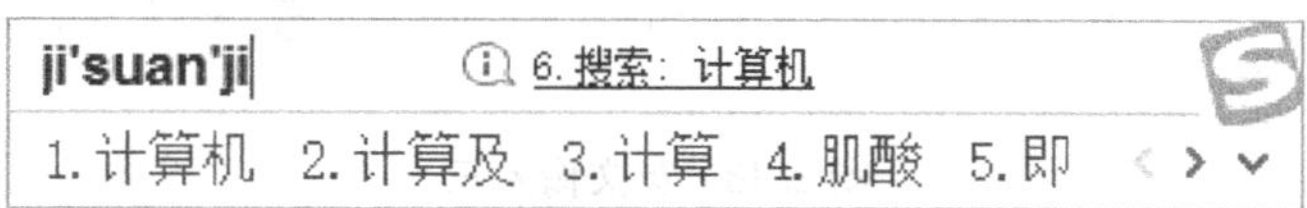

图2.44　全拼输入

(2) 简拼输入。简拼输入法是通过输入汉字的声母或者声母的首字母来进行输入的一种方式，它可以大幅度提高输入的效率。例如，需要输入“计算机”，只需要输入“jsj”即可，如图2.45所示。

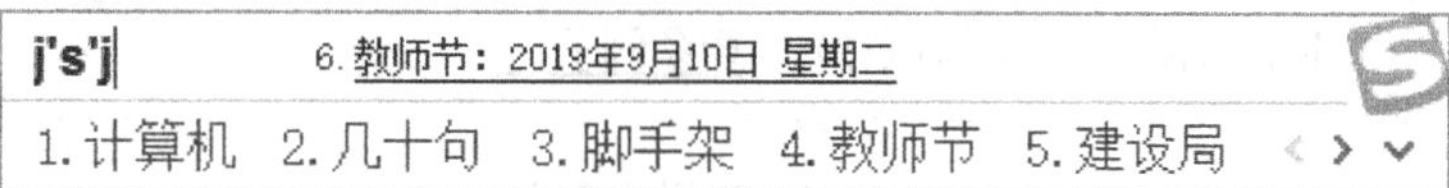

图2.45　简拼输入

从图 2.45 可以看到，输入简拼后，候选词非常多，这是因为首字母相同的范围过宽，输入法会优先显示常用的词组，或最近使用的词组。为了提高输入效率，可以结合使用全拼和简拼，通常首字用全拼，另外的字用简拼，这样可以以最少的字母实现最高的效率。

（3）中英文输入。通常在写邮件、发消息过程中需要输入英文字符，搜狗输入法自带了中英文混合输入功能，便于用户快速地在中文输入状态下输入英文。

1）通过按 Enter 键输入拼音。在中文输入状态下如果要输入拼音，可直接在输入全拼后按 Enter 键。例如，输入“jisuanji”，按 Enter 键后即可输入英文字符，如图 2.46 所示。

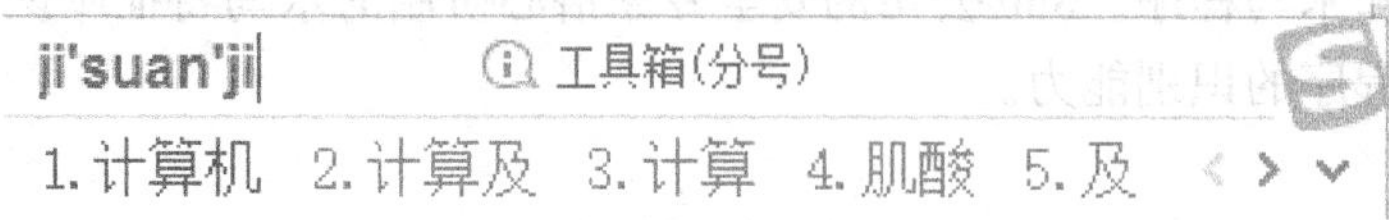

图 2.46 英文输入一

2）中英文混合输入。如果在输入中文过程中需要插入部分英文单词，可以直接使用搜狗输入法的混合输入功能。例如，要输入“问候的英文是 hello”，此时按数字 1 键或 space 键即可实现输入，如图 2.47 所示。

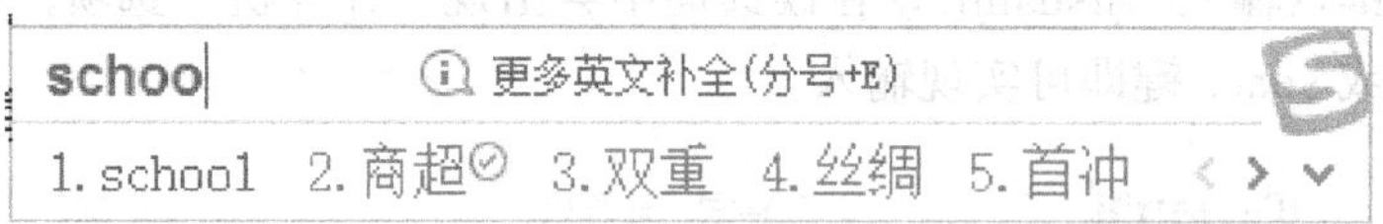

图 2.47 英文输入二

3）直接输入英文单词。在搜狗拼音的中文输入状态下，还可以直接输入英文单词。例如，要输入“school”时，直接在键盘上输入部分字母后，候选词中会出现需要的英文单词，如图 2.48 所示，此时按 space 键即可输入该英文单词。若输入的单词中没有该单词，只要直接输入完单词中的所有字母，然后再按 space 键即可。

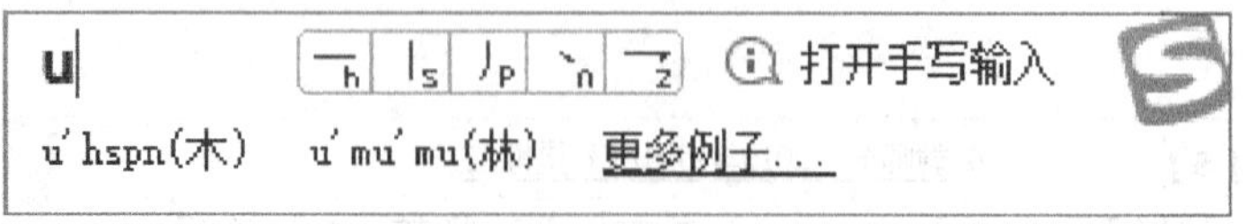

图 2.48 英文输入三

（4）生僻字输入。在拼音输入法中，遇到不认识的汉字时，可采用生僻字输入。本节通过搜狗输入法启用 u 模式来输入生僻字。在搜狗输入法状态下输入字母“u”，即可打开 u 模式，如图 2.49 所示。u 模式是专门为输入不会读的字所设计的。

u　一h　丨s　丿p　丶n　乛z　打开手写输入

u'hspn(木)　u'mu'mu(林)　更多例子...

图 2.49 启用 u 模式

1）笔画输入。所有汉字都是可以通过笔画输入方法来输入的，例如“札”字，在搜狗输入法状态下，按字母 u，启动 u 模式，可以看到笔画对应的按键，如图 2.50 所示。h 代表横、s 代表竖、p 代表撇、n 代表捺、z 代表折。根据“札”字的笔画依次输入“hspnz”，如图 2.50 所示，再按数字 2 键即可。

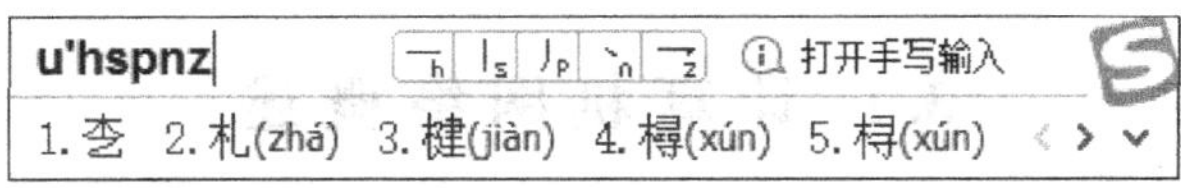

图 2.50 笔画输入

2）拆分输入。拆分输入是将一个汉字拆分为多个组成部分，在 u 模式下分别输入各部分的拼音即可得到对应的汉字。例如，输入“淼”字，按字母 u，启动 u 模式，候选字第三个即为需要的汉字，按数字 3 键即可，如图 2.51 所示。

图 2.51 拆分输入

3）笔画拆分混合。除了采用笔画和拆分的方法输入生僻字外，还可以使用笔画拆分混合输入的方式输入。例如，要输入“绎”字，按字母 u，启动 u 模式，输入“绎”字的左边偏旁“纟”，右侧按笔画输入“znhhs”，在候选字中第一个为需要的汉字，按数字 1 键即可，如图 2.52 所示。

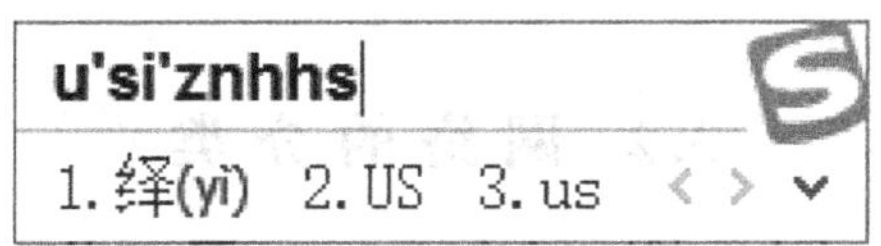

图 2.52 笔画拆分混合输入

第3章 计算机网络基础

3.1 计算机网络概述

计算机网络，是指将地理位置不同的具有独立功能的多台计算机及其外部设备，通过通信线路和通信设备连接起来，如图3.1所示，在网络操作系统、网络管理软件和网络通信协议的管理和协调下，实现资源共享和信息传递的计算机系统。

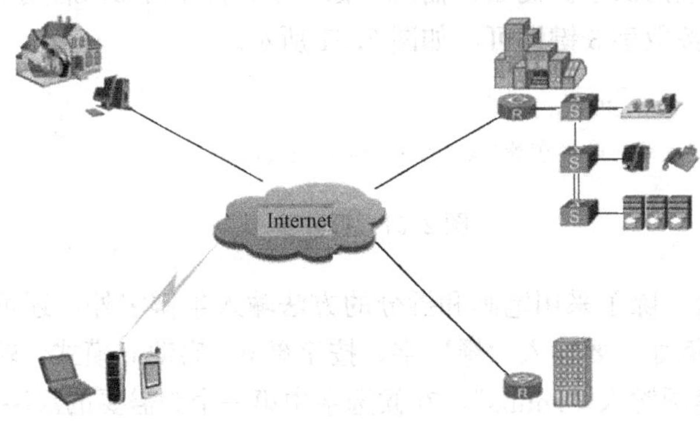

图3.1　计算机系统

3.2 网络的分类

计算机网络有多种分类方法，下面按照网络覆盖的地理范围进行简单介绍。

(1) 局域网 (Local Area Network，LAN)。局域网是指一种在小范围内实现的计算机网络，作用范围一般在几十米到十几千米。局域网广泛运用在校园、楼群建筑物、机关单位内部，用于实现计算机之间信息传递和资源共享。现今局域网中最通用的通信协议标准是以太网 (Ethernet)，其具有高传输速率、低延迟、低误码率等特点。

(2) 城域网 (Metropolitan Area Network，MAN)。城域网通常也使用以太网技术，因此可以看作是一种规模较大的局域网。它的覆盖范围能够达到几十千米，以便在一个城市范围内为政府机构、学校、企业等提供高速、高质量的网络服务。

(3) 广域网 (Wide Area Network，WAN)。广域网的作用范围很广，覆盖的地理范围可以达到几千千米甚至更远，它能够连接多个城市或国家，甚至横跨大洋进行远距离通信，因此也称为远程网。广域网的技术和结构相当复杂，它由许许多多的通信子网组成，这些通信子网的规模、拓扑结构、组网方式各不相同，它们通过利用公用分组交换网、卫星通信网和无线分组交换网等方式，实现分布在不同地区的局域网或计算机系统互联，从而达到信息传递与资源共享的目的。

(4) 互联网 (Internet)，又称因特网。互联网始于1969年的美国。互联网是网络与网络之间所串联成的庞大网络，这些网络以一组通用的协议相连，形成逻辑上的单一巨大国际网络。互联网是当今世界上规模最大、用户最多、影响最广泛的计算机互联网络。互联网上联有大大小小成千上万个不同拓扑结构的局域网、城域网和广域网。计算机网络领域还有一个有名的词汇，那就是WWW，常常与Internet混淆。WWW（World Wide Web）是环球信息网的缩写，中文名字为“万维网”“环球网”等，常简称为Web。Web分为Web客户端和Web服务器程序。WWW可以让Web客户端（常用浏览器）访问浏览Web服务器上的页面。

3.3 常见的网络设备

网络设备是连接计算机网络的物理实体，它的种类繁多、功能各异。

3.3.1 调制解调器

调制解调器（Modem）是调制器（Modulator）与解调器（Demodulator）的简称，根据Modem的谐音，亲昵地称之为“猫”。它是在发送端通过调制器将数字信号转换为模拟信号，而在接收端通过解调器再将模拟信号转换为数字信号的一种装置，如图3.2所示。猫用于网络间不同介质网络信号转接，比如把非对称数字用户环路（Asymmetric Digital Subscriber Line，ADSL）、光纤、有线通信等的网络信号转成标准的电脑网络信号。

3.3.2 路由器

路由器（Router）是连接因特网中各局域网、广域网的设备，主要功能是实现网络的互联。它会根据信道的情况自动选择和设定路由，以最佳路径，按前后顺序发送信号。路由器是互联网的主要节点设备，它的处理速度是网络通信的主要瓶颈之一，它的可靠性直接影响着网络互联的质量。一个大型的网络往往由很多通信子网组成，这些通信子网通过路由器连接，形成一个庞大的网络。路由器连接的网络，可以采用不同的通信协议，这就极大地扩展了网络连接范围，使路由器成为现今计算机网络中最重要的互联设备。通常，路由器可以按照适用范围划分为企业路由器和家用路由器，企业万兆路由器如图3.3所示，主要实现网络之间的互联。

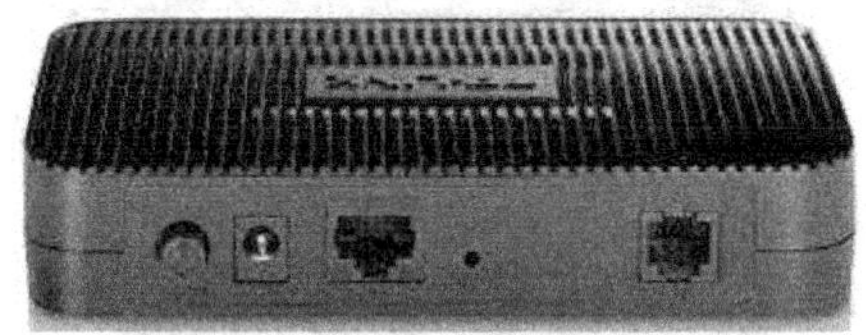

图3.2 调制解调器

图3.3 企业万兆路由器

家用路由器的作用主要是实现网络的共享，并通过Web界面设置上网策略，管理接入路由器的设备。目前，家用路由器大多数带有无线功能，如图3.4所示。

图3.4 TP-LINK无线路由器

3.3.3 交换机

交换机（Switch）意为“开关”，是一种用于电（光）信号转发的网络设备。它可以为接入交换机的任意两个网络节点提供独享的电信号通路。交换机提供一定数量的端口来连接网络设备，将同一个网段的设备集中在一起，并进行无冲突的数据传输。交换机维护着一张交换表，其中记录着设备的物理地址（MAC 地址）和逻辑地址（IP 地址）的对应关系，从而实现数据包的转发。交换机稳定、易扩展，具有方便设备与网络连接的特性，是网络中最常见的设备之一。图 3.5 所示就是两款常见的交换机设备。

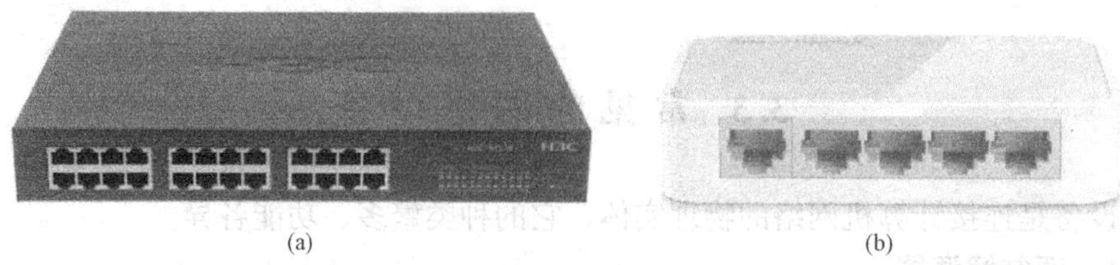

(a) (b)

图 3.5 两款常见的交换机

(a) H3C 24 口千兆交换机；(b) TP - LINK 5 口百兆交换机

3.3.4 防火墙

防火墙（Firewall），是指一个由软件和硬件设备组合而成、在内部网和外部网之间、专用网与公共网之间的边界上构造的保护屏障，如图 3.6 所示。防火墙位于计算机和它所连接的网络之间。该计算机流入流出的所有网络通信和数据包均要经过此防火墙，从而保护计算机所在的内部网免受非法用户的侵入。

3.3.5 网络附属存储

网络附属存储（Network Attached Storage，NAS），按字面简单说就是连接在网络上，具备资料存储功能的装置，因此也称为网络存储器，如图 3.7 所示。它是一种专用数据存储服务器。它以数据为中心，将存储设备与服务器彻底分离，集中管理数据，从而释放带宽、提高性能、降低总成本、保护投资。其成本远远低于使用服务器存储，而效率却远远高于后者。目前，国际著名的 NAS 企业有 Netapp、EMC、OUO 等。

图 3.6 防火墙

图 3.7 网络附属存储

3.4 网络传输介质

网络中的通信都在介质上传送。网络传输介质为消息从源设备传送到目的设备提供了通道。常用的传输介质分为有线传输介质和无线传输介质两大类。有线传输介质主要有双绞线、同轴电缆和光纤。双绞线和同轴电缆传输电信号，光纤传输光信号。无线传输介质指我们周围的自由空间。我们利用无线电波在自由空间的传播可以实现多种无线通信。

不同类型的网络传输介质有不同的特性和优点。并非所有网络传输介质的特征都相同，也不一定适合同样的用途。选择网络介质的标准：

- 介质可以成功传送信号的距离。
- 安装介质的环境。
- 传输的数据量和速度。
- 介质和安装的成本。

3.4.1 双绞线

双绞线是由一对相互绝缘的金属导线绞合而成的。采用这种方式，不仅可以抵御一部分来自外界的电磁波干扰，也可以降低多对绞线之间的相互干扰。根据有无屏蔽层，双绞线分为非屏蔽双绞线（UTP）和屏蔽双绞线（STP），分别如图 3.8 和图 3.9 所示，适合于短距离通信。非屏蔽双绞线价格低，传输速度偏慢，抗干扰能力较差。屏蔽双绞线抗干扰能力较好，具有更快的传输速度，但价格相对较高。双绞线常用于星型网络中，最大连接距离为 100m，一般传输速率在 10～100Mbit/s，需用 RJ-45 或 RJ-11 连接头插接，这些连接头俗称水晶头，如图 3.10 所示。

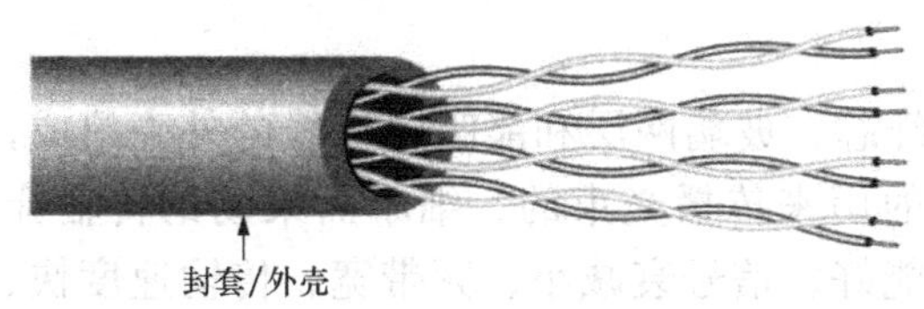

图 3.8 非屏蔽双绞线

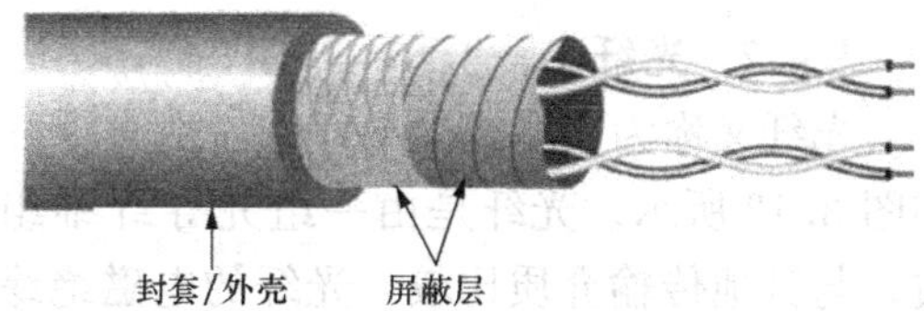

图 3.9 屏蔽双绞线

市面上出售的 UTP 分为 3 类、4 类、5 类、超 5 类和 6 类双绞线五种。

3 类：传输速率支持 10Mbit/s，外层保护胶皮较薄，皮上注有“cat3”，是话音和数据通信最普通的电缆。

4 类：传输速率支持 20Mbit/s，网络中不常用。

5 类：传输速率支持 100Mbit/s 或 10Mbit/s，外层保护胶皮较厚，皮上注有“cat5”。既可用于语音，也可用于 100Mbit/s 以太网的数据传输。

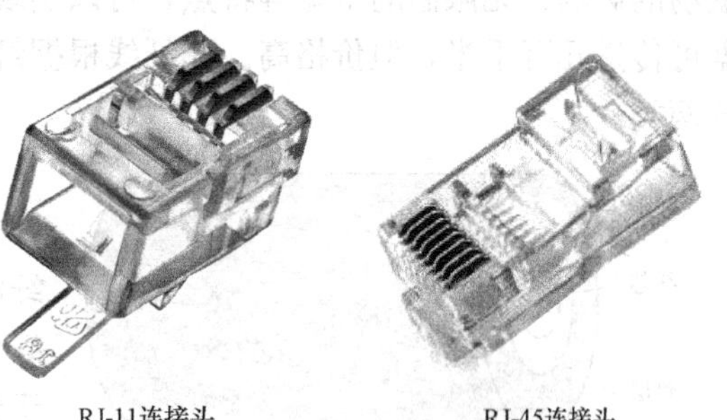

图 3.10 水晶头

超 5 类和 6 类双绞线在传送信号时比普通 5 类双绞线的衰减更小，抗干扰能力更强，可用于千兆位以太网（1000Mbit/s）的 100m 内两点连接，是目前主流的网络传输线材。

STP 分为 3 类和 5 类两种，STP 的内部与 UTP 相同，外包铝箔，抗干扰能力强、传输速率快但价格高，常用于强电磁干扰环境。

我们日常生活中常说的网线就是双绞线，它的接头采用 RJ-45 标准，根据线芯排列方式不同，分为 EIA/TIA 568A 和 EIA/TIA 568B 两种，线序见表 3.1、表 3.2 和图 3.11。

表 3.1 EIA/TIA 568A 的线序

1	2	3	4	5	6	7	8
绿白	绿	橙白	蓝	蓝白	橙	棕白	棕

表 3.2 EIA/TIA 568B 的线序

1	2	3	4	5	6	7	8
橙白	橙	绿白	蓝	蓝白	绿	棕白	棕

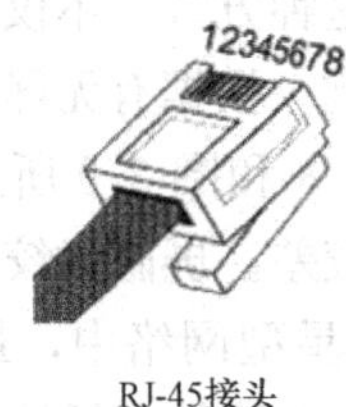

RJ-45接头

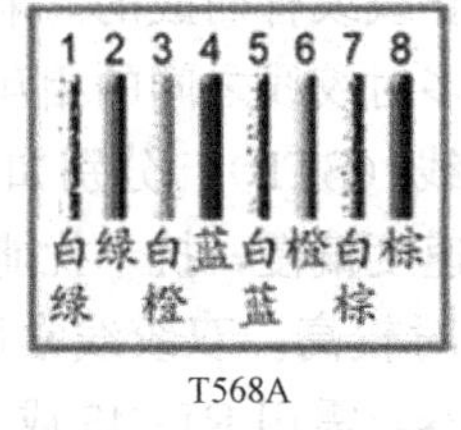

T568A

T568B

图 3.11 网线线序

3.4.2 光纤

光纤又称为光缆或光导纤维，由光导纤维纤芯、玻璃网层和能吸收光线的外壳组成，如图 3.12 所示。光纤是由一组光导纤维组成的用来传播光束的、细小而柔韧的传输介质。与其他传输介质比较，光纤的电磁绝缘性能好、信号衰减小、频带宽、传输速度快、传输距离远。主要用于要求传输距离较长、布线条件特殊的主干网连接。具有不受外界电磁场的影响、无限制的带宽等特点，可以实现每秒万兆位的数据传送，尺寸小、质量轻，数据可传送几百千米，但价格高。光纤线根据纤芯粗细和光波长短主要分为多模光纤和单模光纤两类。

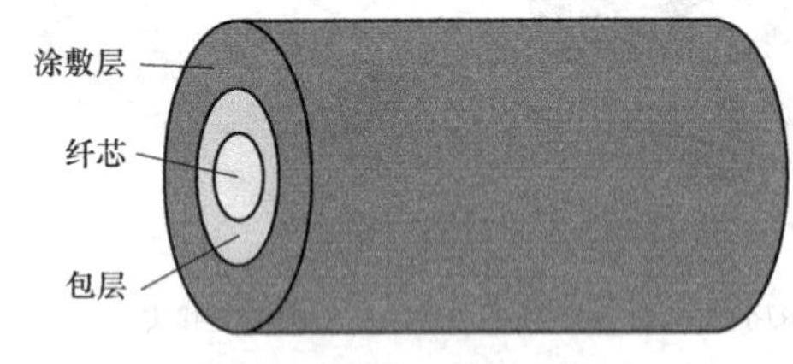

图 3.12 光纤的结构

多模光纤的直径通常有 50μm 和 62.5μm 两种规格，它们之间并没有速度上的差异。多模光纤的波长范围为 850nm 和 1310nm 两种。多模光纤传输的距离就比较近，一般只有几千米，适用于建筑物垂直布线、建筑群间布线。

单模光纤的直径为 9μm，它的波长是 1310 nm 和 1550nm，是不可视的，对人眼有害。因为它使用的是激光而不是 LED。单模光纤一次传输距离可达上百千米，适用于长距离的信号传输。

从外光上面来看，黄色的光纤线一般是单模光纤，橘红色或者灰色的光纤线一般是多模光纤。

光纤接口和跳线种类很多，具体如图 3.13 所示。

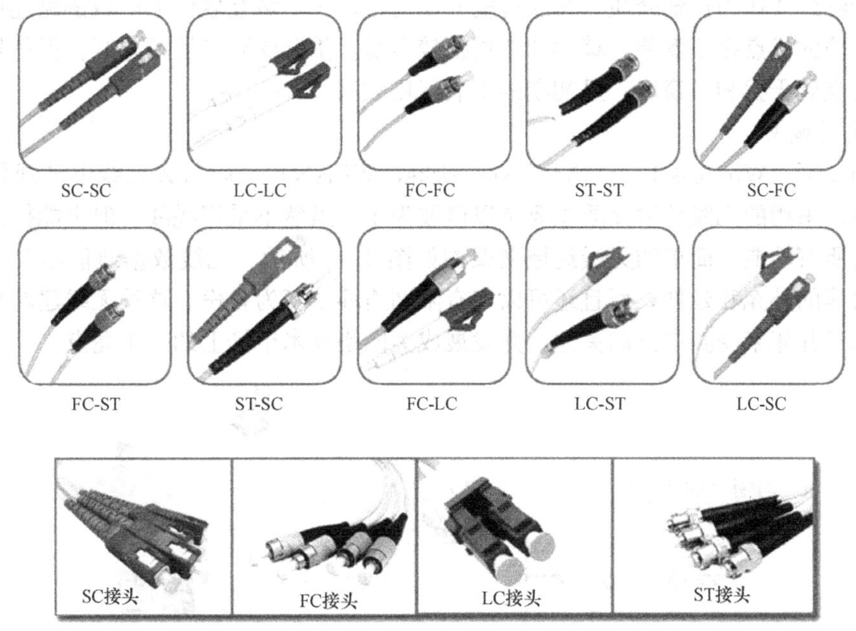

图 3.13 光纤接口和跳线种类

3.4.3 同轴电缆

同轴电缆由四层介质组成，如图 3.14 所示。最内层的中心导体层是铜线（单股的实心线或多股绞合线），导体层的外层是绝缘层，再向外一层是起屏蔽作用的网状屏蔽层，最外一层是表面的保护皮。同轴电缆所受的干扰较小，传输的速率较快（可达到 10Mbit/s），但布线要求技术较高，成本较大。

目前，网络连接中最常用的同轴电缆有细缆和粗缆两种。细缆的阻抗为 50Ω，直径为 0.26cm，速率为 10Mbit/s，使用 BNC 接头，最大传输距离为 200m。线材价格和连接头成本都比较低，而且不需要购置集线器等设备，十分适合架设终端设备较为集中的小型以太网络。

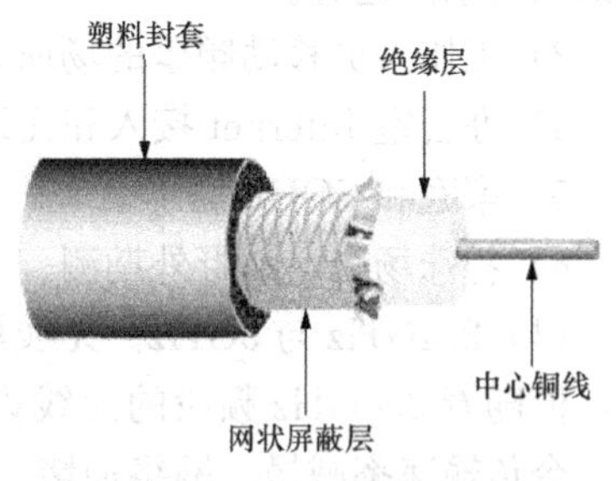

图 3.14 同轴电缆

粗缆的阻抗为 75Ω，直径为 1.75cm，速率为 10 Mbit/s 使用 AUI 接头，最大传输距离为 500m。由于直径相当粗，因此它的弹性较差，不适合在室内狭窄的环境内架设，而且粗缆的连接头制作方式也相对要复杂许多，并不能直接与电脑连接，它需要通过一个转接器转成 AUI 接头，然后再接到电脑上。由于粗缆的强度较强，最大传输距离也比细缆长，因此粗缆的主要用途是扮演网络主干的角色，用来连接数个由细缆所结成的网络。

因为有了更好的产品，如双绞线、光纤电缆等来取代它，目前同轴电缆主要停留在电视信号传输中应用。

3.4.4 无线传输

无线传输的介质有：无线电波、红外线、微波、卫星和激光。在局域网中，通常只使用无线电波和红外线作为传输介质。无线传输介质通常用于广域互联网的广域链路连接。

无线传输的优点在于安装、移动和变更都较容易，不会受到环境的限制。但信号在传输过程中容易受到干扰和被窃取，且初期的安装费用较高。

1. 无线局域网

无线局域网（Wireless Local Area Networks，WLAN）是以射频无线电波通信技术构建的局域网，采用的无线传输介质主要是以微波为主，虽然不采用缆线，但也能提供传统有限局域网的所有功能。简单的无线局域网架构如图 3.15 所示。无线数据通信不仅可以作为有限数据通信的补充和延伸，而且还可以与有限网络环境互为备份。这种无线建网与高速网络接入技术近几年来受到广泛的关注，并发展成为网络技术市场上的一个亮点。

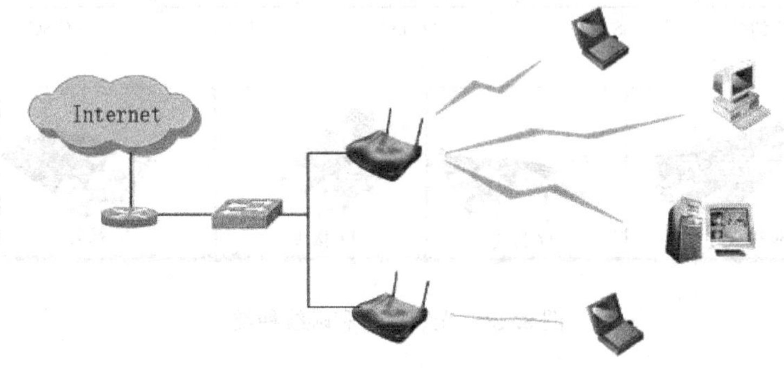

图 3.15 无线局域网

无线局域网应用范围如下：

1）难以布线或布线成本太高的地区。

2）校园、会议室、展览室、咖啡厅、宾馆、机场、图书馆等人员流动频繁，但又有数据访问需求的地方。

3）工作人员移动频繁的场所，如餐厅、仓储、超市、医院等。

4）办公室 Internet 接入和无线办公。

5）家庭和 SOHO 用户。

6）特殊场合，如野外勘测、军用通信等。

（1）2.4GHz 与 5GHz。无线局域网中，最初的标准是信号无线传输工作在 2.4GHz 频段，但随着 2.4GHz 频段的无线设备越来越多，造成 2.4GHz 频段拥挤不堪，干扰信号强度，令传输速率减慢，网络拥堵。为解决这一问题，5GHz 频段应运而生，因 5GHz 频段上工作的设备并不多，再加上 5GHz 的通道也比 2.4GHz 多出几倍，因此可以很好地解决拥堵问题。两个频段并不存在传输速度上的差异，它们更像两个车道，互不影响。

5GHz 相对于 2.4GHz，它的传输速度更快，更节能。不足的是，5GHz 穿墙能力较差，信号衰减要大于 2.4GHz。

2.4GHz 与 5GHz 的共存形态（双频）已经成为一种趋势，双频设备的优点在于具有更强的抗干扰能力、更稳定的无线信号、更快的传输速度，并且可以让无线设备更省电，满足大数据传输需求。

（2）无线安全。无线网络在我们日常生活中发挥着越来越重要的作用，由于不需要铺设通信线路，与传统的局域网相比，无线局域网具有可移动、组网灵活、安装方便和易于扩展等特点。也由于无线通信网有很大的开放性，数据传播范围很难控制，因此对越权存取和窃听的行为也更不容易防备。无线局域网必须考虑的安全威胁有：

a. 所有常规有线网络存在的安全威胁和隐患都存在。

b. 无线局域网的无需连线便可以在信号覆盖范围内进行网络接入尝试，一定程度暴露了网络的存在。

c. 无线局域网使用的是ISM公用频段，使用不需申请，相邻设备之间存在着电磁干扰问题。

d. 无线网络传输的信息没有加密或者加密很弱，易被窃取、篡改和插入。

e. 外部人员可以通过无线网络绕过防火墙，对网络进行非授权存取。

f. 无线网络易被拒绝服务攻击（DDoS）和干扰。

典型的无线局域网安全保障技术有：

（1）隐藏SSID（Service Set Identifier）。在早期的无线局域网设备中，把隐藏无线局域网的SSID作为一种加强无线局域网安全的手段。每一个无线局域网都存在一个SSID，用以区别不同的无线局域网，无线网卡设置了不同的SSID就可以进入不同的网络。SSID通常是由AP（Access Point），即无线访问接入点广播处理，无线网卡可以查看到当前区域内的SSID。但出于安全考虑，AP也可以不广播SSID，此时用户就要手工设置SSID才能进入相应的网络。SSID技术可以将一个无线局域网分为几个需要不同身份验证的子网络，每一个子网络都需要独立的身份验证，只有通过身份验证的用户才可以进入相应的子网络，这样就可以允许不同的用户群组接入，并区别限制对资源的访问，防止未被授权的用户进入本网络。

（2）物理地址（Media Access Control，MAC）过滤。MAC地址由48bit（比特）长的16进制的数字组成，任何一块无线网卡都存在唯一的MAC地址，由网卡生产厂商在制造网卡时刻录到网卡。类似以太网物理地址。可以在AP中建立允许访问的MAC地址列表，如果AP数量太多，还可以实现所有AP统一的无线网卡MAC地址列表，通过MAC地址列表可以允许或者拒绝无线网络中计算机的访问。

原则上每个网卡都拥有全球唯一的MAC地址，但实际上MAC地址也是可以伪造的。目前，大多数无线网卡制造商都开发了MAC地址修改的软件，不少无线网卡的管理程序带有修改MAC地址的功能。在捕获的数据包中，不只是能获得SSID的信息，还可以分析出合法客户端的MAC地址，然后只要通过MAC地址篡改工具伪造成合法的MAC地址，就可以通过MAC地址验证。

（3）有线等效保密（Wired Equivalent Privacy，WEP）。WEP是1999年通过的802.11标准（无线局域网的协议标准）的一部分，用于在无线局域网中保护链路层数据，使用RC4（Rivest Cipher）串流加密技术达到机密性。用户的加密必须与AP的密钥相同时才能获取网络资源，从而防止非授权用户的监听和非法用户的访问。由于是共享密钥加密，且同一服务区内的所有用户都共享同一密钥，倘若其中一个用户密钥遭到窃取，则会危及整个网络的通信数据。由于WEP技术的不足，WPA（WiFi Protected Access）技术于2003年正式提出并推行，WPA较好地解决了WEP存在的安全问题，带来了更强的安全性。

（4）虚拟专用网络（Virtual Private Network，VPN）。VPN，是指在一个公共的网络建立一个临时的、安全的连接，是一条穿过混乱的公用网络的隧道。使用这条隧道可以对数据进行几倍加密达到安全使用网络的目的。它不属于802.11标准定义，VPN主要采用不同的技术来保障数据传输的安全。对于安全性要求更高的用户，将VPN安全技术与802.11安全技术结合起来，可达到比较理想的效果。

2. 移动互联网4G和5G

移动互联网，就是将移动通信和互联网二者结合起来，成为一体，是指互联网的技术、平台、商业模式和应用与移动通信技术结合并实践的活动的总称。继承了移动随时、随地、随身和互联网分享、开放、互动的优势，是整合二者优势的升级版本，即运营商提供无线接入，互联网企业提供各种成熟的应用。移动互联网业务和应用包括移动环境下的网页浏览、文件下载、位置服务、在线游戏、视频浏览和下载等业务。

移动互联网的基础网络是一张立体的网络，GPRS、3G、4G和WLAN构成的无缝覆盖，使得移动终端具有通过上述任何形式方便联通网络的特性。随着4G时代的开启以及移动终端设备的凸显为移动互联网的发展注入巨大的能量，人们可以充分利用生活、工作中的碎片化时间，接受和处理互联网的各类信息。不再担心有任何重要信息、时效信息被错过了。移动互联网已经完全渗入到人们生活、工作、娱乐的方方面面。

随着社会生活节奏的日益加快，移动网络的速度也在不断提升。移动网络发展到现在，分别经过了1G语音时代，2G是文本时代，3G图片时代，4G视频时代，现在马上要进入5G万物互联时代。5G（5th generation）网络，是指第五代移动通信技术，它属于4G网络的升级版。相比于4G网络，5G网络最大的区别就是速度快，4G网络最大网速峰值可以达到1Gbit/s的上网速率，而5G则可以最高达到10Gbit/s，甚至更快，速率可以达到前者的上百倍。此外，5G网络不仅传输速率更快，而且在传输中呈现出低时延、高可靠、低功耗的特点，低功耗能更好地支持未来的物联网应用。5G的到来将助推移动互联网的发展，使得移动互联网成为当前推动产业乃至经济社会发展最强有力的技术力量。

3.5 网络性能指标

通常，我们使用一些性能指标来度量一个计算机网络，下面从不同方面来介绍几个常用的性能指标。

1. 速率

计算机中的信号都是数字信号，比特（bit）是计算机中数据量的单位，也是信息论中使用的信息量的单位。bit来源于binary digit，意思是一个二进制数字，因此1bit就是二进制中的一个1或0。计算机网络中速率，是指连接在网络中的设备能在数字信道中传送数据的速率。速率的单位是比特每秒，记作bit/s，有时候又记为bps，意为bit per second。

2. 带宽

带宽（Bandwidth）原意是指信道中某信号所包含的各种不同频率成分所占据的频率范围，例如电话线上语音主要成分的频率介于300～3.4kHz，我们则称电话信号的带宽为3.1kHz。通信原理中，香农定理给出了信道中信息极限传送速率和信道带宽、信噪比之间的关系。由于在同一信道中极限传输速率与信道带宽成正比，因此带宽在计算机网络中用来表示通信线路理论上所传送数据的最大能力，本书中提到的带宽的概念为后者。这种意义的带宽，其单位是比特每秒，记为 bit/s，为了使用方便，通常在单位前加上千（k）、兆（M）、吉（G）、太（T）这样的倍数，也可简写为 kbit/s、Mbit/s、Gbit/s、Tbit/s。换算关系为 1Tbit/s=1024Gbit/s=1024 * 1024Mbit/s=1024 * 1024 * 1024kbit/s。

3. 吞吐量

吞吐量（throughput），是指对网络、设备、端口或信道，单位时间内成功地传送数据的数量。网络的吞吐量大小主要由网络的带宽、传输速率决定，而设备的带宽不仅取决于内外网口硬件，还由程序算法的效率决定，低效率的程序算法将会使吞吐量大大降低。所以在实际情况中，吞吐量往往会小于额定带宽。

4. 时延

时延（Delay），是指一个报文或分组从一个网络的一端传送到另一端所需要的时间。时延是一个很重要的性能指标，也称为延迟。网络中的时延包括发送时延、传播时延、处理时延、排队时延。

发送时延，是指主机或路由器发送数据所需要的时间，即从数据第一个比特发出，到数据最后一个比特发出所需要的时间。发送时延=数据长度（bit）/信道带宽（bit/s）。传播时延，是指信号在信道中传输所需要花费的时间，传播时延=信道长度（m）/传播速率（m/s）。处理时延，是指主机或路由器在收到数据时，需要进行初步分析以便进行差错校验、路由选择等。排队时延，是指数据在经过网络传输时，需要经过许多的路由器。这些数据在路由器中要按照先后顺序进行排队等待处理，路由器的性能越强，排队时延越短。在讨论网络总时延时，通常考虑以上四种时延之和。

3.6 网 络 配 置

计算机网络是一个非常复杂的系统，联入网络的计算机之间要相互通信，不仅仅需要一条传输数据的通路，还要确保传输的数据能在这条通路上可靠地发送、传输，同时被正确的目标接收。因此，相互通信的两个计算机系统必须进行相当复杂的协调才能确保网络正常交付能力和满足网络应用的需要。面对复杂的协调要求，计算机网络从设计之初就提出了分层的思想，将复杂而庞大的问题转化为若干较小的局部问题，以便于研究和处理。随着全球经济的发展，使得不同网络之间互联成为一种不可避免的趋势。而不同计算机网络体系，在设计、原理上的差异极大地增加了网络之间互联的难度和复杂性。因此，提出一种在全世界范围内通用的计算机网络体系结构，就显得极其有必要。

3.6.1 五层协议体系结构

针对网络体系结构表转化建设这个问题，国际化标准组织（ISO）提出了著名的开放系统互联基本参考模型 OSI/RM（Open System Interconnection Reference Model，OSI 模型）。该模型定义了不同计算机互联的标准，是设计和描述计算机网络通信的基本框架。OSI 模型把网络通信的工作分为 7 层，分别是物理层、数据链路层、网络层、传输层、会话层、表示层和应用层，如图 3.16 所示。OSI 参考模型中，每层都有各自负责的功能，且各层息息相关，下层为上层提供服务，上层为下层提供接口，综合各层的功能，就是计算机网络所能够完成的功能的精准定义。OSI 七层参考模型是一种标准化的指导思想，其理论完善，但由于它的复杂性导致实用性较差。

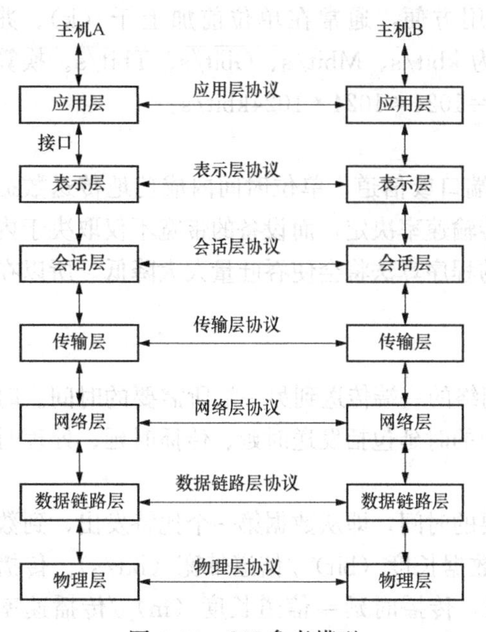

图 3.16 OSI 参考模型

OSI 参考模型虽然理论完善，但由于技术上不成熟，导致实现困难，但是它抽象表述能力强，适合于描述各种网络。而目前全球计算机骨干网 Internet 网络的体系结构则是采用 TCP/IP 参考模型。TCP/IP 参考模型将协议分成四个层次，它们自顶而下分别是应用层（Application Layer）、运输层（Transport Layer）、网际层（Network Layer）、数据链路层（Data Link layer）和网络接口层（Internet Interface Layer），如图 3.17 所示。

TCP/IP 参考模型是网络实际运用中的体系结构，但是由于 TCP/IP 参考模型中网络接口层是一个抽象的概念，其中并没有具体实际的内容。因此在学习计算机网络的原理时，往往综合参考 OSI 参考模型和 TCP/IP 参考模型各自的特点，采用一种只有五层协议的体系结构（见图 3.18），这样既简洁又能清晰地将概念阐述清楚。

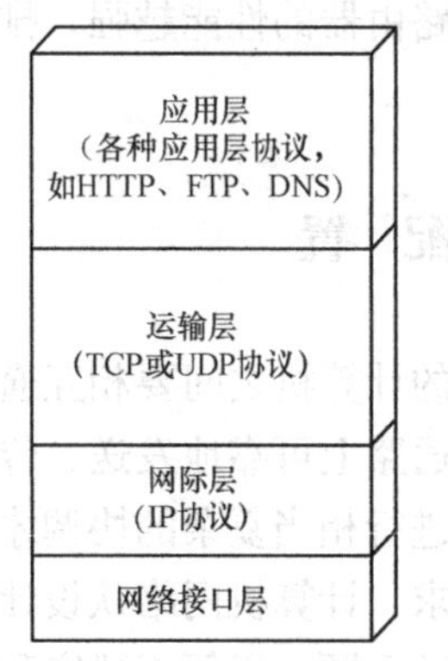

图 3.17 TCP/IP 参考模型

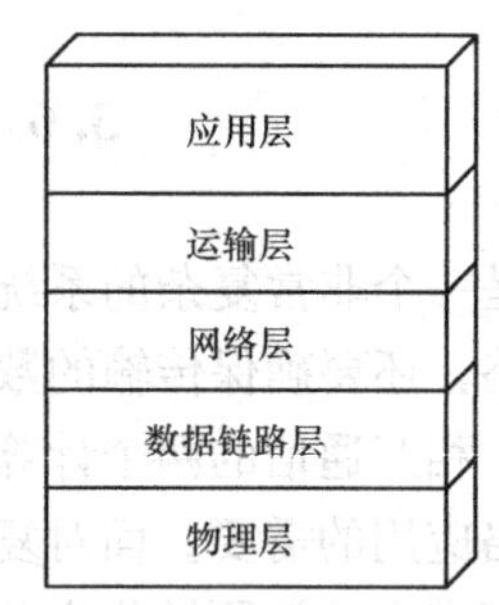

图 3.18 五层协议体系结构

在五层协议体系结构中，自顶而下各层功能简介如下：

1. 应用层

应用层是五层协议体系中的最高层，直接为用户正在运行的程序提供服务。日常生活中所用到的文件传输协议 FTP、超文本传输协议 HTTP 等都是工作在应用层。应用层产生最基本的数据（Data）。

2. 传输层

传输层负责向两个主机进程之间的通信提供服务，传输的基本单位是段（segment）。传输层主要使用以下两种协议：

（1）传输控制协议（Transmission Control Protocol，TCP），面向连接，提供可靠的交付。

（2）用户数据报协议（User Datagram Protocol，UDP），提供最大努力的交付，但不保证交付的可靠性。

3. 网络层

网络层负责为网络与网络之间解决通信问题。在发送数据时，网络层负责将运输层产生的报文封装成分组。网络层主要实现路由选择、流量控制、拥塞控制等功能。网络层传输的基本单位是分组（package），也称为数据报。

4. 数据链路层

数据链路层简称链路层，负责建立数据传输的通信链路。由于在物理线路上传输数据信号是有差错的，设计数据链路层的主要目的就是在原始的、有差错的物理传输线路的基础上，采取差错检测、差错控制与流量控制等方法，将有差错的物理线路改进成逻辑上无差错的数据链路，向网络层提供高质量的服务。数据链路层传送的基本单位是帧（frame）。

5. 物理层

物理层是五层体系结构中的最底层，负责网络的物理连接，它提供无结构的基于比特流的可靠传输。物理层的主要功能是规定网络设备、计算机或其他终端之间的接口标准，利用物理的传输通信介质，为上一层提供一个物理连接，通过物理连接实现比特流的传输。物理层传送的基本单位是比特（bit）。

3.6.2 TCP/IP 协议

在 TCP/IP 体系中最主要的协议是 TCP/IP 协议族，TCP/IP 协议是因特网的核心，也是因特网中使用最广泛的通信协议，是 Internet 国际互联网络的基础。TCP/IP 定义了电子设备如何联入因特网，以及数据如何在它们之间传输的标准。TCP/IP 协议主要包括 IP 协议（Internet Protocol）、ICMP 协议（Internet Control Message Protocol）、TCP 协议、UDP 协议（User Data Protocol）等，如图 3.19 所示，其中 IP 协议、ICMP 协议属于网络层，TCP 协议（Transport Control Protocol）、UDP 协议属于传输层。

1. IP 协议

IP 层接收由更低层（网络接口层，如以太网设备驱动程序）发来的数据包，并把该数据包发送到更高层→TCP 或 UDP 层；相反，IP 层也把从 TCP 或 UDP 层接收来的数据包传送到更低层。IP 数据包是不可靠的，因为 IP 并没有做任何事情来确认数据包是否按顺序发送的或者有没有被破坏，IP 数据包中含有发送它的主机的地址（源地址）和接收它的主机地址（目的地址）。

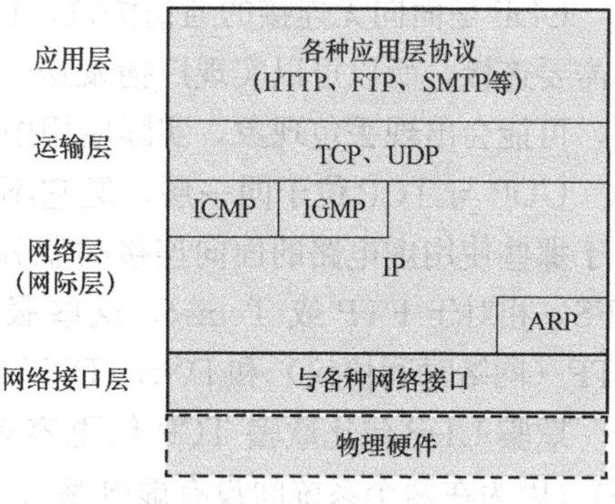

图 3.19 TCP/IP 协议族

高层的 TCP 和 UDP 服务在接收数据包时，通常假设包中的源地址是有效的。也可以这样说，IP 地址形成了许多服务的认证基础，这些服务相信数据包是从一个有效的主机发送来的。IP 确认包含一个选项，称为 IP source routing，可以用来指定一条源地址和目的地址之间的直接路径。对于一些 TCP 和 UDP 的服务来说，使用了该选项的 IP 包好像是从路径上的最后一个系统传递过来的，而不是来自其真实地点。这个选项是为了测试而存在的，说明了它可以用来欺骗系统来进行平常时被禁止的连接。那么，许多依靠 IP 源地址做确认的服务将产生问题并且会被非法入侵。

2. ICMP 协议

ICMP 与 IP 位于同一层，它用来传送 IP 的控制信息。它主要是用来提供有关通向目的地址的路径信息。ICMP 的 Redirect 信息通知主机通向其他系统的更准确的路径，而 Unreachable 信息则指出路径有问题。另外，如果路径不可用了，ICMP 可以使 TCP 连接体面地终止。PING 是最常用的基于 ICMP 的服务。

3. TCP 协议

TCP 是面向连接的通信协议，通过三次握手建立连接，通信完成时要拆除连接，由于 TCP 是面向连接的，所以只能用于端到端的通信。

TCP 提供的是一种可靠的数据流服务，采用“带重传的肯定确认”技术来实现传输的可靠性。TCP 还采用一种称为“滑动窗口”的方式进行流量控制。窗口实际表示接收能力，用以限制发送方的发送速度。

如果 IP 数据包中有已经封好的 TCP 数据包，那么 IP 将把它们向上传送到 TCP 层。TCP 将包排序并进行错误检查，同时实现虚电路间的连接。TCP 数据包中包括序号和确认，所以未按照顺序收到的包可以排序，而损坏的包可以重传。

TCP 将它的信息送到更高层的应用程序，例如 Telnet 的服务程序和客户程序。应用程序轮流将信息送回 TCP 层，TCP 层便将它们向下传送到 IP 层，设备驱动程序和物理介质，最后到接收方。

面向连接的服务（例如 Telnet、FTP、rlogin、X Windows 和 SMTP）需要高度的可靠性，所以它们使用了 TCP。DNS 在某些情况下使用 TCP（发送和接收域名数据库），但使用 UDP 传送有关单个主机的信息。

4. UDP 协议

UDP 是面向无连接的通信协议，UDP 数据包括目的端口号和源端口号信息，由于通信不需要连接，所以可以实现广播发送。UDP 通信是不需要接收方确认的，属于不可靠的传输，可能会出现丢包现象，实际应用中要求程序员编程验证。

UDP 与 TCP 位于同一层，但它不管数据包的顺序、错误或重发。因此，UDP 不被应用于那些使用虚电路的面向连接的服务，UDP 主要用于那些面向查询→应答的服务，例如 NFS。相对于 FTP 或 Telnet，这些服务需要交换的信息量较小。使用 UDP 的服务包括 NTP（网络时间协议）和 DNS（DNS 也使用 TCP）。

欺骗 UDP 包比欺骗 TCP 包更容易，因为 UDP 没有建立初始化连接（也可以称为握手）（因为在两个系统间没有虚电路），也就是说，与 UDP 相关的服务面临着更大的危险。

3.6.3 IP 地址

在 TCP/IP 体系中，IP 地址是一个最基本的概念。由于 Internet 是一个虚拟的网络，接入 Internet 中的每台计算机或路由器都要先给它分配一个 IP 地址才能正常通信，IP 地址使我们可以在 Internet 中方便地进行寻址。常用的 IP 地址由 32 位的二进制代码表示，为了提高可读性，常常采用点分十进制法来表示，即将 32 位的 IP 地址分为 4 段，每段 8 位，将其转换为相应的十进制数并用点隔开。例如 11000000101010000000000110011011 用点分十进制法表示为 192.168.1.155，如图 3.20 所示。

随着经济的发展和网络化的推进，使用计算机的用户急剧增加，接入 Internet 中的设备与终端也越来越多，32 位的 IPv4 地址已经不能满足人们的需求，促使了 IPv6 的产生，

32 位二进制数表示的　IP 地址　11000000101010000000000110011011

每 8 位为一段分开　11000000101010000000000110011011

将 8 位二进制数转换十进制数　192　168　1　155

点分十进制表示的IP地址　192．168．1．155

图 3.20　点分十进制表示的 IP 地址

IPv6 由 128 位二进制表示。本书中主要介绍 IPv4，简单介绍 IPv6。

1. IP 地址的组成和分类

IP 地址由网络号和主机号两部分组成，网络号标识主机或路由器所连接到的网络，主机号标识该主机或路由器。按网络号和主机号所占二进制位数的不同，IP 地址分为 A 类、B 类、C 类、D 类和 E 类，如图 3.21 所示。其中 A 类、B 类和 C 类是一对一通信的单播地址，最为常用。

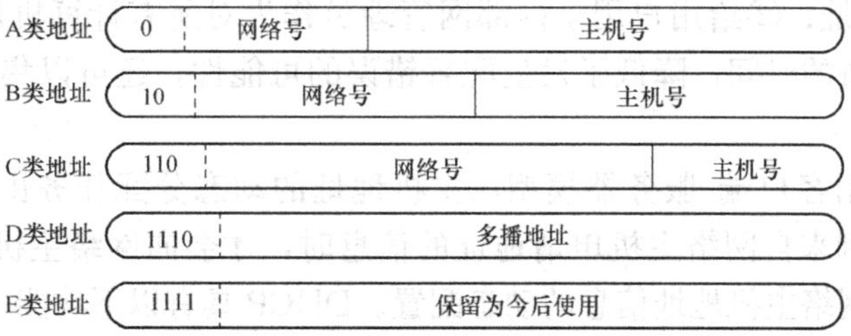

A类地址　0　网络号　主机号

B类地址　10　网络号　主机号

C类地址　110　网络号　主机号

D类地址　1110　多播地址

E类地址　1111　保留为今后使用

图 3.21　IP 地址的组成及分类

A 类 IP 地址的网络号长度为 8 位，以“0”开头，可用网络号是 $2^7-2=126$ 个，即“1～126”，减去 2 的原因：①网络号全 0 是保留地址，表示本网络；②网络号为 127 的使用主机进程之间的通信。A 类地址的主机号长度为 24 位，最大可分配的主机数为 $2^{24}-2$ 个，减去 2 的原因：①主机号全 0 表示连接到的网络地址；②主机号全 1 表示网络上的所有主机。

B 类 IP 地址的网络号长度为 16 位，以“10”开头，可用网络号是 $2^{14}-1$ 个，即“128.1～191.255”，减去 1 是因为 128.0.0.0 不分配。B 类地址的主机号长度为 16 位，最大可分配的主机数为 $2^{16}-2$ 个。

C 类 IP 地址的网络号长度为 24 位，以“110”开头，可用网络号是 $2^{21}-1$ 个，即“192.0.1～223.255.255”，减去 1 是因为 192.0.0.0 不分配。C 类地址的主机号长度为 8 位，最大可分配的主机数为 2^8-2 个。

2. 子网和子网掩码

在 Internet 中的每个网络都需要一个唯一的网络标识，而由 32 位二进制码表示的 IP 地址的数量是有限的。因此，在进行网络规划时难免会遇到网络数不够的情况，这时就需要通过划分子网的方式来解决，即从 IP 地址中表示主机的二进制位中划分出一定位数来用作本网的子网标识。

子网掩码是子网划分中的一个重要概念。子网掩码由 32 位的二进制码组成，用来区分划分子网后的网络地址和主机地址。A 类地址的默认子网掩码为 255.0.0.0，B 类的为 255.255.0.0，C 类的为 255.255.255.0。将子网掩码和 IP 地址进行逐位的与运算，就可以得出网络地址。

3. MAC 地址

在局域网中，硬件地址称为 MAC 地址或者物理地址，是数据链路层和物理层使用的地址，由于硬件地址已固化在网卡上的 ROM 中，所以通常是固定不变的。MAC 地址由 12 位十六进制数组成，每两个十六进制数用冒号隔开，例如某主机的 MAC 地址为 08：00：20：0A：8C：6D。而 IP 地址是一种逻辑地址，是网络层及以上各层使用的地址。使用地址解析协议 ARP 可以将 IP 地址解析为相应的 MAC 地址，而逆地址解析协议 RARP 则将 MAC 地址解析为相应的 IP 地址，如图 3.22 所示。

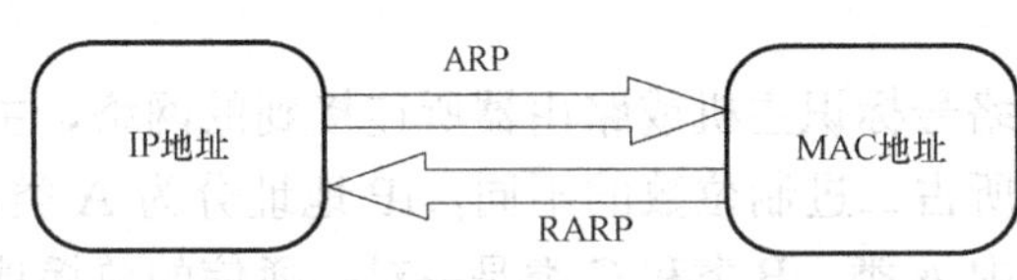

图 3.22 IP 地址与 MAC 地址之间的转换

4. DHCP

动态主机设置协议（Dynamic Host Configuration Protocol，DHCP）是一个局域网的网络协议，使用 UDP 协议工作，主要有两个用途：①用于内部网或网络服务供应商自动分配 IP 地址；②给用户用于内部网管理员作为对所有计算机做中央管理的手段。这就降低了配置设备的时间，降低了发生配置错误的可能性，还可以集中化管理设备的 IP 地址分配。

DHCP 协议采用客户端/服务器模型，主机地址的动态分配任务由网络主机驱动。当 DHCP 服务器接收到来自网络主机申请地址的信息时，才会向网络主机发送相关的地址配置等信息，以实现网络主机地址信息的动态配置。DHCP 具有以下功能：

(1) 保证任何 IP 地址在同一时刻只能由一台 DHCP 客户机所使用。

(2) DHCP 可以给用户分配永久固定的 IP 地址。

(3) DHCP 可以同用其他方法获得 IP 地址的主机共存（如手工配置 IP 地址的主机）。

DHCP 有三种机制分配 IP 地址：

(1) 自动分配方式。DHCP 服务器为主机指定一个永久性的 IP 地址，一旦 DHCP 客户端第一次成功地从 DHCP 服务器端租用到 IP 地址后，就可以永久性地使用该地址。

(2) 动态分配方式。DHCP 服务器给主机指定一个具有时间限制的 IP 地址，时间到期或主机明确表示放弃该地址时，该地址可以被其他主机使用。

(3) 手工分配方式。客户端的 IP 地址是由网络管理员指定的，DHCP 服务器只是将指定的 IP 地址告诉客户端主机。

三种地址分配方式中，只有动态分配可以重复使用客户端不再需要的地址。

DHCP 很适合于经常移动位置的计算机，对于 Windows 操作系统的计算机，单击“控制面板”进入网络设置界面，找到 TCP/IP 协议后，单击“属性”选项，勾选“自动获取 IP 地址”“自动获得 DNS 服务器地址”，就表示在使用 DHCP 协议。

5. DNS 与域名

(1) 域名和域名系统。虽然使用点分十进制方式来表示 IP 地址比 32 位的二进制增加了可读性，但在日常的使用中人们更加倾向于有具体意义、易理解记忆的表达方式，从而衍生出“域名”的概念。

域名是一串用点分隔的名字组成的 Internet 上某一台计算机或计算机组的名称，用于在数据传输时标识计算机的电子方位。域名系统（Domain Name System，DNS）是互联网的一项服务。采用客户端/服务器（Client/Server，C/S）方式，它作为将域名和 IP 地址相互映射的一个分布式数据库，能够使人更方便地访问互联网。域名就相当于 IP 地址的别名。DNS 使大多数名字都在本地进行地址转换，仅少量转换在互联网上进行，因此 DNS 系统的效率很高。由于 DNS 是分布式系统，即使单个计算机出了故障，也不妨碍整个 DNS 系统的正常运行。

(2) 域名的等级划分。域名的命名采用层次树状结构方法，按照所处层次的不同，可分为顶级域名、二级域名、三级域名，例如百度的万维网服务器的域名为 www. baidu. com，其中 www 为三级域名，baidu 为二级域名，com 为顶级域名，每一个连接在 Internet 上的主机或路由器都有一个唯一的域名。

常见的顶级域名有国家顶级域名和通用顶级域名两种。国家顶级域名采用 ISO 3166 标准，例如：cn 表示中国，us 表示美国，jp 表示日本。通用顶级域名常用的有以下几个：com 表示公司企业，net 表示网络服务机构，org 表示非营利性组织，int 表示国际组织，edu 表示教育机构，gov 表示政府部门，mil 表示军事部门。

顶级域名向下划分子域，生成二级域名。例如：在国家顶级域名 cn 下，有二级域名 com 用于工商金融企业，edu 用于教育机构，gov 用于政府部门，org 用于非营利性组织。在二级域名下再划分就生成三级域名，例如在教育机构域名 edu 下有表示清华大学的 tsinghua 和表示北京大学的 pku 等。三级域名再往下划分则为四级域名，一般为某台计算机的名字。分级域名如图 3.23 所示。

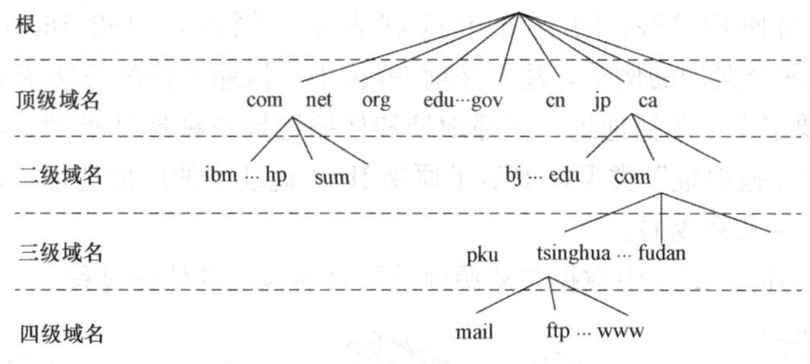

图 3.23 分级域名

6. IPv6

由于 IPv4 最大的问题在于网络地址资源有限，严重制约了互联网的应用和发展。解决这一问题的根本措施就是使用下一代 IP 协议，即 IPv6，最大地址数量为 2^{128}，号称可以为全世界的每一粒沙子编上一个地址。IPv6 不仅解决了网络地址资源数量的问题，也解决了多种接入设备联入互联网的障碍。

但是由于目前的互联网规模很庞大，因此向 IPv6 过渡是个循序渐进的过程，且 IPv4 和 IPv6 地址格式等不相同，因此在未来的很长一段时间里，互联网中出现 IPv4 和 IPv6 长期共存的局面。在 IPv4 和 IPv6 共存的网络中，对于仅有 IPv4 地址，或仅有 IPv6 地址的端系统，两者无法直接通信的，此时可依靠中间网关或者使用其他过渡机制实现通信。

从 2011 年开始，主要用在个人计算机和服务器系统上的操作系统基本上都支持高质量

IPv6配置产品。2012年6月6日，国际互联网协会举行了世界IPv6启动纪念日，这一天，全球IPv6网络正式启动。多家知名网站，如Google、Facebook和Yahoo等，于当天全球标准时间0点（北京时间8点整）开始永久性支持IPv6访问。2018年6月，三大运营商联合阿里云宣布，将全面对外提供IPv6服务，并计划在2025年前助推中国互联网真正实现“IPv6 Only”。

IPv6的地址长度为128位，是IPv4地址长度的4倍。于是IPv4点分十进制格式不再适用，采用十六进制表示。IPv6有3种表示方法。

（1）冒分十六进制表示法。格式为X：X：X：X：X：X：X：X，其中每个X表示地址中的16位，以十六进制表示，例如：

ABCD：EF01：2345：6789：ABCD：EF01：2345：6789

这种表示法中，每个X的前导0是可以省略的，例如：

2001：0DB8：0000：0023：0008：0800：200C：417A→2001：DB8：0：23：8：800：200C：417A

（2）0位压缩表示法。在某些情况下，一个IPv6地址中间可能包含很长的一段0，可以把连续的一段0压缩为“::”。但为保证地址解析的唯一性，地址中“::”只能出现一次，例如：

FF01：0：0：0：0：0：0：1101 → FF01:：1101

0：0：0：0：0：0：0：1 → ::1

0：0：0：0：0：0：0：0 → ::

（3）内嵌IPv4地址表示法。为了实现IPv4～IPv6互通，IPv4地址会嵌入IPv6地址中，此时地址常表示为：X：X：X：X：X：X：d.d.d.d，前96位采用冒分十六进制表示，而最后32位地址则使用IPv4的点分十进制表示，例如::192.168.0.1与::FFFF：192.168.0.1就是两个典型的例子，注意在前96位中，压缩0位的方法依旧适用。

IPv6协议主要定义了单播地址、组播地址和任播地址三种地址类型。与原来在IPv4地址相比，新增了“任播地址”类型，取消了原来IPv4地址中的广播地址，因为在IPv6中的广播功能是通过组播来完成的。

【例3.1】 简述图3.24中数据包从源地址到目的地址的传输过程。

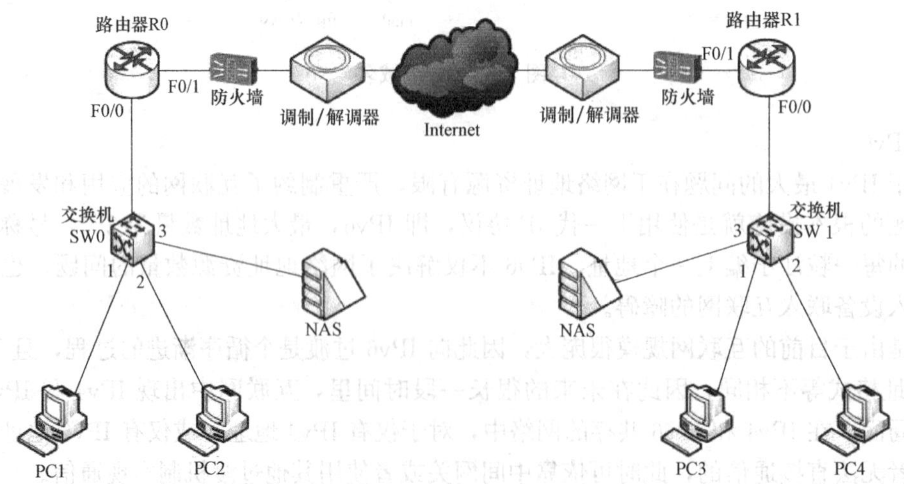

图3.24 网络拓扑图

【情景一】 同一广播域内，两台主机通信过程。

我们知道两主机要通信传送数据时，就要把应用数据封装成 IP 包，然后再交给下一层数据链路层继续封装成帧；之后根据 MAC 地址才能把数据以比特流的形式从一台主机传送到另一台主机。

如图 3.24：当 PC1 要和 PC2 通信时，假如 PC1 知道 PC2 的 IP 但不知道它的 MAC 地址，那 PC1 就会发送一个 ARP 的广播请求（包含源 IP 地址、目标 IP 地址、源 MAC 地址、目标 MAC 地址是 12 个 F）给同一广播域中的所有成员，当交换机 SW0 从自己的 1 接口上收到这个广播包，然后它会读取这个帧的源 MAC 地址和目标 MAC 地址，由于交换机 SW0 刚启动加电时，它的 MAC 表为空的，因此它会把 PC1 的 MAC 地址与之相对应的接口 1 放到一张表里，这张表就是 MAC 地址表。然后它再从别的接口广播这个数据帧，当别的主机收到这个广播时，查看目标 IP 不是自己的，就会丢弃此包。如果 PC2 接收到这个数据帧，它检查目标 IP 和自己的 IP 是一样的，就会回应这个 ARP 请求，把自己的 IP 和 MAC 封装成源 IP 和源 MAC，PC1 的 IP 和 MAC 地址封装成目标 IP 与目标 MAC，并记录 PC1 的 IP 与 MAC，放进自己的 ARP 缓存表中。此时，这个应答包经过交换机 SW0 时，它又会检查源 MAC、目标 MAC，把 PC2 的 MAC 和自己接口 2 放进 MAC 地址表中，再查看自己的 MAC 地址表，发现存在目标 MAC 与自己的 1 接口对应，那它就会直接把这个应答包从接口 1 送出去了。主机 PC1 收到这个包后发现目标 MAC 是自己的，就会处理这个包。并把 PC2 的 IP 与 MAC 放进自己的 ARP 缓存表中。这时主机 PC1 就知道 PC2 的 MAC 地址了，以后要发送数据，就直接把 PC2 的 IP 与 MAC 封装进帧中进行点对点发送了。

【情景二】 跨路由的数据传输过程。

当 PC1 要和 PC3 通信时，此时 PC1 会检查 PC3 的 IP 地址跟自己是否处在同一网段，由图 3.24 得知，两主机肯定不会是同一网段的。所以，PC1 会把数据包发给它的网关，也就是 R0 上的 F0/0 接口了。源 IP 和源 MAC 地址是 PC1 自己的，目标 IP 是 PC3 的，目标 MAC 是 R0 上接口 F0/0 的（如果 PC1 不知道 F0/0 的 MAC，就会跟情景一相似，发个 ARP 广播来得到 F0/0 的 MAC 地址）。当这个数据包到达 R0 时，路由器 R0 会查看目标 IP 是否是自己，由于目标不是自己，所以，会查看自己的路由表，找出到达 PC3 网段的路由；如果没有相关条目，就直接丢弃。当查看路由表后发现到达 PC3 网段的出接口是 F0/1，于是，把数据包转到 F0/1 接口上，再由接口 F0/1 传给 R1。这个过程，数据包的源 IP 地址是 PC1，源 MAC 地址是 F0/1，目标 IP 地址是 PC3，目标 MAC 地址是 R1 的 F0/1 接口 MAC 地址。

当 R1 收到这个数据包后，同样也要检查包的目标 IP 地址是否是自己，它会主动查找自己的路由表，发现目标 IP 跟自己 F0/0 接口处在同一网段，于是就把包传到 F0/0 接口上去发给 PC3（假如 R1 上的 ARP 缓存表中没有 PC3 的 MAC 地址，则接口 F0/0 会发送一个 ARP 广播至与它相连的广播域中；这个 ARP 广播包的源 IP 地址是接口 F0/0 的 IP 地址、源 MAC 地址也是 F0/0 的 MAC 地址、目标 IP 地址是 PC3、目标 MAC 地址为 12 个 F），假如 PC3 的 MAC 地址已经在 R1 的 ARP 缓存中了，那就会直接把数据包封装成：源 IP 地址为 PC1、源 MAC 为 R1 的 F0/0、目标 IP 地址为 PC3、目标 MAC 地址为 PC3。当包到达 PC3，做反向操作即可把包发给 PC1 了。

【总结】 同一广播域中，包的源、目标 IP 地址；源、目标 MAC 地址是真实的两台主机上的 IP 与 MAC 地址。

跨路由中，包的源 IP 地址与目标 IP 地址始终不会发生变化，源地址和目标 MAC 地址根据所经过的路由接口不同而发生相应的变化。

【例 3.2】 简单的家庭组网方案，如图 3.25 所示。

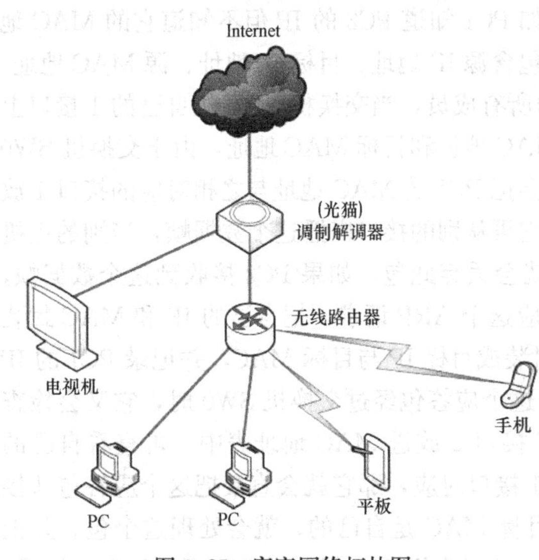

图 3.25 家庭网络拓扑图

目前家庭小区都已经实现光纤入户，将光纤连接调制解调器（俗称光猫），再连接无线路由器，设置无线路由器相关参数，既可以实现收看网络电视，又可以实现家庭有线和无线上网。

一般把路由器放置在房子的中央，尽可能覆盖房屋所有区域，并把路由器摆在高一点，开阔一点的地方，避开冰箱、洗衣机、各种家具等障碍物，以免障碍物影响无线信号。木门，玻璃门等对信号的衰减小，尽量让路由器多走门，少穿墙。家用路由器一般都使用全向天线，全向天线的无线信号分布类似被水平压扁的轮胎，所以将无线路由器的天线调整到与地面垂直方向信号覆盖效果最好。建议使用支持 2.4GHz 和 5GHz 的双频路由器，既能满足只支持 2.4GHz 的终端设备，又能具有更强的抗干扰能力、更稳定的无线信号、更快的传输速度。

如果家庭面积较大，存在多处信号盲区，可以通过增加路由器、信号放大器，使用 AP（无线访问接入点）等方式实现网络覆盖。

3.7 网 络 服 务

随着 Internet 的不断发展，Internet 的应用已经渗透于我们日常生活和工作的各个方面。可以使用浏览器访问 Internet 上的各种电子资源，这些资源非常丰富，既有学习资源，又有娱乐平台，既有电子影音资料，又有模拟现实的工具，可谓面面俱全。在最近十几年，电子商务的发展和各种电子平台的日趋完善为网上购物的兴起提供了良好的基础。如今，足不出户就能买到几乎遍及全国，甚至是全球的各类商品。连接 Internet 的终端也不再是单一的计算机，还可以通过手机、平板电脑等移动终端访问 Internet 上的资源。Internet 正改变着我们的生活。

3.7.1 即时通信

即时通信软件是一种基于 Internet 的即时交流软件，使用即时通信软件的用户可以方便地与接入 Internet 的其他在线用户进行实时交流，并且不用担心产生昂贵的费用。国内用得比较多的即时通信软件有腾讯 QQ、淘宝旺旺、网络飞鸽等，国外的有 Windows Live Messenger、Skype、Facebook 等。

以腾讯 QQ 为例，在腾讯网上申请注册一个免费的 QQ 账号后，下载 QQ 电脑版并安装，通过以下步骤就可以与其他在线用户进行即时通信了。也可以下载 QQ 手机版，在手机上安装，操作方式与电脑版类似。

（1）打开QQ客户端，如图3.26所示，在相应栏输入申请好的QQ号和密码，单击“登录”按钮。

（2）进入QQ界面，如图3.27所示。在QQ界面，用户可以通过分组来管理自己的好友，并与在线的用户进行实时通信。

图3.26 QQ登录窗口

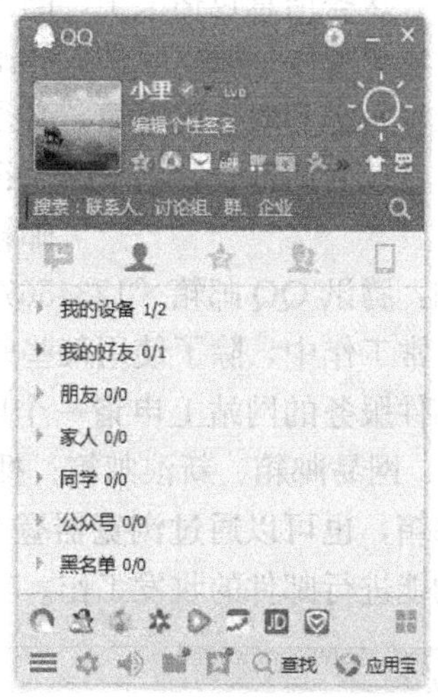

图3.27 QQ界面

3.7.2 搜索引擎

搜索引擎，是指根据一定的策略、运用特定的计算机程序从互联网上搜集信息，在对信息进行组织和处理后，为用户提供检索服务，将用户检索的相关信息展示给用户的系统。国内用得比较多的搜索引擎有百度、360搜索、搜狗搜索等，国外的有Google、Yahoo等。

以百度为例，在浏览器地址栏中输入“www.baidu.com”，便进入了百度搜索主页，如图3.28所示，输入想搜索的内容，单击“百度一下”按钮，便会检索出相关信息。

图3.28 百度搜索主页

3.7.3 电子邮件

电子邮件（E-mail）是Internet应用中使用最为广泛的一种服务，其工作原理与传统邮件系统类似。一般，发件人登录自己的邮箱，撰写好邮件后将其发送到发件人的邮件服务器，由它将邮件转发到收件人的邮件服务器，收件人可以随时登录自己的邮箱去读取该服务器信箱里的邮件。通过Internet上的电子邮件系统，用户可以快速地与世界各地的其他用户互通信息，这些信息包括文字、图像、声音、视频等多种形式。

一封电子邮件一般由收件人的邮箱地址、邮件主题、正文和附件四个部分组成。为确保邮件能准确发送到对方的邮箱，必须正确填写收件人的邮箱地址。邮箱地址包括邮箱账号和邮件服务器域名两部分，由“@”符号隔开，格式如下：

邮箱账号@邮件服务器域名

例如：腾讯QQ邮箱“123456789@qq.com”，或者新浪邮箱“mirrada@sina.com”。

在日常工作中，除了使用某些邮件客户端收发电子邮件外，用户还可以使用浏览器在一些提供邮件服务的网站上申请一个邮箱来收发邮件。使用得比较多的免费电子邮件服务有QQ邮箱、网易邮箱、新浪邮箱、搜狐邮箱等。以QQ邮箱为例，既可以通过腾讯QQ客户端登录邮箱，也可以通过浏览器登录，如图3.29所示，进入QQ邮箱界面后，使用写信、收信等功能进行邮件的收发工作。

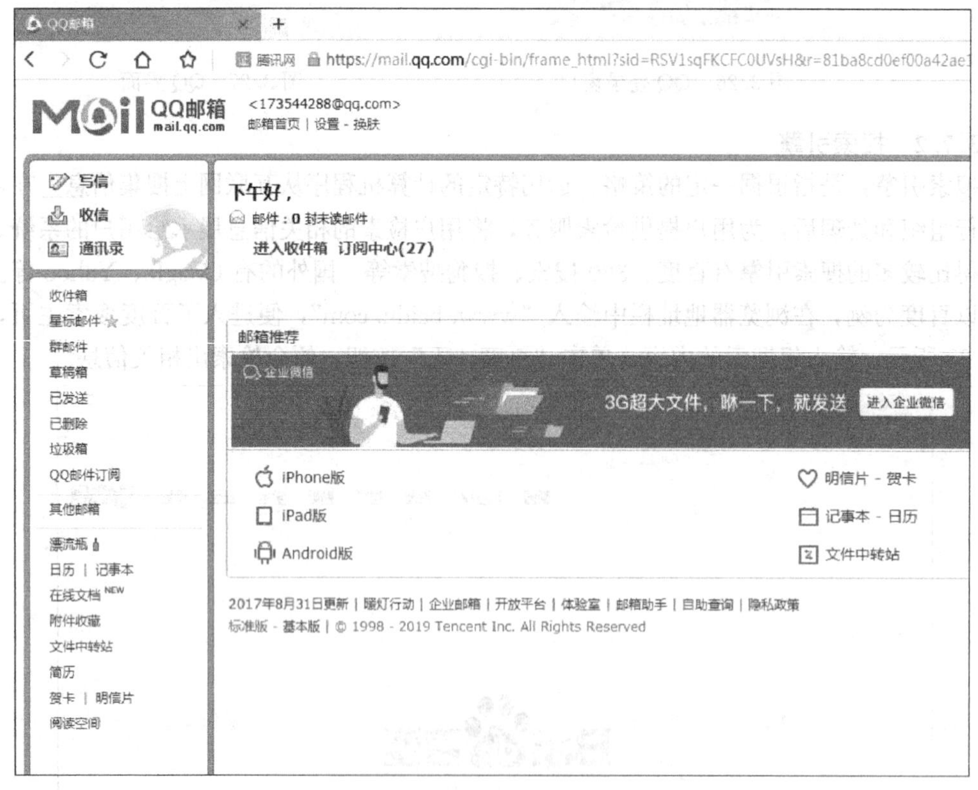

图3.29 QQ邮箱界面

3.7.4 文件管理

随着互联网深入人们的生活工作中，电子文件的产生越来越多，占用的空间也越来越大。很多互联网公司向用户提供了文件管理服务，满足用户工作生活各类需求。国内用得比较多的是百度网盘，它给用户提供一定的存储空间，用户可以轻松地将自己的文档、音乐、视频等文件上传到网盘上用于存储和备份，并可跨终端随时随地查看和分享。

在浏览器中打开百度搜索页面，输入“百度网盘”后按 Enter 键，打开百度网盘官网，单击下方对应操作系统的客户端进行下载安装，如图 3.30 所示。

图 3.30　百度网盘官网界面

安装完成后，注册登录，如图 3.31 所示。

图 3.31　百度网盘登录界面

3.7.5　远程桌面

远程桌面是微软公司为了方便网络管理员管理维护服务器而推出的一项服务。当某台计算机打开了远程桌面连接功能后就可以在网络的另一端控制这台计算机了，通过远程桌面功能可以实时操作这台计算机，在上面安装软件，运行程序，所有的一切都好像是直接在该计算机上操作一样。这就是远程桌面的最大功能，通过该功能，网络管理员可以在家中安全地控制单位的服务器。

目前使用远程桌面，主要有 Windows 系统内置的工具或者其他第三方远程控制工具，比如 TeamViewer。

以系统内置的远程桌面工具为例，首先鼠标右键单击“属性”，打开“系统”界面，单击左侧区域“远程设置”选项，如图 3.32 所示。

图 3.32　“系统”界面

找到“远程”选项卡，其中下方的“远程桌面”选项区域，选择其中一个选项，如图 3.33 所示。

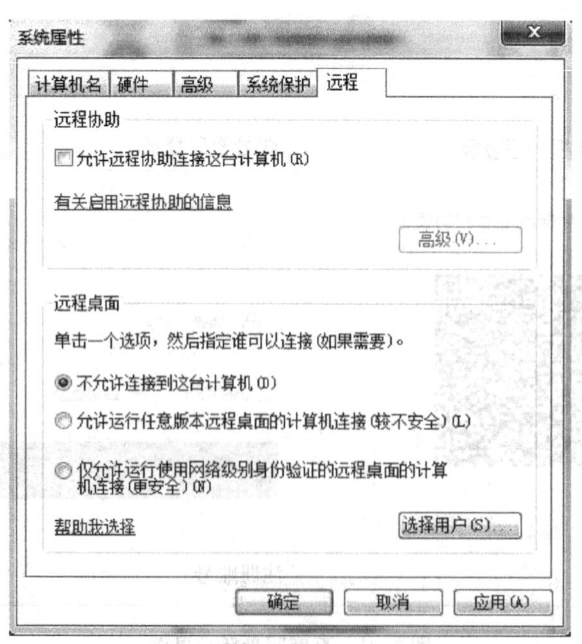

图 3.33　计算机属性“远程”选项卡

选择“仅允许运行使用网络级别身份验证的远程桌面的计算机连接（更安全）”之后，单击“选择用户”按钮，添加一个可以远程到本计算机的用户，如图3.34所示。

若选择远程桌面下方“允许运行任意版本远程桌面的计算机连接（较不安全）”，也可以让低版本的Windows系统，如Windows XP、Windows 2000连接这台电脑。

打开远程桌面之后，就可以通过Windows自带的远程桌面连接工具连接本计算机。单击“开始”菜单→“附件”→“远程桌面连接”，输入需要远程连接的计算机IP地址即可，如图3.35所示。

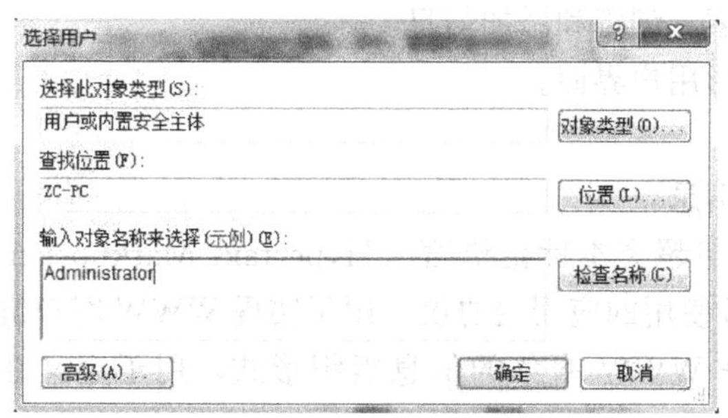

图3.34　添加用户

图3.35　远程桌面连接界面

3.7.6　电子商务

在信息化、网络化时代，人们足不出户就可以解决衣、食、住、行，以及娱乐等各方面的问题，这得益于电子商务平台的兴起及其不断地发展。简单地说，电子商务就是传统商业活动各个环节的电子化、网络化。

电子商务与传统商务相比，不再需要客户亲临卖场去买东西，客户仅需要借助一台接入Internet的计算机就可以查看商品的大小、价格、产地等各种产品相关信息，并通过第三方支付平台完成商品的交易，既免去了客户到处奔波的辛苦，还为客户节约了时间，因而广受人们的喜爱。

随着电子商务的发展，如今网上购物已经成为一种趋势，用户从学生到中老年人，年龄跨越大，其中以青年人居多。国内的电子商务网站有京东商城、淘宝网、当当网等，国外的有亚马逊、沃尔玛等。

3.7.7　Web服务

Web服务是一种面向服务的架构技术，通过标准的Web协议提供服务，目的是保证不同平台的应用服务可以相互操作。Web服务类似于Web上的构建编程，开发人员通过调用Web应用编程接口，将Web服务集成进他们的应用程序，就像调用本地服务一样。从外部用户看，Web服务是一种部署在Web上的对象或组件，具备完好的封装性、松散耦合、自包含、互操作、动态、独立于实现技术、构建于成熟技术、高度可集成、使用标准协议等特征。从实施对象看，把资源、计算能力提供给用户，需要以服务的形式完成。

互联网用户通过使用Web浏览器对Web服务器或其他服务器进行访问是网络资源访问的最主要的手段，Web浏览器运行在采用TCP/IP协议的网络中，使用超文本传输协议HTTP。

1. WWW 服务

WWW 服务（World Wide Web）是目前应用最广的一种基本互联网应用，我们每天上网都要用到这种服务。通过 WWW 服务，只要用鼠标进行本地操作，就可以到达世界上的任何地方。由于 WWW 服务使用的是超文本链接（HTML），所以可以很方便地从一个信息页转换到另一个信息页。它不仅能查看文字，还可以欣赏图片、音乐、动画。最流行的 WWW 服务的程序就是微软的 IE（Internet Explorer）浏览器。WWW 服务有以下特点：

(1) 以超文本方式组织网络多媒体信息。

(2) 用户可以在世界范围内任意查找、检索、浏览和添加信息。

(3) 提供生动直观、易于使用且统一的图形用户界面。

(4) 服务器之间可以互相链接。

(5) 可以访问图像、声音、影像和文本型信息。

核心技术包括超文本传输协议（HTTP）与超文本标记语言（Hypertext Markup language，HTML）。其中，HTTP 是 WWW 服务使用的应用层协议，用于实现 WWW 客户机与 WWW 服务器之间的通信；HTML 语言是 WWW 服务的信息组织形式，用于定义在 WWW 服务器中存储的信息格式。

2. URL

统一资源定位符（Uniform Resource Locator，URL）用来标志 WWW 上的各种文档，互联网上的每个文档都有一个唯一的 URL，它包含的信息指出文档的位置，以及浏览器应该怎么处理它。

URL 一般由协议、主机、端口、路径四个部分组成。现在最常用的是 HTTP 协议的 URL，HTTP 的默认端口是 80，一般可以省略。如果只需要访问某个主页，路径也可以省略，例如，要访问四川电力职业技术学院的信息，就可以先进入四川电力职业技术学院的主页，其 URL 为 http：//www. scdy. edu. cn。这里就省略了 80 端口。用户使用 URL 不仅能访问网页，还可以使用其他应用程序，比如 FTP 服务。

3. HTTP 与 HTTPS

超文本传输协议是互联网上应用最为广泛的一种网络协议，是客户端浏览器或其他程序与 Web 服务器之间的应用层通信协议，定义了浏览器或其他程序怎样向 Web 服务器请求文档，以及服务器怎样把文档传送给浏览器或程序。所有的 WWW 文件都必须遵守这个标准。在 Internet 上的 Web 服务器上存放的都是超文本信息，客户机需要通过 HTTP 协议传输所要访问的超文本信息。

HTTP 协议传输的数据都是未加密的，也就是明文的，因此使用 HTTP 协议传输隐私信息非常不安全。为了保证这些隐私数据能加密传输，网景公司设计了 SSL（Secure Sockets Layer）协议用于对 HTTP 协议传输的数据进行加密，从而就诞生了 HTTPS。

简单来说，HTTPS 协议是由 SSL＋HTTP 协议构建的可进行加密传输、身份认证的网络协议，要比 HTTP 协议安全。HTTPS 的默认端口是 443。

3.8 网络安全

网络安全，是指通过采取必要措施，防范对网络的攻击、侵入、干扰、破坏和非法使用，以及意外事故，使网络处于稳定、可靠运行的状态，以及保障网络数据的完整性、保密性、可用性的能力。网络安全主要包括物理安全和逻辑安全两方面。物理安全，主要是指对计算机网络设备和相关设施进行物理保护，以避免这些设备受到损坏、丢失等；逻辑安全是指保护信息的完整性、保密性、可用性。网络安全的任务就是利用各种网络监控和管理技术措施，对网络系统的硬件、软件和系统中的数据资源实施保护，使其不会因为一些不利因素而遭到破坏，从而保证网络系统连续、安全、可靠地运行。

3.8.1 网络安全基础知识

1. 计算机网络安全的基本要素

计算机网络安全的基本要素主要包括以下几方面。

(1) 完整性。包括数据完整性和系统完整性。数据完整性，是指数据未被非授权篡改或损坏。系统完整性，是指系统按既定的功能运行，未被非授权操作。

(2) 保密性。保证信息为授权者享用而不泄露给未经授权者。保密性在计算机网络系统安全中占据着重要地位，确保计算机保密性能，避免计算机系统遭受病毒、木马入侵，确保信息安全，是计算机网络安全防范必须要重视的问题。计算机的保密性，注重信息的安全性，避免信息被不法分子盗用。

(3) 可用性。保证信息和信息系统随时为授权者提供服务，而不要出现被非授权者滥用却对授权者拒绝服务的情况。

2. 计算机网络通信常面临的威胁

计算机网络通信常面临的威胁如下。

(1) 截获。以保密性作为攻击目标，非授权用户通过某种手段获得对系统资源的访问。

(2) 中断。以可用性作为攻击目标，它毁坏系统资源，使网络不可用。

(3) 篡改。以完整性作为攻击目标，非授权用户不仅获得访问，而且对数据进行修改。

(4) 伪造。以完整性作为攻击目标，非授权用户将伪造的数据插入到正常传输的数据中。

计算机网络面临的威胁除了信息在网络的传播过程中受到的威胁之外，还受到以下四种类型的威胁。

(1) 计算机网络病毒。计算机网络技术的发展丰富了人们的生活，使人们可以在闲余时间运用计算机进行游戏、娱乐、聊天等，因为大多数计算机都要与互联网进行连接，这就导致了计算机非常容易受到网络病毒的威胁。

(2) 黑客攻击。黑客主要有两种攻击方式：①网络攻击，黑客运用各种手段对用户的数据进行窃取、销毁、篡改等非法操作，从而对用户造成了一些不必要的损失，甚至会造成计算机系统的瘫痪；②网络侦查，这种方式是利用系统漏洞，在用户还不知情的情况下，对用户的重要信息进行拦截、窃取、修改等。

(3) 系统漏洞。没有一个网络系统是绝对安全的，即使常用的 Windows、UNIX 等操作系统也存在系统漏洞。对于这些漏洞的防范措施要从用户的网络安全意识上出发，使用户深刻地认识到网络安全的重要性，让其能够积极地运用正版系统，从而极大地减少这些系统漏洞出现的概率。目前，大多数网络攻击都是利用这些漏洞进行攻击的，网络攻击都普遍具有破坏性强、影响范围大、难以断定等特点，是威胁网络安全的主要因素之一。造成网络攻击的主要因素，除了计算机应用系统的漏洞之外，还有网络漏洞，网络漏洞产生的主要原因是由于TCP/IP协议不够完善、UDP协议缺乏可靠性、计算机程序错误等。面对着这些网络风险，用户必须要严格遵守网络安全管理制度、运用科学有效的技术方法、尽可能地降低这些风险的发生，努力做好防范措施。

（4）内部威胁。由于计算机管理人员的计算机网络安全意识不足，导致其在使用计算机的时候操作不当，采用的安全防范措施不够，从而导致了内部网络安全事故的发生。

计算机病毒是指“编制者在计算机程序中插入的破坏计算机功能或者破坏数据，影响计算机使用并且能够自我复制的一组计算机指令或者程序代码”。计算机病毒与医学上的“病毒”不同，计算机病毒不是天然存在的，是人利用计算机软件和硬件所固有的脆弱性编制的一组指令集或程序代码。它能潜伏在计算机的存储介质（或程序）里，条件满足时即被激活，通过修改其他程序的方法将自己的精确拷贝或者可能演化的形式放入其他程序中。从而感染其他程序，对计算机资源进行破坏，所谓的病毒就是人为造成的，对其他用户的危害性很大。

计算机病毒具有以下特征：

1. 繁殖性

计算机病毒可以像生物病毒一样进行繁殖，当正常程序运行时，它也进行运行自身复制，是否具有繁殖、感染的特征是判断某段程序为计算机病毒的首要条件。

2. 破坏性

计算机中毒后，可能会导致正常的程序无法运行，把计算机内的文件删除或受到不同程度的损坏。破坏引导扇区及BIOS，破坏硬件环境。

3. 传染性

计算机病毒传染性是指计算机病毒通过修改别的程序将自身的复制品或其变体传染到其他无毒的对象上，这些对象可以是一个程序也可以是系统中的某一个部件。

4. 潜伏性

计算机病毒潜伏性是指计算机病毒可以依附于其他媒体寄生的能力，侵入后的病毒潜伏到条件成熟才发作，使电脑变慢。

5. 隐蔽性

计算机病毒具有很强的隐蔽性，可以通过病毒软件检查出来少数，隐蔽性计算机病毒时隐时现、变化无常，这类病毒处理起来非常困难。

6. 可触发性

编制计算机病毒的人，一般都为病毒程序设定了一些触发条件，例如，系统时钟的某个时间或日期、系统运行了某些程序等。一旦条件满足，计算机病毒就会“发作”，使系统遭到破坏。

3.8.2 网络安全防护措施

网络安全防护措施如下：

（1）完善网络安全管理制度，提高网络使用人员的安全意识。管理机构要从权利保护、责任环节上立法，以保障个人信息的安全性，进一步强化法律监管力度，打击网络安全罪犯，提高网络安全性。同时还要不断提升网络安全专业技术人员的技术水平和网络安全素养，依照法律管理、控制威胁网络安全的行为。网络使用人员要时刻提高警惕，遵守网络安全法律法规，不访问来路不明的网页链接，不打开陌生邮件，不随意单击未知安全性的文件等。同时，要加强对各类系统账号和口令的保护，否则很容易导致网络系统被恶意者破解，从而导致信息被窃取。针对支付宝、微信等重要软件，建议口令进行如下安全设置：长度不低于8位；必须包含大小写字母、数字和特殊字符；口令更新时间不超过3个月，并且近三次使用的口令不能相同；各类信息系统的口令不能设置为空或相同。

（2）安装防火墙和杀毒软件。防火墙是网络安全的重要保障，同时也是实现网络安全最经济、最基本、最有效的防护措施之一。防火墙主要是由软件和硬件组合而成的，它处于计算机与外界通道之间，其主要的作用是限制外界用户对内部网络的访问，以及内部用户访问外部网络的权限。同时，防火墙还可以对网络访问进行记录，并且生成记录日志，还能够提供网络使用情况的统计数据。如果出现网络攻击的情况，防火墙就可以及时地进行报警，并向用户提供网络攻击的详细信息，从而使用户可以及时地发现并予以处理，有效地提高了网络的安全性。除此之外，杀毒软件可以查杀计算机中的病毒、木马等恶意程序，从而实现对计算机的安全防护。其中，预防病毒技术是初级阶段，通过相关控制系统和监控系统来确定病毒是否存在，从而防止计算机病毒入侵和损坏计算机系统；检测病毒技术则是通过各种方式对计算机病毒的特征进行辨认，包括检测关键字和文件长度的变化等；消灭病毒技术则是具有删除病毒程序并恢复原文件的软件，是防病毒技术的高级阶段。

（3）安装系统漏洞补丁。在计算机网络世界中，还存在着一些计算机网络自身的漏洞和网络防护的薄弱环节，一旦这些漏洞和薄弱环节被黑客所利用并发动攻击，将会导致灾难性的后果。因此，计算机用户必须及时通过官方补丁程序、360安全卫士等修复系统中存在的漏洞。

（4）其他防护措施。信息安全防护还可以以入侵检测、漏洞扫描、身份认证、访问控制、数据加密等多种方式进行综合防御。入侵检测目的在于监测和发现可能存在的攻击行为（包括来自系统外部的入侵行为和来自内部用户的非授权行为），并采取相应的防护手段。漏洞扫描通过扫描发现漏洞，及时下载补丁程序、修补漏洞，在黑客入侵或是大规模攻击网络之前进行有效防范。身份认证，是指用户在访问、使用网络资源时作为操作者被确认身份的过程，身份认证是网络安全防范的一道安全闸门，它可以保证系统访问控制策略有效地、稳定地执行，继而使授权用户的合法权益和网络系统的安全得到保障。访问控制技术可防止黑客或不法分子占用网络资源；用访问控制技术，能够控制用户访问权限，如用户登录控制、用户口令、代码识别等。数据加密即采用某种算法对要发送的数据进行数据加密，可保证数据的保密性、真实性和完整性。加密技术不仅可以用来对信息加密，而且还可以用于数字签名以及身份验证等。使用数据加密技术，既可预防入侵者对数据的非法窃听，又可拒绝对数据的恶意篡改。所以为了保证信息的安全性，就必须对被传输的数据进行加密处理。

第4章　云计算、大数据与“互联网+”

2019年政府工作报告指出，加快新旧发展动能接续转换。深入开展“互联网+”行动，实行包容审慎监管，推动大数据、云计算、物联网广泛应用，新兴产业蓬勃发展，传统产业深刻重塑。实施“中国制造2025”，推进工业强基、智能制造、绿色制造等重大工程，先进制造业加快发展。

早于2015年的政府工作报告便提出要深入推进“互联网+”行动和国家大数据战略。从2017年政府工作报告中加快大数据、云计算、物联网应用，到2018年、2019年把“加快”变为“推动”，“应用”到“广泛应用”，足以说明大数据、云计算等在今后会更加快速地发展，以及广泛应用。

4.1　云　计　算

1981年IBM正式推出第一台个人计算机，具有划时代的意义，其通用的工业标准极大地促进了PC产业的进步；20世纪90年代开始的互联网革命，将各信息孤岛汇集成庞大的内容网络，从此人类进入了信息爆炸时代；而基于网络资源和服务的云计算，不仅仅是技术的革新，同时也是商业模式的革命，它彻底改变了人们获取信息技术服务的方式，降低了社会信息化的门槛。

4.1.1　云计算定义

云计算拆分开来是“云”和“计算”，“云”在自然学科中的定义是由水蒸气汇聚到空中汇聚在一起形成的物体，云计算的特点也就是汇聚融合。云计算把大量计算机资源通过Internet汇聚在一起，然后为用户提供服务。用户不用考虑采购硬件和支撑环境、配置专业人员等，就像家里的水和电一样，用户需要多少计算资源，就分配多少计算资源给用户，是一种弹性、动态的分配，是一种按需分配、按需计费的服务。因此，云计算的定义简单地说，就是对基于网络的、可配置的共享计算资源池能够方便地、随需访问的一种模式。这些可配置的共享资源计算池包括网络、服务器、存储、应用和服务等，并且，这些资源池以最小化的管理或者通过与服务商提供的交互可以快速地提供和释放。

4.1.2　云计算基本特征

1. 按需自助服务

用户不需要与服务商直接接触，只需要根据服务商提供的交互平台（如阿里云、腾讯云、百度云等）自助地选择、获取和配置计算资源，并可随时释放资源。

2. 无处不在的网络访问

可以借助不同的客户端来通过标准的应用对网络访问的可用能力。比如可以利用任一连接到互联网的设备访问在互联网中的云计算服务，或是通过VPN（虚拟专用网络）连接到企业内部网络，访问企业内部的云计算服务。

3. 划分独立资源池

根据用户的需求来动态地划分或释放不同的物理和虚拟资源，这些资源供应商以多租户的模式来提供服务。用户并不控制或了解这些资源池的准确划分，但可以知道这些资源池在哪个行政区域或数据中心。

4. 快速弹性

云计算具备对资源快速且弹性地提供、快速且弹性地释放能力。用户可随时调整计算资源的需求（如带宽、CPU 速率、内存大小、磁盘容量等），并且可以在任何时间以任何量化方式购买，服务可计量。

5. 高可靠性

云计算使用了数据多副本容错、计算节点同构可互换等措施来保障服务的高可靠性，使用云计算比使用本地计算机可靠。

6. 服务可计量且费用低廉

就如同用户家中的水电一样，云计算所有项目均可量化，按需购买，按需计费。

4.1.3 虚拟化

按需部署是云计算的核心。要解决好按需部署，必须解决好资源的动态可重构、监控和自动化部署等，而这些就需要虚拟化技术、高性能存储技术、处理器技术、高速互联网技术为基础。其中，虚拟化技术是最重要的技术基础，其实现了物理资源的逻辑抽象和统一表示。简单的理解就是将一台计算机虚拟成了多台虚拟计算机，在一台计算机上可以同时运行多个虚拟计算机，各虚拟计算机可运行不同的操作系统，并且应用程序都可以在相互独立的空间内运行而互不影响，从而显著提高计算机的工作效率，充分提升计算机资源的利用率。

虚拟化实现了用软件的方法重新划分和定义了物理资源，可以实现物理资源的动态分配、灵活调度、跨域共享，提高物理资源的利用率，使资源能够真正成为社会基础设施，服务于各行各业中灵活多变的应用需求。

虚拟化的目的就是要对信息技术基础设施进行简化，可以简化对资源以及对资源管理的访问。现在主流的虚拟化技术有桌面虚拟化、应用虚拟化、服务器虚拟化、网络虚拟化、存储虚拟化等。

4.1.4 生活中常见的云计算应用

1. 云存储

云存储是用户使用率最高的一种云计算应用形式，也是民用级云计算中最常见的表现形式，例如电子邮件、网盘、云盘等，用户可以使用这些应用存储文件、备份数据，还可以通过购买服务获取更大的容量、更快的传输速度、更多的增值服务。

2. 云计算基础

全球提供云计算基础的服务商有很多，目前主要有亚马逊云、微软云、阿里云、谷歌云、腾讯云、百度云等，这些厂商为全球各企业组织提供了坚强的云计算基础环境，比如云服务器、云数据库、NAS 文件存储、云通信服务、云防火墙、弹性网关、图形渲染等。

3. 音视频服务

用户仅需使用一个连接网络的应用软件或手机 App，即可点播音/视频、发布音/视频甚至提供直播服务，根本不需要考虑任何因音/视频传输带来的存储、带宽、网络并发拥挤等问题。

4. 软件在线应用服务

越来越多的厂商将传统软件的客户机/服务器（Client/Server，C/S）结构转变成浏览器/服务器模式（Browser/Server，B/S）结构，即只需要打开浏览器，登录厂商的网址并登录账号信息后即可使用软件（比如 Office 365 在线版），而无需在本地计算机安装部署，并且因为这种模式，可以实现团队协同工作，比如可以共同完成 Office 文档。

5. 导航服务

通过 GPS 或是北斗卫星，只需要使用百度导航或是高德导航，即可实现无论是步行、公交，还是驾车的路线规划，并且还能实时为用户提供路况信息、目的地区周围的各种配套信息，甚至已经可以精确实现商场大楼内部的导航信息。

4.2 大 数 据

世界的万千变化一直超乎人们的预测，自 2012 年以来，“大数据”一词便成了人类生活的代名词。如今，数据几乎已经渗透到了所有行业的任何领域中，成为不可或缺的生产要素。每一天，网络繁衍出的数据足以装满上亿个硬盘，如此惊人的数据每天都还在增加，它们使得对海量数据的挖掘和分析成为企业发展的重要内容。大数据的数量大、类型多、时效快、价值密度低的特点，正在让这个崭新的时代充满了变数和乐趣。

4.2.1 大数据定义

“大数据”一词源于英文 Big Data，是指无法在一定时间范围内用常规软件工具进行捕捉、管理和处理的数据集合，是需要新处理模式才能具有更强的决策力、洞察发现力和流程优化能力的海量、高增长率和多样化的信息资产。

在这样的时代，我们随时都在贡献大量的数据，比如到食堂吃饭、逛淘宝、医院看病、预订机票火车票、QQ 微信聊天、超市购物、外卖点餐……我们刷各种各样的卡、填写各种网上表单或线下表格等，这些都是主动地在给不同的系统提供数据，并且我们还在不知情或意识不到的时候，比如手机的定位和运动信息、看过的网页、搜索过的关键词，甚至公安局天网、电子眼等，都被动贡献着数据。

4.2.2 数据关联产生价值

数据再多，如果没有关联性、衍生性、可分析性，就是没有价值的数据，是废数据。而数据怎么产生价值，就需要进行关联规则挖掘。例如，近半数人在电影院看电影时一定会买爆米花和可乐，因此观众在电影院买票时，服务员总会给他推荐套餐，而在手机购票的话，也总会在付款页面给他爆米花和可乐的推荐。这其实就是销售记录中的相关性，可更好地指导销售策略的制订。又如，假设某商场负责人，他手上有 10000 个 VIP（Very Important Person）客户的信息，怎么做下一个月的销售计划？应该先调阅这些客户的消费记录和客户的属性进行分析，如性别分布、年龄结构、消费层次、主要消费的项目、可能带来的关联客户群等信息，结合下一个月的节日或纪念日，推出为客户量身定制的销售方案，甚至可以做到精准营销，而这一切就是数据关联产生的价值！

4.2.3 预测指导决策

正因为数据能产生关联，因此就可以通过数据的关联性产生预测信息，从而指导决策。例如，学校大型双选会的举办和学校用水量是否有关联？答案是肯定的，学校大型双选会前一天，是学校用水量最高的日子，因为参加双选会的同学们都要梳妆打扮，更衣沐浴，因而，这一天学校后勤服务中心在热水供应上必须要准备应急预案，保障热水的持续且长时间供应。学生是数据的个体，水也是数据的个体，两者就因为要召开大型双选会这一事件产生了关联，导致数据的可预测变化。又如，如果在购物网站购买过婴儿尿不湿或婴儿奶粉，那么一个时间段后，购物网站又会提醒用户尿不湿、奶粉在做促销。

4.2.4　机器学习与人物画像

通过用户在购物网站和资讯媒体上浏览、收藏和购买的记录，就能获取到用户的住家或工作地点，从而评估他主要活动区域的经济水平、购物偏好等，还能通过用户在社交媒体的种种行为，评估他的社会影响力。结合人口统计学数据，还能通过其年龄、职业、性别等，获取到用户的更为精准的信息，从而形成用户画像，实现对用户的精准服务。例如，很多学校一直想精准帮扶贫困生，但困扰的是哪些人才是真正的贫困。其实用大数据分析的方法就行，可以根据近几个月学生校园一卡通消费的数据来分析，对于真正的贫困生，明显的属性：几乎每天都在食堂就餐，每顿消费额度低，消费窗口相对一致，基本没有额外的其他消费……，根据这些数据，就可以构建出贫困生的人物画像，实现精准帮扶。可见，人物画像可以实现对用户的标签化，实现为每一个个体贴上各种属性，而这些属性就为机器学习服务。

机器学习是实现人工智能的一种途径，它和数据挖掘有一定的相似性，也是一门多领域交叉学科，涉及概率论、统计学、逼近论、凸分析、计算复杂性理论等多门学科。对比于数据挖掘，从大数据之间找相互特性关联而言，机器学习更加注重算法的设计，让计算机能够自动地从数据中“学习”规律，并利用规律对未知数据进行预测。当然，机器学习的升华就是深度学习，深度学习是基于深度神经网络的学习，相对于传统的机器学习来说，很明显的优势在于能够自动提取特征，可将线性不可分的问题转变为线性可分的问题。AlphaGo（围棋智能机器人）就是典型的深度学习的例子。

4.3　“互　联　网　＋”

2015 年 3 月 5 日上午十二届全国人大三次会议上，李克强总理在政府工作报告中首次提出“互联网＋”行动计划。李克强在政府工作报告中提出，“制定‘互联网＋’行动计划，推动移动互联网、云计算、大数据、物联网等与现代制造业结合，促进电子商务、工业互联网和互联网金融健康发展，引导互联网企业拓展国际市场。”

4.3.1　“互联网＋”定义

“互联网＋”的定义有很多，具体如下。

国务院版：“互联网＋”是把互联网的创新成果与经济社会各领域深度融合，推动技术进步、效率提升和组织变革，提升实体经济创新力和生产力，形成更广泛的以互联网为基础设施和创新要素的经济社会发展新形态。

腾讯版：“互联网＋”是以互联网平台为基础，利用信息通信技术与各行业的跨界融合，推动产业转型升级，并不断创造出新产品、新业务和新模式，构建连接一切的新生态。

阿里版：“互联网＋”就是指以互联网为主的一整套信息技术（包括移动互联网、云计算、大数据、物联网等配套技术）在经济、社会生活各部门的扩散、应用，并不断释放出数据流动性的过程。

百度版："互联网+"计划，就是互联网和其他传统产业的一种结合的模式。

小米版："互联网+"就是如何用互联网的技术手段和互联网的思维与实体经济相结合，促进实体经济转型、增值、提效。

分析不同的版本，可以发现其内涵有共性，也有细微的差异，这就恰恰是"互联网+"的魅力。

4.3.2 信息化与互"联网+"的区别

"互联网+"对应的英文是 internet plus，即不是加法（加号），而是"化"（plus）。说到"化"，很多人都会认为那"互联网+"不就是以前说的"信息化"嘛，只是换了一个说法。恰恰不一样的是，互联网+各个产业部门，不是简单的连接，而是通过连接，产生反馈、互动，最终出现大量化学反应式的创新和融合，是重新定义了信息化。"互联网+"的本质是传统产业的在线化、数据化。只有人和交互行为迁移到互联网上，才能实现在线化；只有在线才能形成活数据，可流动的数据才是活数据，数据只有流动起来，其价值才能最大限度地发挥出来。

例如，医院信息化和"互联网+医院"的区别，医院信息化后，可以凭借一张就诊卡即可挂号、看病、缴费、取药，一张就诊卡就可以在医院的系统里面查询到病人以前的病历，仅此而已。那我们再看看"互联网+医院"，如果使用"互联网+医院"，可以先通过医院的互联网平台智能问诊，明确应该挂什么科室或是分诊到附近社区医疗服务中心，抑或是自行到药店买药即可；问诊后可以直接在线挂号，确定到医院的时间，不用长时间排队等候，甚至可以提前在线排队需要检查（如彩超、照 CT）的项目；医生诊断后，若还需进一步检查，检查报告会直接发送到病人的手机和医生手机上，医生就可以直接在平台上下诊断安排，或是开药，或是其他医疗项目，病人只需在手机上缴费后，就可到指定地点取药，还可以直接指定药物配送到家，无需自行取药。若后续需要复查，可以直接在手机上继续与医生沟通，甚至远程视频复查即可。可见，"互联网+医院"解决了传统医院挂号难、排队时间久、检查周期长、沟通时间短、缴费烦琐等多项痛点。

4.4 物 联 网

物联网，即以互联网为载体，让所有能行使独立功能的普通物体实现互联互通的网络。智能家居算是物联网的典型代表，不过一直以来，智能家居更多的是以家居安防为主，主要停留在以手机可监控摄像头、可控制灯光开关和窗帘开关等，但随着几大互联网巨头进入后，整个智能家居的结构发生了质的变化。以小米、阿里巴巴和百度为首的智能家居产业链，都把智能音箱作为了智能家居的控制中心，以日益成熟的人工智能（AI）技术作为核心点，将语音作为了人机交互的主要手段，加之蓝牙、Wi-Fi、ZigBee 等近距离传输协议的成熟技术，使从家居大门门锁开始到房屋内的灯、电视、扫地机器人、空调、电饭煲、油烟机、灶具、净水器、空气净化器、冰箱、热水器、插座等各种设施设备都可以接入到网络中，并可通过一定的配置后，实现场景关联交互，真正实现了物联网，进而将会达到"泛在网"。

4.5 泛在网

“泛在网”即广泛存在的网络，它以无所不在、无所不包、无所不能为基本特征，以实现在任何时间、任何地点、任何人、任何物之间的信息连接和交互。互联网与物联网相结合，便可以称为“泛在网”。利用物联网的相关技术如射频识别技术、无线通信技术、智能芯片技术、传感器技术、信息融合技术等，以及互联网的相关技术如软件技术、人工智能技术、大数据技术、云计算技术等，可以实现人与人的沟通、人与物的沟通，以及物与物的沟通，使沟通的形态呈现多渠道、全方位、多角度的整体态势。这种形式的沟通不受时间、地点、自然环境、人为因素等的干扰，可以随时随地自由进行。泛在网的范围比物联网还要大，除了人与人、人与物、物与物的沟通外，它还涵盖了人与人的关系、人与物的关系、物与物的关系。可以这样说，泛在网包含了物联网、互联网、传感网甚至电力网的所有内容，以及人工智能和智能系统的部分范畴，是一个整合了多种网络、更加综合全面的网络系统。

泛在网最大的特点是实现了信息的无缝连接。无论是人们日常生活中的交流、管理、服务，还是生产中的传送、交换、消费，抑或是自然界的灾害预防、环境保护、资源勘探，都需要通过泛在网连接，才能实现一个统一的网络。

4.6 区块链

4.6.1 区块链的概念

区块链（Blockchain）是分布式数据存储、点对点传输、共识机制、加密算法等计算机技术的新型应用模式。区块链本质上是一个去中心化的数据库，是一串使用密码学方法相关联产生的数据块，每一个数据块中包含的信息，用于验证其信息的有效性和生成下一个区块。

例如，假如用户家里有个账本，用户负责记账，他父母把工资交给他，中间万一他贪吃，想买点好吃的，可能账本上的记录会少十几块；如果用区块链，全家一起记账，上述问题就不会有了，因为用户在记账，他爸爸也在记账，他妈妈也在记账，他们都能看到总账。区块链这种分布式的数字账簿，记录了所有发生的并经过系统一致认可的交易，每一个区块就是一个账本，而且相互关联。区块链它不仅可以记录每一笔交易，还可以通过编程来记录几乎所有对人类有价值的事物：出生和死亡证明、结婚证、房产证、毕业证、银行账户、就诊史、保险理赔、食品来源，以及任何其他可以用代码表示的事物。每个区块就像一个硬盘，把以上这些信息全部保存下来，再通过密码学技术进行加密。这些被保存的信息就无法被篡改。

4.6.2 区块链的特点

1. 去中心化

区块链技术不依赖额外的第三方管理机构或硬件设施，没有中心管制，除了自成一体的区块链本身，通过分布式核算和存储，各个节点实现了信息自我验证、传递和管理。去中心化是区块链最突出、最本质的特征。

2. 独立性

点对点交易，无需第三方批准。在系统内自动安全地验证、交换数据，不需要人为的干预。

3. 开放性

区块链技术基础是开源的，除了交易各方的私有信息被加密外，区块链的数据对所有人开放，任何人都可以通过公开的接口查询区块链数据和开发相关应用，因此整个系统信息高度透明。

4. 安全性

不受任何人或实体的控制，数据在多台计算机上完整复制（分发），攻击者无单一的入口点。信息通过密码学技术进行加密，一旦进入区块链，就无法肆意操控修改网络数据，避免了主观人为的数据变更。

第 5 章　Word 2019 应用

5.1　字体格式与段落格式

5.1.1　文本

文本是 Word 应用中最基本的操作对象，文本可以是一个句子、一个段落或者是一个篇章。在 Word 应用中可以对文本进行输入、选择和编辑操作。

5.1.2　输入文本

文本输入是 Word 应用中最基本的功能，文本可以由汉字、字母、数字、普通符号、特殊符号等元素构成。根据不同的输入元素，在 Word 中通常采用以下两种输入方法：

1. 键盘输入

键盘输入是一种非常普通的文本输入法。在编辑状态下，在文本插入点即闪烁的光标符号“|”位置可以输入所需要的文本内容，如平常使用的汉字、字母、数字、普通符号等文本都是用此方法输入的。

2. 插入功能输入

一些特殊的文本，如陌生字符、特殊符号和编号等，有些用键盘直接输入不了，可使用“插入”功能输入，以弥补键盘输入的不足。具体操作在前文“插入对象”中进行了详细介绍。

5.1.3　选择文本

在 Word 中输入文本后，下一步需要对文本进行修改和编辑，在编辑文本前如何快速准确地选择要编辑的对象，成为编辑文本的重要一步。文本操作对象可分为插入点、字、词、句、行、段、全文等，可以通过鼠标和键盘两种方式来选择文本对象。

用鼠标选择文本对象的方法见表 5.1。

表 5.1　鼠标选择文本对象

选择内容	选择方法	选择内容	选择方法
插入点	闪烁“|”形光标在需要写入的位置单击鼠标	一行	单击文本行左侧空白区域
一个字或词	在文字上双击	一段	双击段落左侧空白区域
一句	按住 Ctrl 键并同时用光标单击待选句子	全文	三击段落左侧空白区域
矩形区域	按住 Alt 键并同时按住鼠标左键拖动待选内容	矩形区域	区域

用键盘选择文本对象的方法见表 5.2。

表 5.2　键盘选择文本对象

按键	选择内容	按键	选择内容
Shift+←	向左选择一个字符	Ctrl+Shift+←	当前单词开头
Shift+→	向右选择一个字符	Ctrl+Shift+→	下一单词结尾
Home	移到行首	Shift+Home	选取到当前行的开头
End	移到行尾	Shift+End	选取到当前行的结尾

5.1.4 编辑文本

在 Word 中可进行移动、剪切、复制、粘贴、删除、撤销等操作来编辑文本。在 Word 中对不同的编辑操作设置了快捷组合键，用来提高编辑文本的操作速度和便捷性。

1. 移动

选定需要移动的内容，按住鼠标左键拖动至目标位置后释放鼠标。

2. 剪切与粘贴

剪切操作和移动操作类似，剪切常与粘贴操作结合使用，剪切的目的是将所选定的内容放到 Word 的剪贴板中，原选定的内容消失。

粘贴的目的是将 Word 剪贴板中的内容放到光标定位的地方。

操作快捷键：剪切 Ctrl＋X 组合键，粘贴 Ctrl＋V 组合键。

具体操作：

(1) 选定要剪切的内容，按 Ctrl＋X 组合键进行剪切，将光标定位到目标位置，按 Ctrl＋V 组合键粘贴。

(2) 选定要剪切的内容，单击鼠标右键选择剪切，将光标定位到目标位置后，单击鼠标右键选择粘贴。

3. 复制

复制与移动相似，只是移动内容后，原位置不会存在移动的内容，而复制后，原位置和目标位置均有该内容。

操作快捷键：复制 Ctrl＋C 组合键。

具体操作：

(1) 选定需要复制的内容，按住 Ctrl 键并同时按住鼠标左键拖动至目标位置后释放鼠标。

(2) 选定需要复制的内容，按 Ctrl＋C 组合键，光标定位到需要粘贴文本的位置，按 Ctrl＋V 组合键粘贴。

(3) 选定需要复制的内容，单击鼠标右键，用鼠标执行复制和粘贴操作来完成移动。

4. 删除

如果在文档中输入了多余、错误或重复的内容，可删除相关内容。删除的方法有：

(1) 选中需要删除的内容，按 Backspace 或 Delete 键删除。

(2) 也可将插入点定位后，按 Backspace 键删除光标左侧的内容或按 Delete 键删除光标右侧的内容。

5. 撤销与恢复

在编辑文档时，如果当前操作不合适，而想返回到上一步状态，则可以通过“撤销”或“恢复”功能实现。“撤销”功能可以保留最近执行的操作记录，用户可以按照从后到前的顺序依次撤销若干步骤。用户可以按下 Ctrl＋Z 组合键执行撤销操作，也可以单击“快速访问工具栏”中的“撤销键入”按钮。

执行撤销操作后，还可以将文档恢复到最新编辑状态。当用户执行一次“撤销”操作后，用户可以按下 Ctrl＋Y 组合键执行恢复操作，也可以单击“快速访问工具栏”中已经变成可用状态的“重复键入”恢复键入按钮。

5.1.5　设置字体格式

1. 设置字体、字号、字形和文字效果

在 Word 中，默认的中文字体为“宋体”，英文字体为 Times New Roman，字号为“五号”，颜色为“黑色”。Word 2019 提供了两种表示文字大小的方法：①用“字号”来表示，“初号”字最大，其次是小初、一号、小一……，最小到八号字；②用“磅”来表示，即用阿拉伯数字表示大小，数字越大表示的字越大。

设置字体、字形、字号和颜色等格式的方法有：

（1）选中需要设置格式的文本，选择“开始”选项卡，在“字体”分组中单击相应按钮可设置字体、字形、字号和特殊效果等格式，如图 5.1 所示。

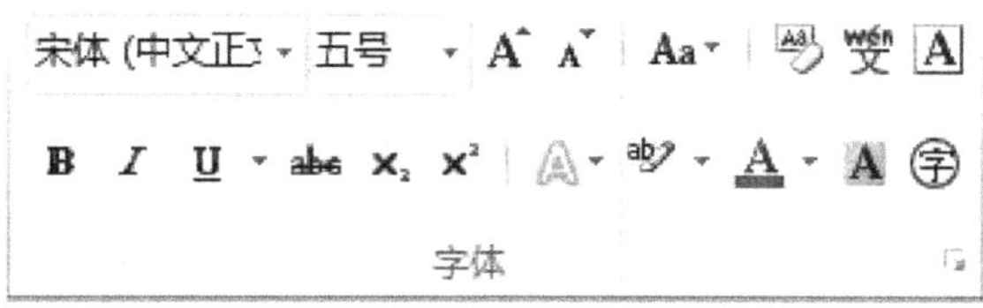

图 5.1　字体分组

（2）选中需要设置格式的文本，在“字体”分组中单击右下角的按钮，在打开的“字体”对话框中有“字体”和“高级”两个选项卡。在“字体”对话框中设置文本效果格式，除可设置字体、字形、字号、颜色和效果等格式外，还可以对字体进行特殊要求的设置，如图 5.2 和图 5.3 所示，最后单击“确定”按钮，即可完成对文本的字体格式设置。

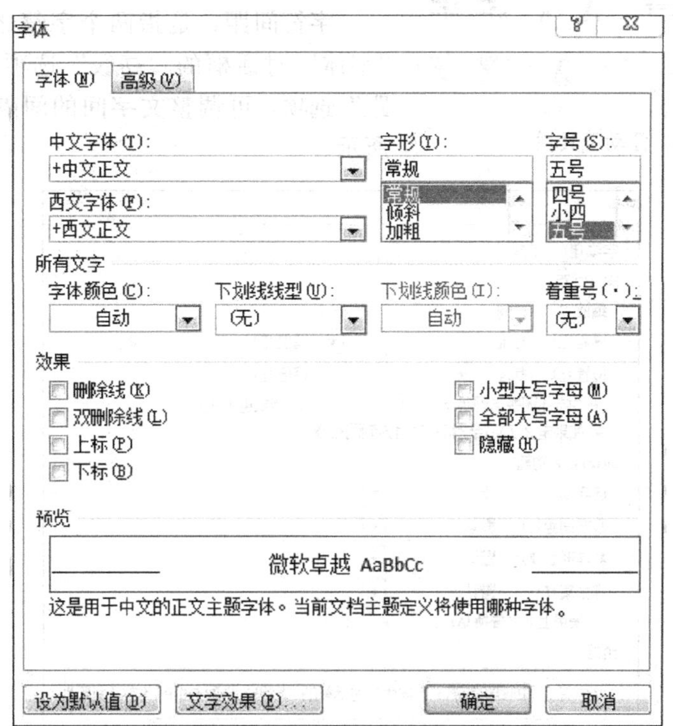

图 5.2　“字体”对话框

（3）选中需要设置格式的文本，在其弹出的浮动工具栏中也可以设置字体格式，如图 5.4 所示。

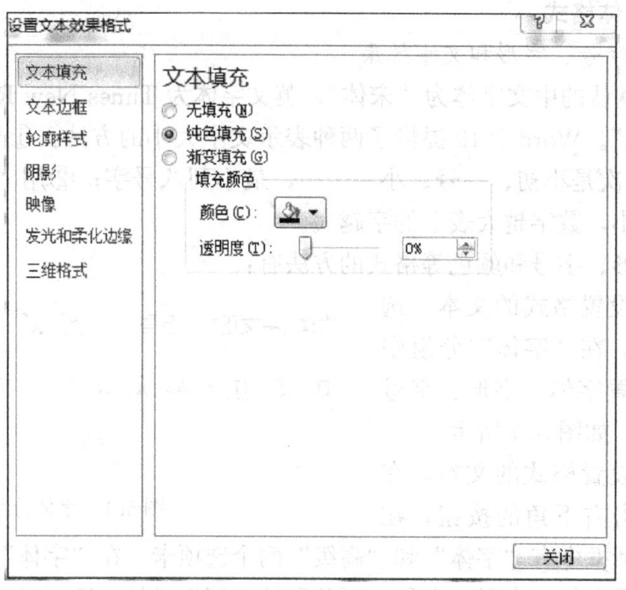

图 5.3 “设置文本效果格式”对话框

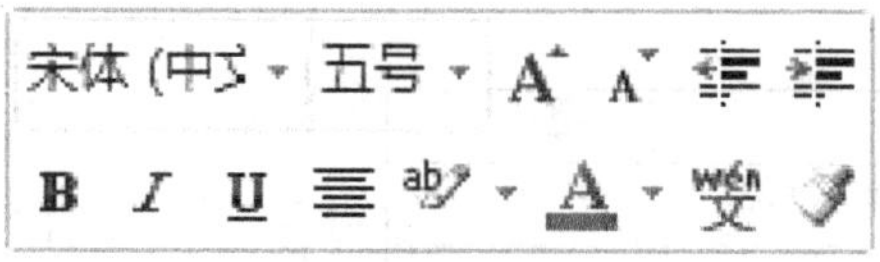

图 5.4 浮动工具栏

2. 设置字符间距

字符间距，是指两个字符之间的间隔距离。“字体”对话框的“高级”选项卡中的“字符间距”选项，可调整文字间的间隔距离，如图 5.5 所示。

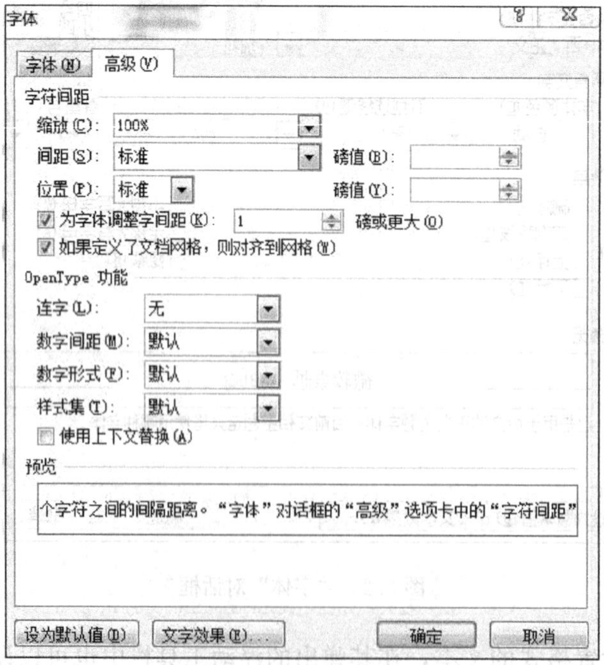

图 5.5 “高级”选项卡

5.1.6　设置段落格式

在 Word 中段落是文本基本的组成单位，每个段落的最后都会有一个“↵”标记，它表示一个段落的结束。简而言之，回车换行产生一段，即按一次 Enter 键就是表示要开始一个新的段落。

设置段落格式，是指设置整个段落的外观，包括段落缩进、段落对齐方式、行间距和段间距等。

1. 设置段落缩进

段落缩进：在 Word 中段落缩进是指调整文本与页面边界之间的距离。

段落缩进的操作包括：左缩进、右缩进、首行缩进、悬挂缩进。

2. 段落的对齐方式

段落对齐方式包括：左对齐、居中对齐、右对齐、两端对齐和分散对齐。

3. 段落间距和行距

段落间距：包括段前间距、段后间距。

行距：段落中行与行之间的距离，行距与字号相关，一般来说字号越大，行距越大。

5.1.7　设置项目符号和编号

为了方便阅读或让长文本结构更加明显、层次更加清晰，可以给文本添加项目符号、编码和设置多级列表。

1. 设置项目符号

(1) 选中需要设置项目符号的段落，单击“开始”选项卡“段落”分组中的项目符号按钮右侧的下三角按钮，在弹出的列表框中可以看到常用的一些项目符号，如图 5.6 所示，单击其中的项目符号，可以快速为文本设置项目符号。

(2) 也可以在该列表框中单击“定义新项目符号”选项，在弹出的“定义新项目符号”对话框中，如图 5.7 所示，有符号、图片和字体 3 种项目符号字符，可根据需要选择相应的项目符号样式。

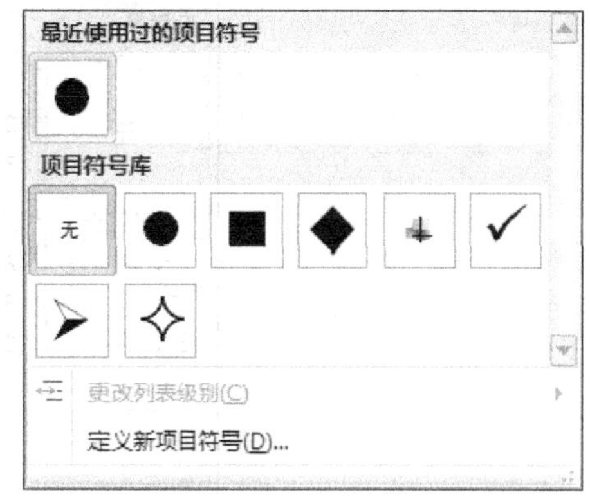

图 5.6　项目符号

下面以“图片”项目符号为例：单击“项目符号字符”栏中的“图片”按钮，在打开的“图片项目符号”对话框中选择需要的项目符号，如图 5.8 所示，再单击“确定”按钮，即可将项目符号添加到该列表框中，单击将其应用到文档中。

完成图片项目符号的选择后，单击“确定”按钮返回到“定义新项目符号”对话框中，在“预览”栏中可以预览到添加项目符号后的结果，如果觉得不满意还可以返回到“图片项目符号”对话框进行更改。

2. 设置编号

在文档中需要写多项条款或操作步骤时通常需要设置自动编号来避免重复的操作，设置自动编号的方法与添加项目符号类似，有以下两种：

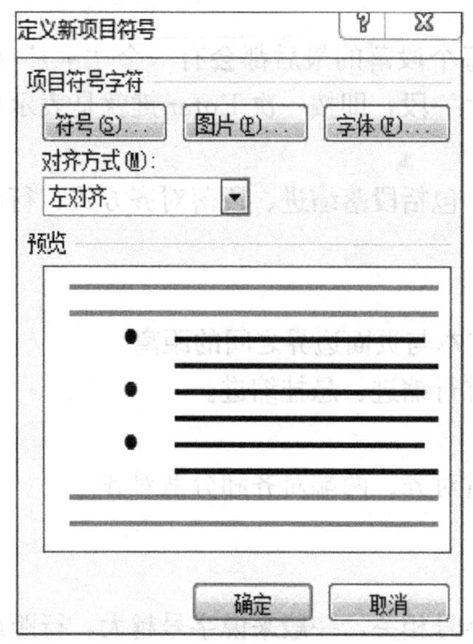

图 5.7 定义新项目符号

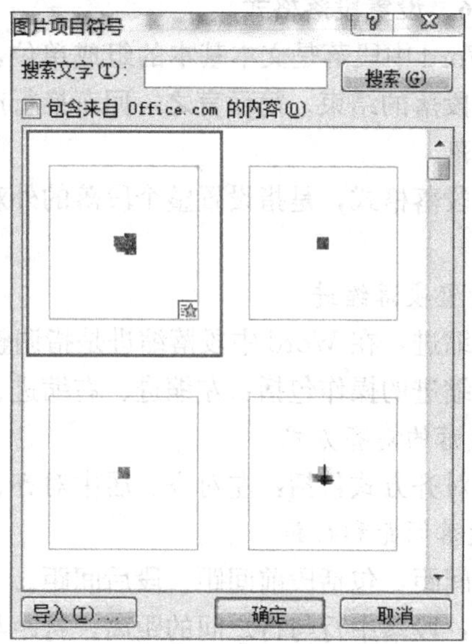

图 5.8 图片项目符号

(1) 选中需要自动编号的文本，单击“开始”选项卡“段落”分组中的编号按钮右侧的下三角按钮，在弹出的列表框中可以看到常用的一些编号，如图 5.9 所示，单击其中的编号，可以快速地为文本设置连续的编号。

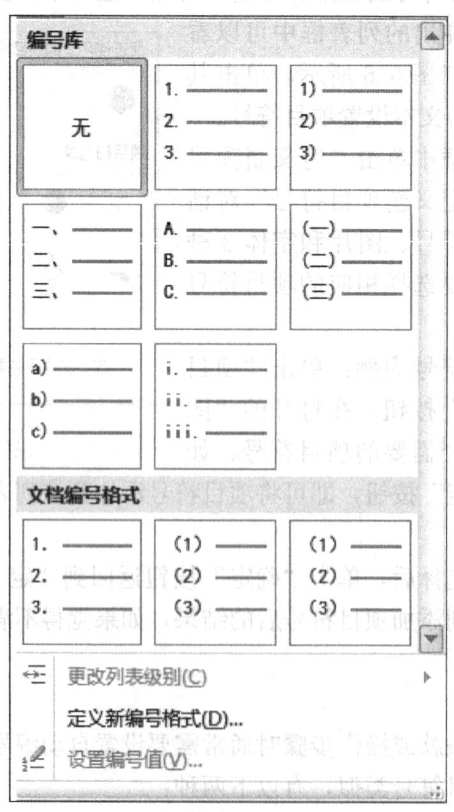

图 5.9 编号

（2）与项目符号一样，编号也有多种格式可供选择。选中需要自动编号的文本，单击“定义新编号格式”选项，弹出“定义新编号格式”对话框，在该对话框的“编号样式”下拉列表中提供多种编号的样式，可以根据不同的情况进行选择，如图 5.10 所示。

（3）在打开的“定义新编号格式”对话框中选择一种编号样式后单击“字体”按钮，在打开的“字体”对话框中可设置编号的字体格式。

3. 设置多级列表

使同多级列表在展示同级文档内容时还可以表示下一集文档内容。在文档中添加多级列表的方法也有以下两种：

（1）文本插入点定位在需要添加多级列表的开始位置，单击“开始”选项卡“段落”分组中的多级列表按钮，在弹出的列表中选择需要的样式。

（2）在输入文本时，按 Tab 或 Shift＋Tab 组合键可更改级别，然后选择需要设置的文本，单击多级列表按钮，在弹出的列表中选择系统提供的样式，或单击“定义新的多级列表”选项，在打开的“定义新的多级列表”对话框将自定义的多级列表样式添加到文本中。

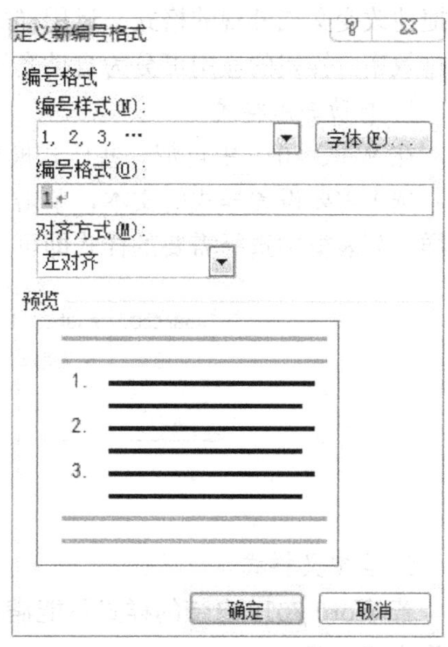

图 5.10　编号样式

5.1.8　粘贴与格式刷

粘贴（Ctrl＋V）功能通常与剪切（Ctrl＋X）、复制（Ctrl＋C）功能结合使用，作用是可以把选中的文本内容复制或剪切后移动到另一个位置或另一个文本中。使用方法如下：

（1）直接使用快捷组合键 Ctrl＋V。

（2）单击鼠标右键后选择粘贴类型，主要有：

1）保留源格式：粘贴的内容将保留原内容的相关格式设置。

2）合并格式：粘贴的内容所具有的格式将被粘贴位置处的文字格式所合并。

3）只保留文本：粘贴所复制的文字并清除原复制文字的所有格式。

格式刷是 Word 中一种非常有用的工具。文本中通常需要对指定的段落或文本进行相同格式的设置，但又不想反复执行同样的格式化操作，用格式刷工具，可以快速将指定段落或文本的格式沿用到其他段落或文本上，让用户免受重复设置之苦。使用方法如下：

1. 复制一次格式

（1）选择带格式的文本（该文本的所有格式可以通过格式刷工具运用到其他文本上）。

（2）选择“开始”选项卡“剪贴板”分组，单击格式刷图标，将鼠标定位到需要应用格式的文本处拖动格式刷光标，光标经过之处就会应用指定的格式，放开鼠标，格式刷光标自动取消。

2. 多次复制格式

多次复制格式的操作方法和复制一次格式的操作方法类似。只是在上述第（2）步操作中将单击格式刷图标变成双击格式刷图标，若要取消格式刷功能，则再次单击格式刷图标或按 Esc 键即可。

5.1.9　样式应用

样式就是应用于文档中的具有文本、表格和列表的一套已有格式特征且能让用户方便、快捷地改变文档外观的格式。运用样式，可快速地为文本对象设置统一的格式，提高文档的编排效率，样式的应用可分为自动套用样式和自定义样式。

1. 自动套用样式

在 Word 2019 中自带一些样式模板，可将其应用于被编辑的文档中，其操作步骤如下：

选中需要设置样式的文本，单击“开始”选项卡的“样式”分组中的相应按钮，在打开的样式列表框中选择需要的样式即可，如图 5.11 所示。

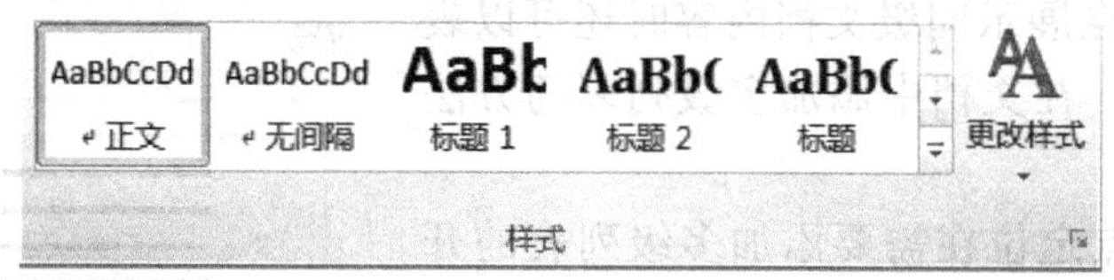

图 5.11　样式模板

2. 自定义样式

若 Word 2019 自带的样式不能满足要求，可根据自己的需要进行重新定义新样式，其操作步骤如下：

(1) 单击“开始”选项卡的“样式”分组中右下角的按钮，打开“样式”任务窗格，如图 5.12 所示。

(2) 单击“样式”任务窗格中右下角的“新建样式”按钮，弹出如图 5.13 所示的“根据格式设置创建新样式”对话框，可以为新建样式设置字体、字号、对齐方式等格式。

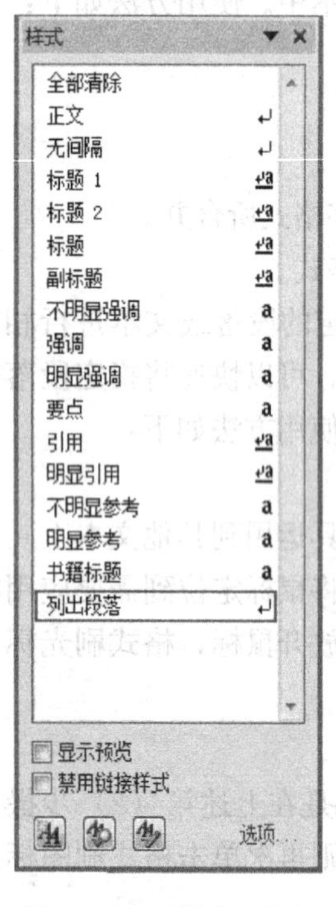

图 5.12　“样式”任务

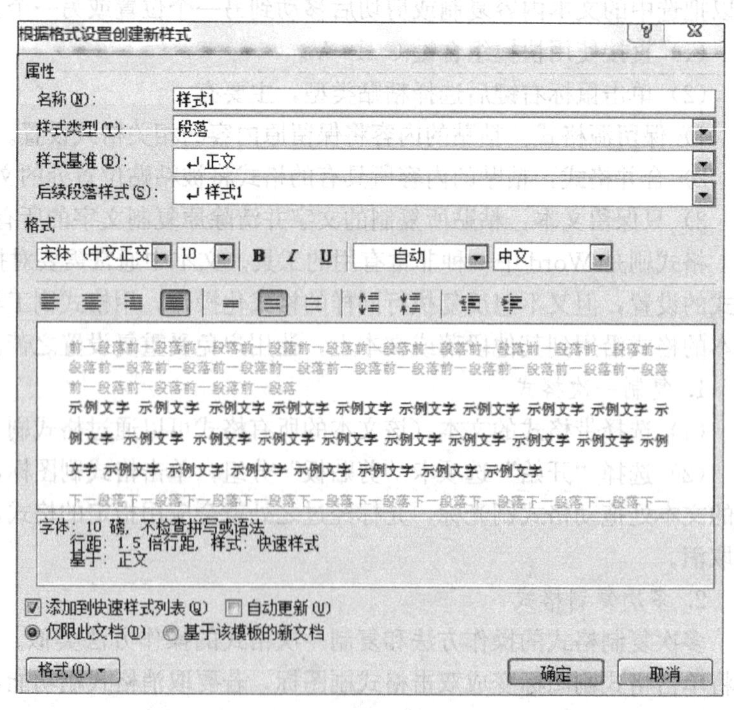

图 5.13　“根据格式设置创建新样式”对话框

(3) 如果需要修改样式，可选中需要修改的“样式”，从下三角按钮中选择“修改”，弹出如图 5.14 所示的“修改样式”对话框，为该样式做进一步设置或修改。

(4) 如果对某样式不满意，可选中该样式，从下三角按钮中将其删除，如图 5.14 所示。

3. 样式或格式的清除

对于已经应用了样式或已经设置了格式的文档，可以随时将其样式或格式清除。先选中需要清除样式或格式的文本或段落，然后在如图 5.15 所示中选择“清除格式”按钮即可清除其样式或格式。

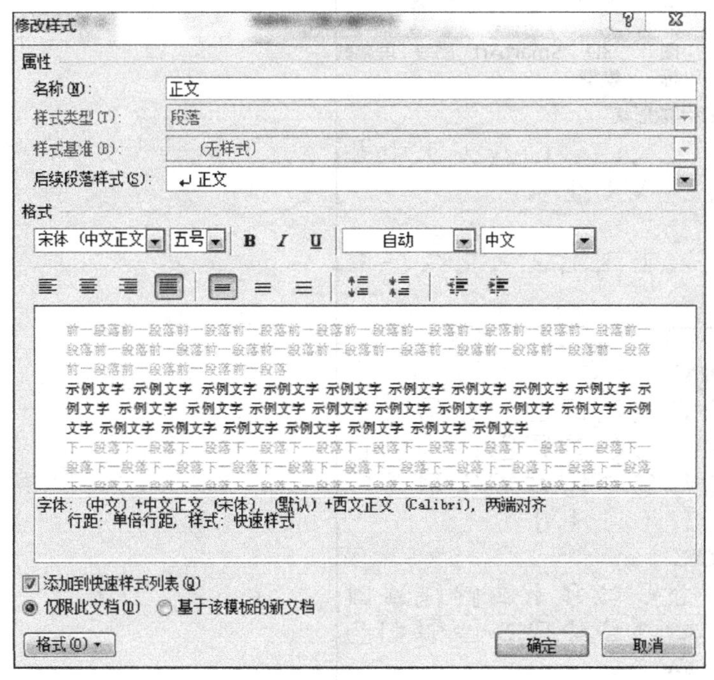

图 5.14 “修改样式”对话框

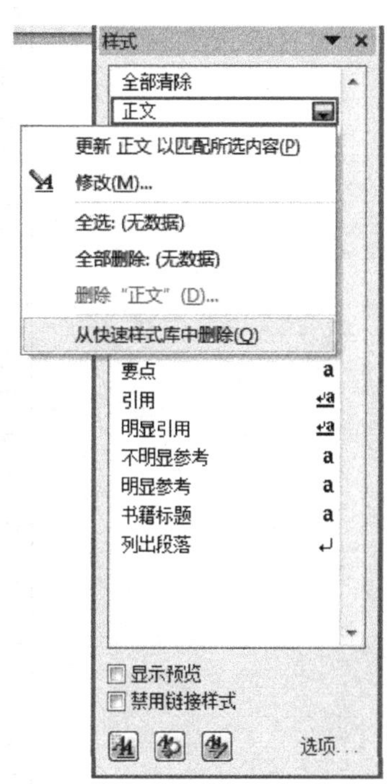

图 5.15 “样式”下拉列表

5.2 插 入 对 象

为了能够使 Word 中的文本内容更具有表现力，表述其作用和目的时能更直观，通常需要在文本中插入相关的图片、图标、3D 模型和各种形状等对象。Word 2019 较以往版本丰富了插入对象功能，使图文修饰功能更加强大。

5.2.1 图片

在制作文本时想要达到图文并茂，少不了要运用图片。在 Word 2019 中可以插入各种各样的图片。具体操作如下：

(1) 将图片插入点定位在文本中需要插入图片的合适位置。

(2) 单击“插入”选项卡“插图”选项组中的“图片”按钮，在弹出的“插入图片”对话框中找到需要插入的图片，单击“插入”按钮即可将图片插入到文本中。

(3) 同时插入多张图片。若插入不连续图片，在进入“插入图片”对话框后，可以按住

Ctrl 键的同时用鼠标逐个单击要插入的不连续图片；若插入多张图片，可以按住 Shift 键的同时用鼠标单击要插入连续图片的首尾两张图片，最后单击“插入”按钮即可把选中的图片一次性插入到文本中。

5.2.2 形状

在 Word 中除了可以插入图片外，还可以绘制各种图形。单击“插入”选项卡“插图”分组中的“形状”按钮，在弹出的下拉列表中选择需要的形状，在文本中用鼠标拖动光标绘制即可，如图 5.16 所示。

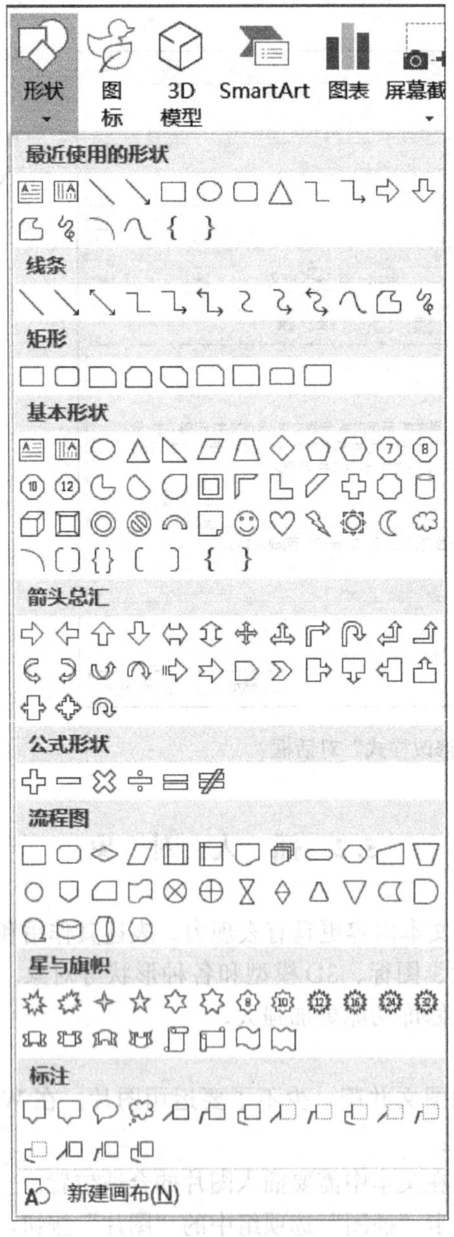

图 5.16 形状

（1）绘制正圆或正方形：单击“形状”按钮，在下拉列表中选择“椭圆”或“矩形”后按住 Shift 键的同时拖动光标绘制。

（2）绘制 45° 整数倍的角度：选择“直线”后按住 Shift 键的同时拖动光标绘制。

5.2.3　文本框

文本框是一种特殊的图形对象，它可以被置入页面中的任何位置，因此利用文本框可以设计出较为复杂的文本版式，在文本框中可以完成输入文本、插入图片等操作。添加文本框的具体操作如下：

在“插入”选项卡“文本”分组中，单击“文本框”按钮，弹出文本框下拉列表，如图 5.17 所示。

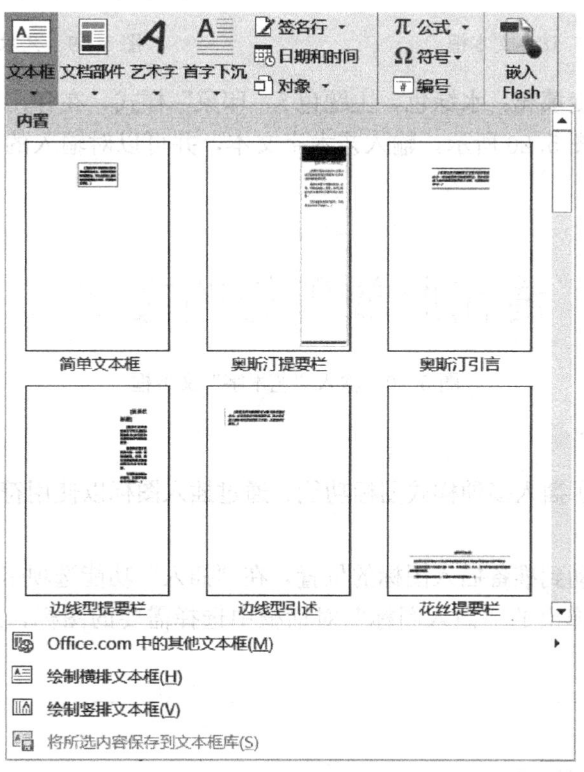

图 5.17　绘制文本框

在弹出的列表中，可根据需要选择相应的选项。例如，执行“简单文本框”命令，在插入点位置即可快速插入文本框，如图 5.18 所示。

5.2.4　艺术字

为 Word 文本添加生动的艺术字，可以让文本具有特殊的视觉效果，具体操作步骤如下：

（1）将插入点光标移动到准备插入艺术字的位置，在“插入”功能选项卡中，单击“文本”分组中的“艺术字”按钮，并在弹出的艺术字预设样式面板中选择合适的艺术字样式，如图 5.19 所示。

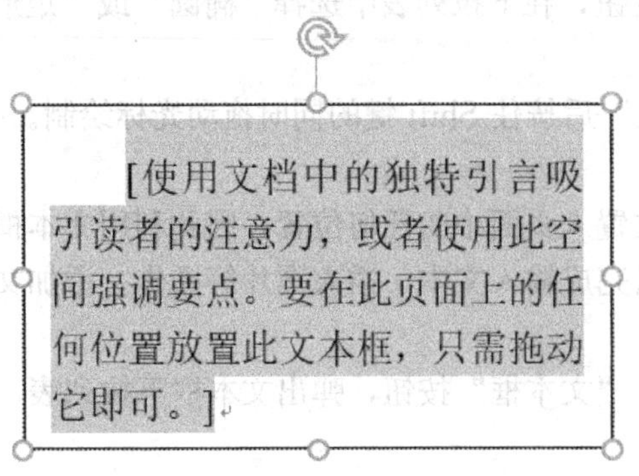

图 5.18 文本框

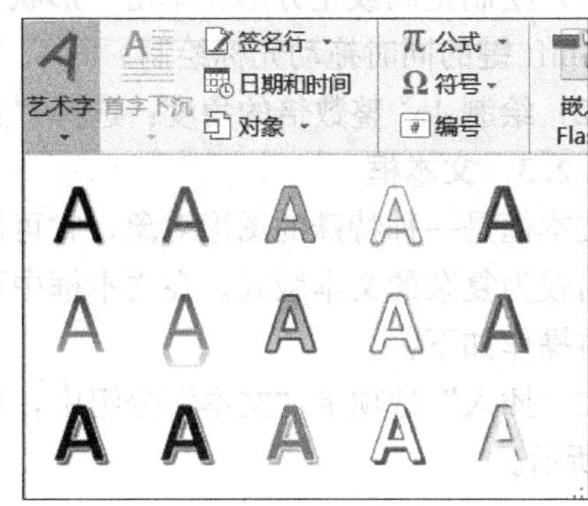

图 5.19 艺术字样式库

（2）如选择“渐变填充：水绿色，主题色 5，印象”样式，在弹出的“请在此放置您的文字”文本框中，如图 5.20 所示，输入艺术字文本，并可以对输入的艺术字分别设置字体和字号。

图 5.20 输入“艺术字”文本框

5.2.5 图标

Word 2019 提供了插入多种样式图标功能，通过插入图标以使用符号直观地表达要传达的信息。

将插入点光标移动到准备插入图标的位置，在“插入”功能选项卡中“插图”分组中单击“图标”按钮，在弹出的“插入图标”对话框中选择需要的图标，最后单击“插入”即可，如图 5.21 所示。

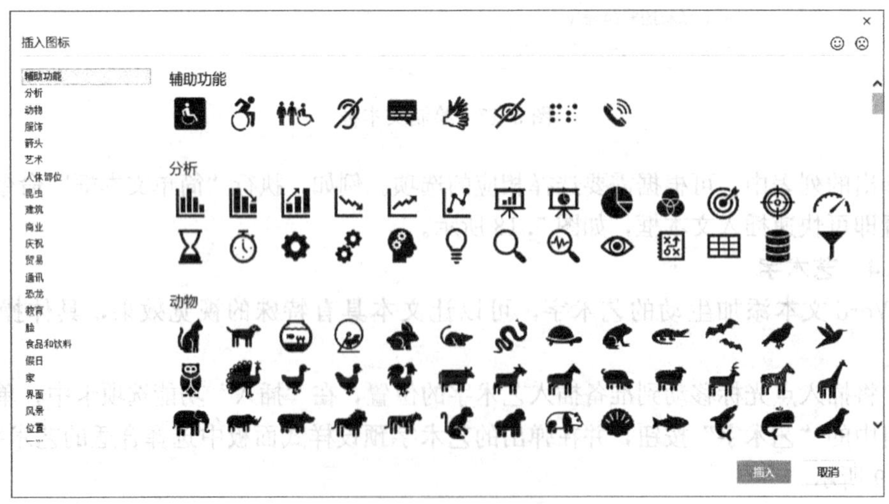

图 5.21 插入图标

5.2.6　3D 模型

Office 2019 包含了一个强大的新功能就是插入“3D 模型”，目前 Office 系列所支持的 3D 格式为 fbx、obj、3mf、ply、stl、glb 几种，在插入“3D 模型”后，可以搭配鼠标拖曳来改变它所呈现的大小与角度。

将插入点光标移动到准备插入图标的位置，在“插入”功能选项卡中“插图”分组中单击“3D 模型”按钮，在弹出的“插入 3D 模型”对话框中选择本地电脑中已有的 3D 模型文件，最后单击“插入”即可，如图 5.22 所示。

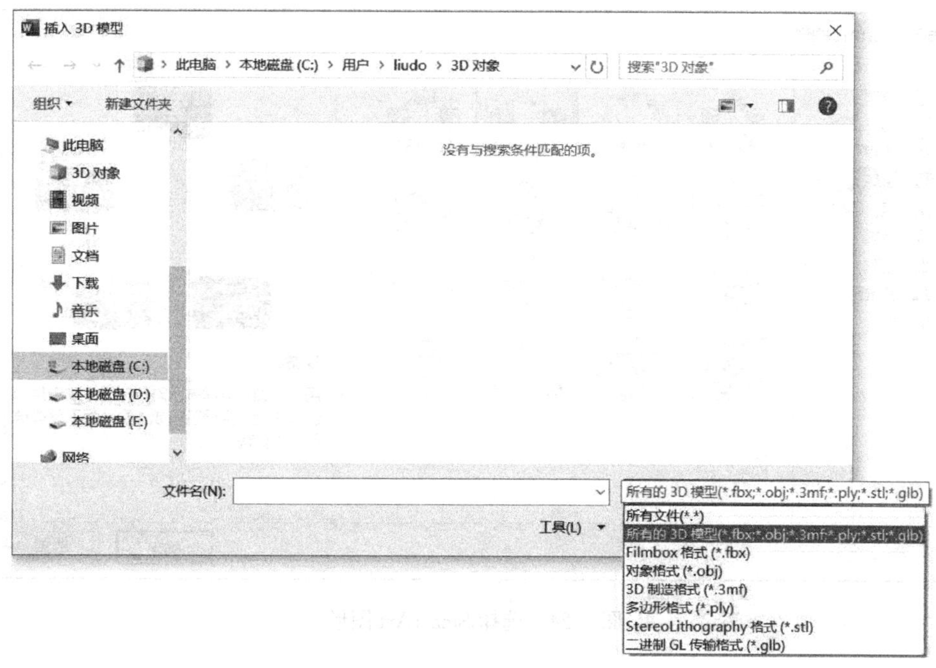

图 5.22　插入 3D 模型

5.2.7　屏幕截图

Word 2019 提供的“屏幕截图”功能可以方便地将已经打开并且未处于最小化状态的窗口截图插入到当前的 Word 文本中。在文本中插入屏幕截图的步骤如下：

（1）首先要将准备插入到文本中的窗口设置为非最小化状态，然后在“插入”选项卡“插图”分组中单击“屏幕截图”按钮，弹出“可用的视窗”面板。Word 2019 将显示智能监测到的可用窗口，单击需要插入的截图窗口即可，如图 5.23 所示。

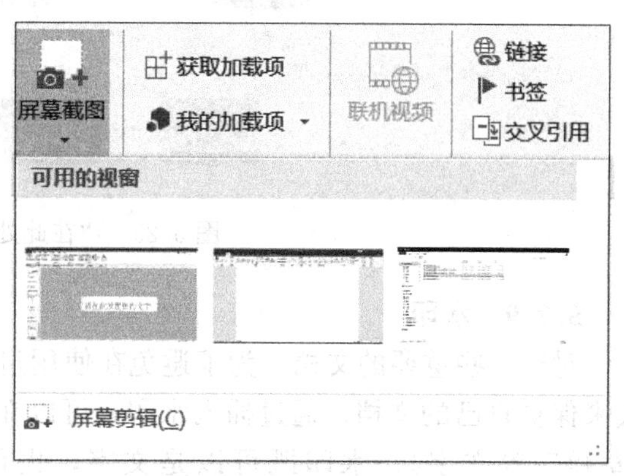

图 5.23　屏幕截图

（2）单击“屏幕截图”按钮后也可在弹出的列表中选择“屏幕剪辑”选项，即可进入截屏界面，在屏幕任何部分拖曳鼠标进行屏幕剪辑，释放鼠标后，即可完成屏幕截图操作。

5.2.8 SmartArt

SmartArt 图形是信息和观点的视觉表示形式。Word 2019 提供了形式多样的 SmartArt 图形模板，可以轻松制作出精美的业务流程图，能够快速、轻松、有效地传达信息。插入 SmartArt 图形和插入文本框的方法类似，具体操作步骤如下：

(1) 单击“插入”选项卡“插图”分组中 SmartArt 按钮，在弹出的对话框中可根据不同类别选择需要的 SmartArt 图形，例如选择“循环”类别中的“块循环”，再单击“确定”按钮，便可在文本中插入块循环图模型，如图 5.24 所示。

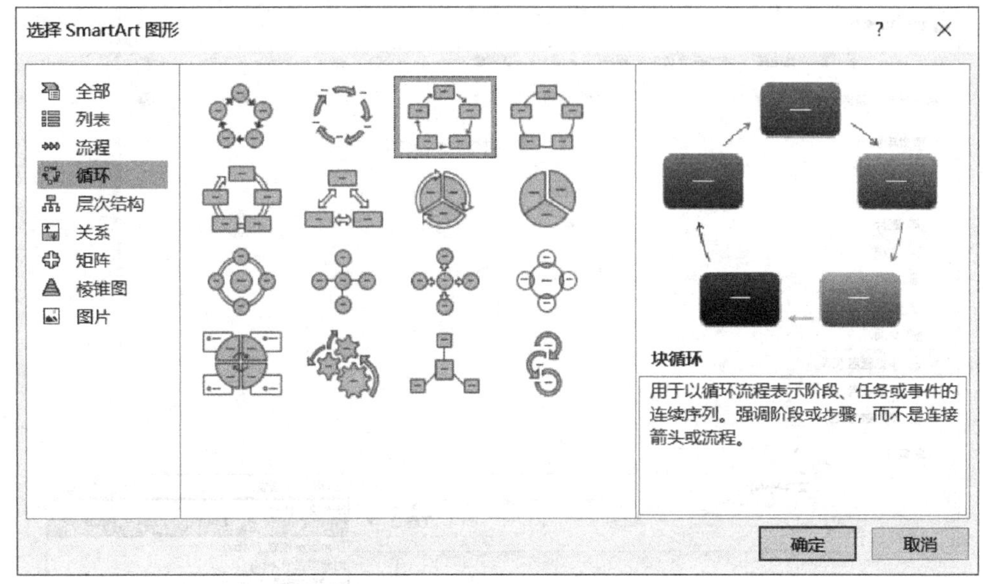

图 5.24 选择 SmartArt 图形

(2) 激活“在此处键入文字”窗格，如图 5.25 所示，在对应的“文本”中输入内容。

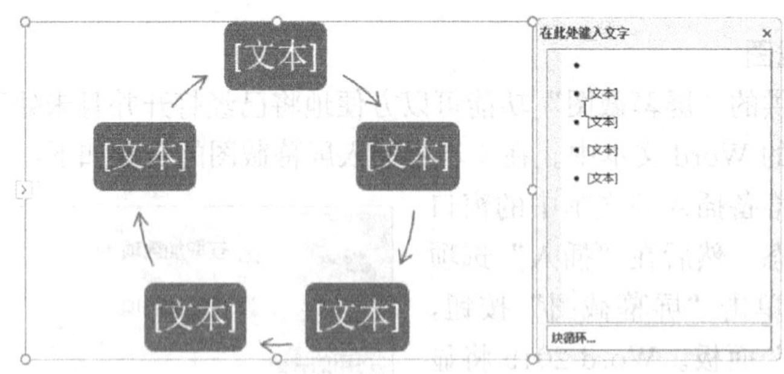

图 5.25 “在此处键入文字”窗格

5.2.9 水印

对于一些重要的文档，为了避免在使用过程中不经意地泄漏，可以通过添加水印的方式来保护自己的文档。通过插入水印，可以在文档背景中显示半透明的标识（如“机密”“草稿”等文字)。水印既可以是文字，也可以是图片，Word 2019 内置有多种水印样式。

5.2.9.1　插入水印

在“设计”选项卡分组中单击“水印”按钮，并在打开的水印列表中选择合适的水印即可，如图 5.26 所示。

图 5.26　插入水印

5.2.9.2　自定义水印

在水印列表中选择“自定义水印”，弹出“水印”对话框，如图 5.27 所示，可根据需要设置“图片水印”或“文字水印”，并可设置“冲蚀”或“半透明”效果，如图 5.27 所示。

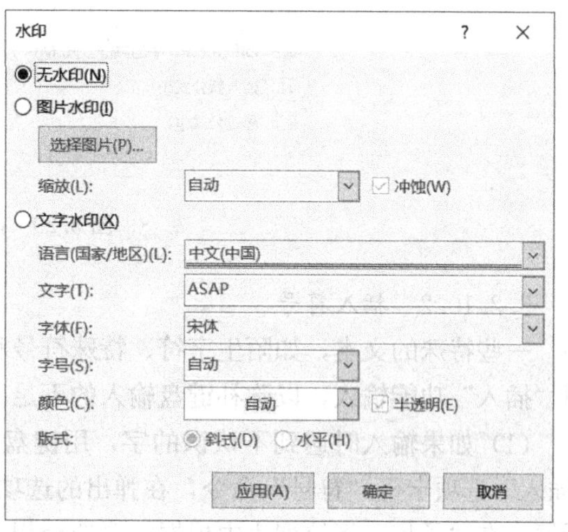

图 5.27　自定义水印

5.2.9.3　删除水印

设置水印后，如果想删除已经插入的水印，可在“水印”下拉列表中选择“删除水印”，则已插入的水印便可删除掉。

5.2.10　公式和符号

5.2.10.1　插入公式

插入公式可以插入普通的数学公式，也可以使用数学符号库构建自己的公式。单击“插入”选项卡中的“公式”按钮，在“设计”选项卡下会出现各种各样的公式工具，如图 5.28 所示。

除使用常用公式按钮外，选择“公式”选项，在弹出的下拉列表下有很多系统内置公式

图 5.28 公式设计

模式，如图 5.29 所示。选中相应的模式即可插入到文档中并可根据需要自行修改。

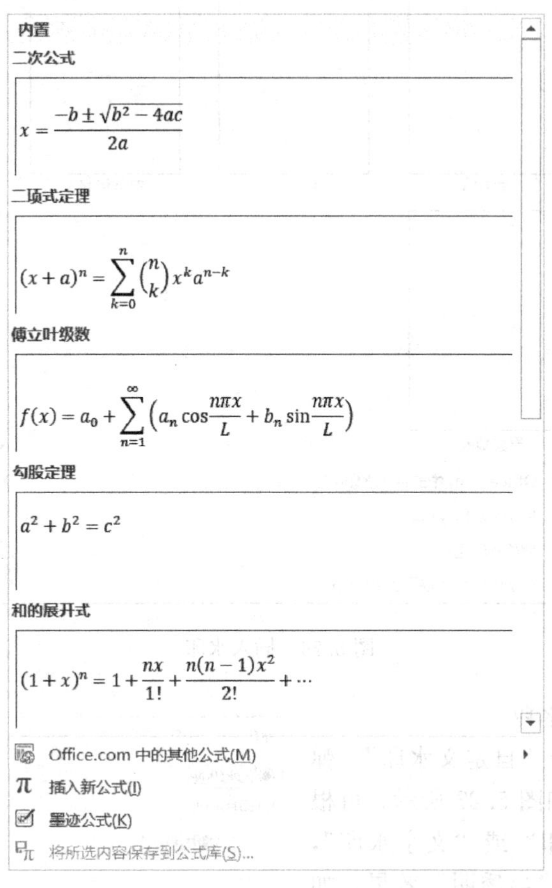

图 5.29 内置公式

5.2.10.2 插入符号

一些特殊的文本，如陌生字符、特殊符号和编号等，有些用键盘直接输入不了，则可使用“插入”功能输入，以弥补键盘输入的不足。

(1) 如果输入时遇到不认识的字，用键盘或某一中文输入法都无法输入时，可以执行“插入”选项卡下“符号”命令，在弹出的选项中单击“其他符号”按钮，弹出“符号”对话框，在“子集”下拉列表中根据需要选择相应的选项，如图 5.30 和图 5.31 所示的“其他符号”和“CJK 统一汉字”选项。在显示的列表中，根据需要选择要输入的字符后，单击“插入”按钮即可将其输入到文档中。

(2) 与上述相同的方法，可实现特殊符号输入。打开“符号”对话框中的“特殊字符”选项，如图 5.32 所示，在下方的列表中选择相应的符号插入即可。

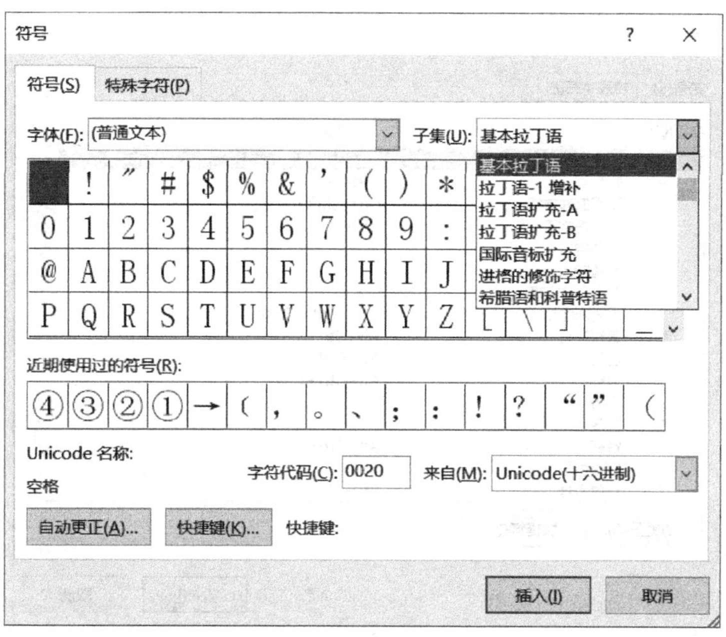

图 5.30　其他符号

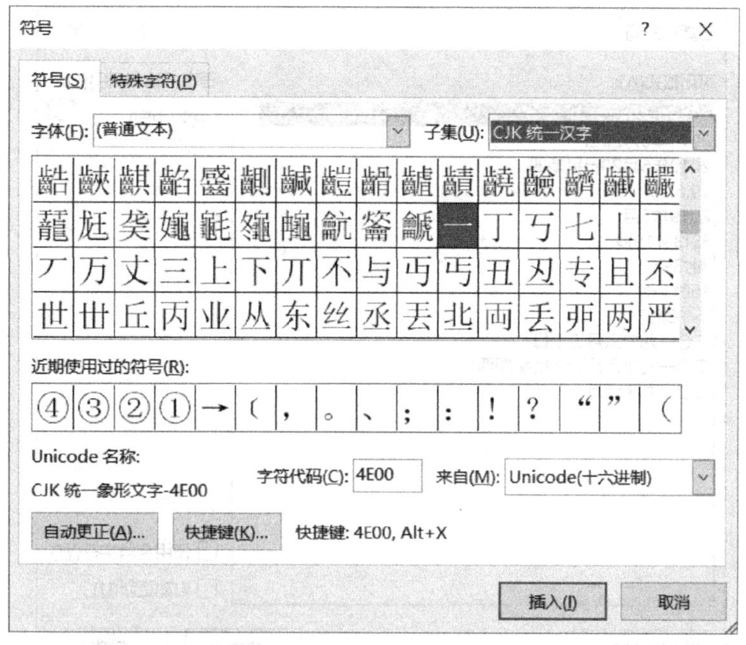

图 5.31　CJK 统一汉字

5.2.11　日期与时间

（1）在文档中单击要插入日期的位置，在“插入”选项卡下单击“日期和时间”按钮。

（2）在弹出的对话框中，设置“语言（国家/地区）”为“中文（中国）”，在“可用格示”列表框中双击要选择的格式，如图 5.33 所示。

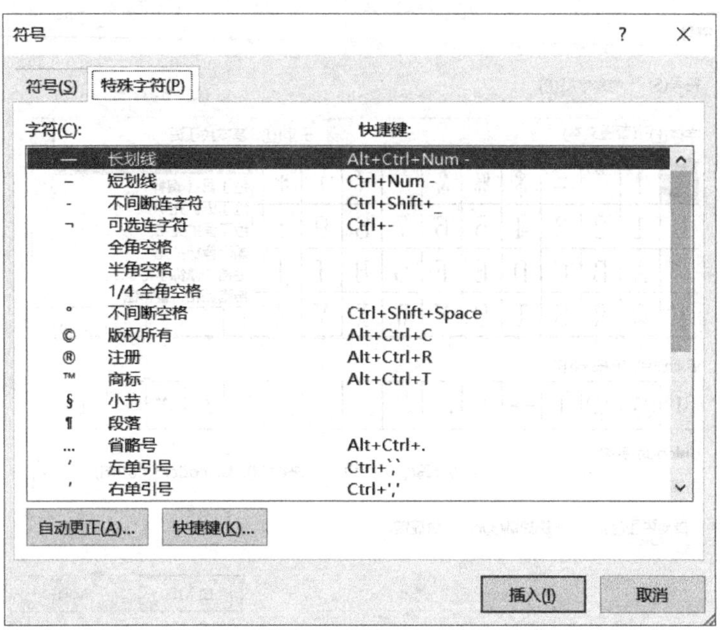

图 5.32 特殊符号

图 5.33 “日期和时间”对话框

使用 Alt+Shift+D 组合键，可快捷插入当前日期；使用 Alt+Shift+T 组合键，可快速插入当前时间。

5.3　表格与图表

编辑文本时，常常需要输入许多数据，为了便于管理这些数据，更加清晰地表现数据，可以在 Word 文本中插入表格和图表，适当运用表格和图表来丰富文本的内容。

5.3.1　创建表格

5.3.1.1　自动插入表格

方法一：单击“插入”选项卡中的“表格”按钮，在弹出的“插入表格”菜单中直接选择行数和列数快速插入表格，如图 5.34 所示。

方法二：在“表格”下拉列表中执行“插入表格”命令，在弹出的“插入表格”对话框中输入需要的列数、行数等信息，可根据需要定制表格，如图 5.35 所示。

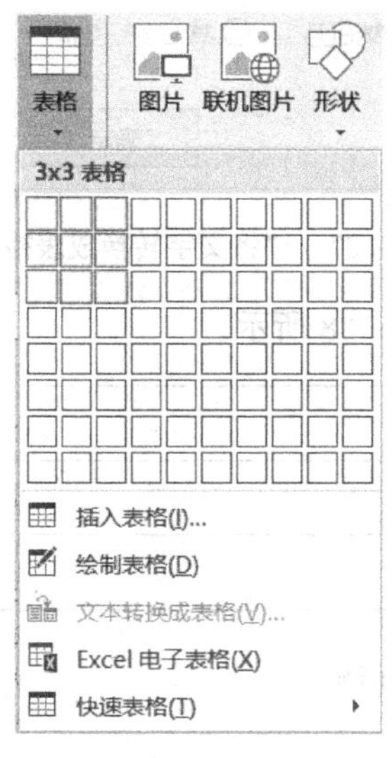

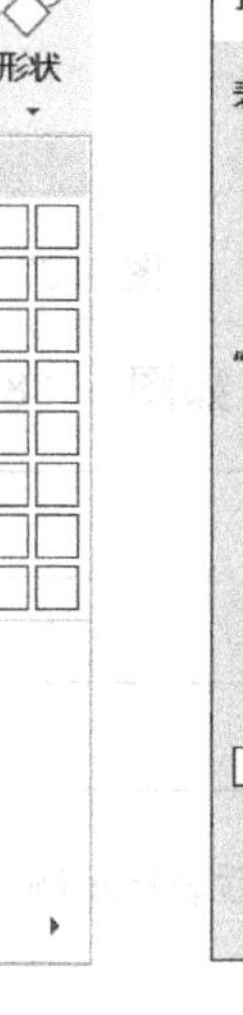

图 5.34　自动插入表格

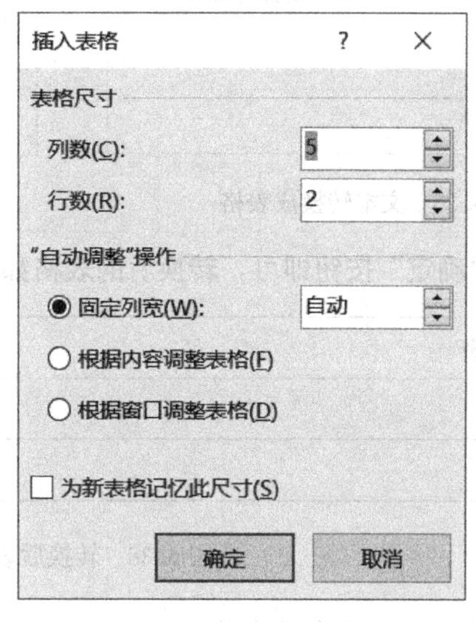

图 5.35　“插入表格”对话框

5.3.1.2　绘制表格

自动插入的表格只能插入一些规则的表格，对于一些有不规则列数的表格，可以通过手动绘制表格的方法来实现。

单击“插入”选项卡中“表格”按钮，在弹出的下拉列表中执行“绘制表格”命令，在文本中拖动鼠标即可绘制出表格边框。

5.3.1.3　将列表式内容转换成表格

(1) 先拖动鼠标在文本中选中要转换的文字，之后单击“插入”选项卡中“表格”按钮，在弹出的下拉列表中执行“文本转换成表格”命令，如图 5.36 所示。

(2) 在弹出的“将文字转换成表格”对话框，表格尺寸选项中“列数”和“行数”中的数字自动识别，在“自动调整操作”选项区域中可设置固定列宽或根据内容、窗口调整表格，在“文字分隔位置”选项区域中可选择“段落标记”“制表符”“逗号”“空格”或自定义其他字符来作为分隔符，在本例中选择“段落标记”，如图 5.37 所示。

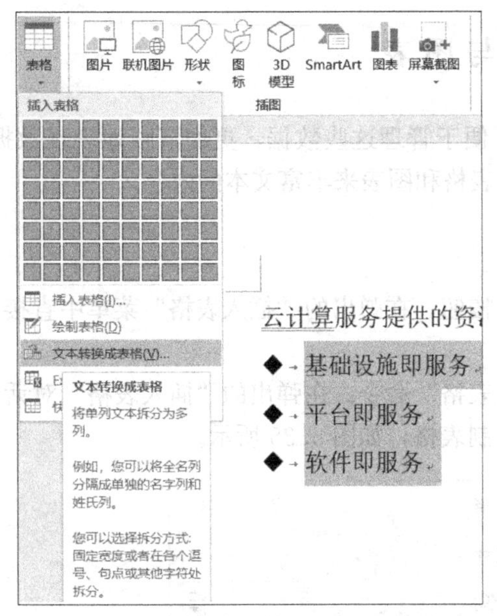

图 5.36 文本转换成表格

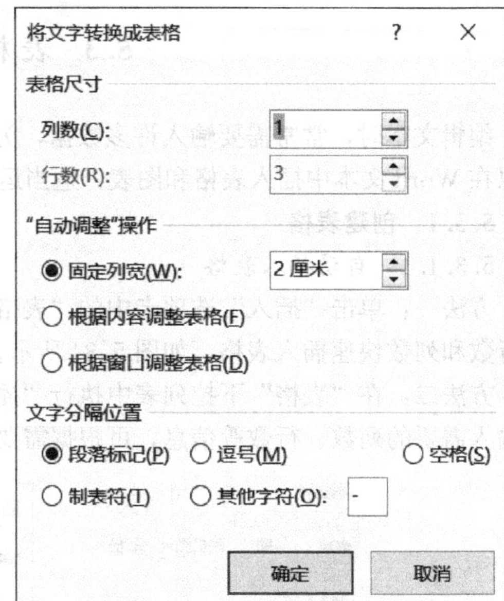

图 5.37 "将文字转换成表格"对话框

(3) 单击"确定"按钮即可，转换后的表格如图 5.38 所示。

◆基础设施即服务
◆平台即服务
◆软件即服务

图 5.38 转换后表格示例

5.3.1.4 插入 Excel 电子表格

在 Word 中还可以插入一张拥有数据处理功能的 Excel 电子表格，从而间接增强 Word 的数据处理能力。

1. 新建 Excel 电子表格

在"插入"选项卡"表格"下拉列表中选择"Excel 电子表格"命令，可新建一个 Excel 电子表格。

2. 插入已有的 Excel 文档

在"插入"选项卡"文本"分组中，单击"对象"按钮，在下拉列表中选择"对象"选项，弹出"对象"对话框，在"由文件创建"中，单击"浏览"按钮，在弹出的"浏览"对话框中根据路径选择已有的 Excel 电子表格即可，如图 5.39 所示。

5.3.2 选择表格元素

表格是由行和列组成的，行和列相互交叉形成的一个个格子称为"单元格"，单元格是构成表格最基础的组成元素。鼠标指针在表格中的位置不同，其显示的形态和功能则不同，选择的表格元素也不同。表格的鼠标指针见表 5.3。

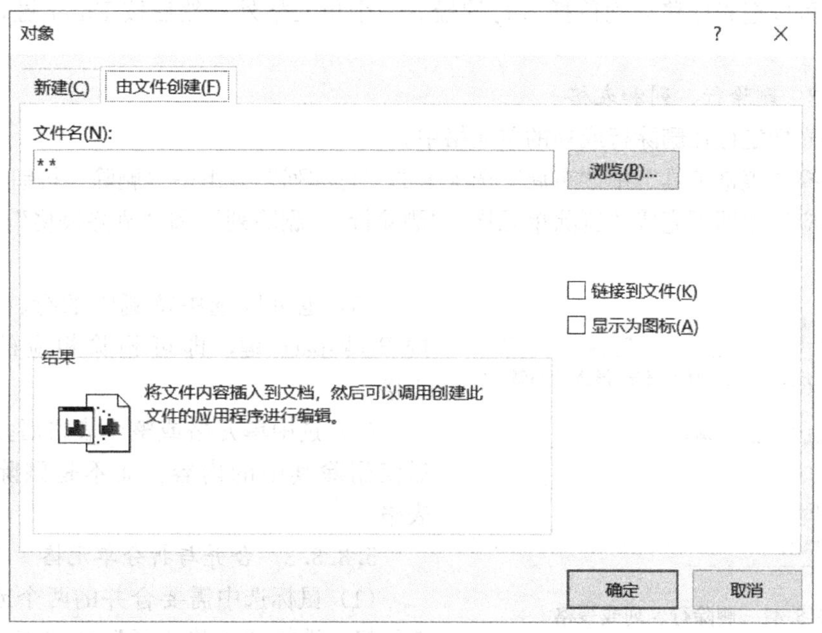

图 5.39　插入 Excel 对象

表 5.3　　表格的鼠标指针

光标形状	位置	用途	光标形状	位置	用途
	表格外侧左上角	选择整张表格		单元格左侧线内部	选择单元格
	表格外左侧线外	选择整行		当前列顶部的横线外	选择整行
	当前列右侧列线上	改变列宽		当前行底部行线上	改变行高

5.3.3　调整表格结构

表格由行和列构成，可以通过插入行和列、删除行和列、调整行高和列宽、合并和拆分单元格等操作来调整表格的结构。

5.3.3.1　插入行、列

(1) 将光标定位在插入行或列的单元格中。

(2) 选择“表格工具”中“布局”选项卡的“行和列”分组，单击相应按钮即可“在上方插入”或“在下方插入”插入新行，“在左侧插入”或“在右侧插入”插入新列，如图 5.40 所示。

图 5.40　插入行或列

(3) 也可以把光标移动到待插入行的最后一个单元格外，然后按 Enter 键，即可插入一行。

5.3.3.2 删除行、列和表格

(1) 将光标定位在删除行或列的单元格中。

(2) 选择“表格工具”中“布局”选项卡的“行和列”分组中“删除”按钮，从下拉菜单中单击相应按钮即可完成“删除单元格”“删除行”“删除列”和“删除表格”，如图 5.41 所示。

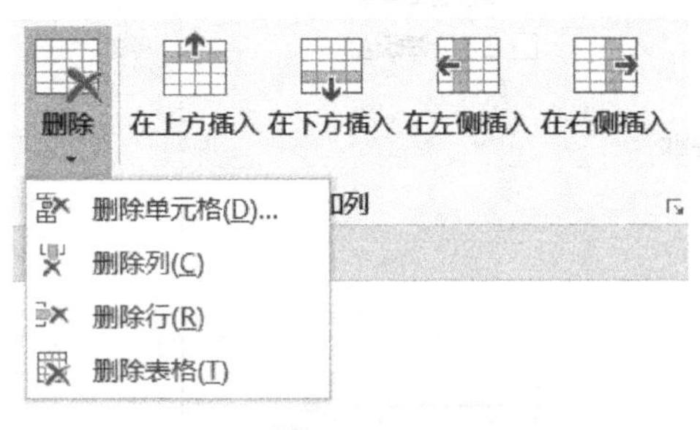

图 5.41 删除行、列或表格

(3) 也可以选中待删除的行、列或表格，按 Backspace 键，即可删除相应的行、列或表格。

(4) 选中单元格或整个表格后按 Delete 键后仅删除其中的内容，而不是删除单元格或表格。

5.3.3.3 合并与拆分单元格

(1) 鼠标选中需要合并的两个或两个以上单元格，选择“表格工具”中“布局”选项卡“合并”分组中“合并单元格”按钮，多个单元格即可合并成一个单元格，如图 5.42 所示。

(2) 将光标定位在拆分的单元格，选择“表格工具”中“布局”选项卡“合并”分组中“拆分单元格”按钮，根据需要在弹出的“拆分单元格”对话框里输入需要拆分的“列数”和“行数”，最后单击“确定”按钮完成单元格拆分，如图 5.43 所示。

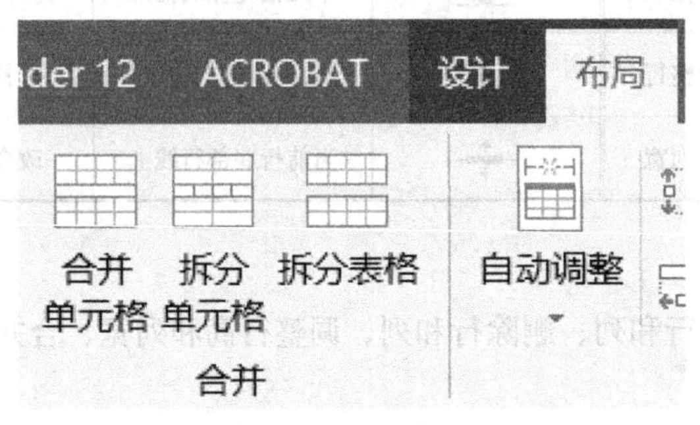

图 5.42 合并单元格

图 5.43 拆分单元格

(3) 将光标定位在拆分的表格中，选择“表格工具”中“布局”选项卡“合并”分组中“拆分表格”按钮可以将一个表格拆分成两个表格。

5.3.4 在表格中输入内容

在表格中可以插入文字、图片、表格等内容。将光标定位在要输入内容的单元格中：

(1) 直接在光标处输入需要的汉字、字母、符号等内容即可。

(2) 光标定位后，单击“插入”选项卡中“插图”分组中图片、形状、图标按钮，即可插入对应的内容。

(3) 光标定位后，单击“插入”选项卡中“表格”下拉中插入表格，即可在单元格中嵌入表格。

（4）光标定位后，按照 Word 文本插入公式、日期、特殊符号等操作，即可在表格中输入相应的内容。

5.3.5　设置表格位置

（1）单击表格任意单元格。

（2）单击“布局”选项下的属性按钮，在弹出的“表格属性”对话框中单击“表格”选项卡，根据需要在“对齐方式”和“文字环绕”选项区域中选择相应对齐方式和环绕方式即可，如图 5.44 所示。

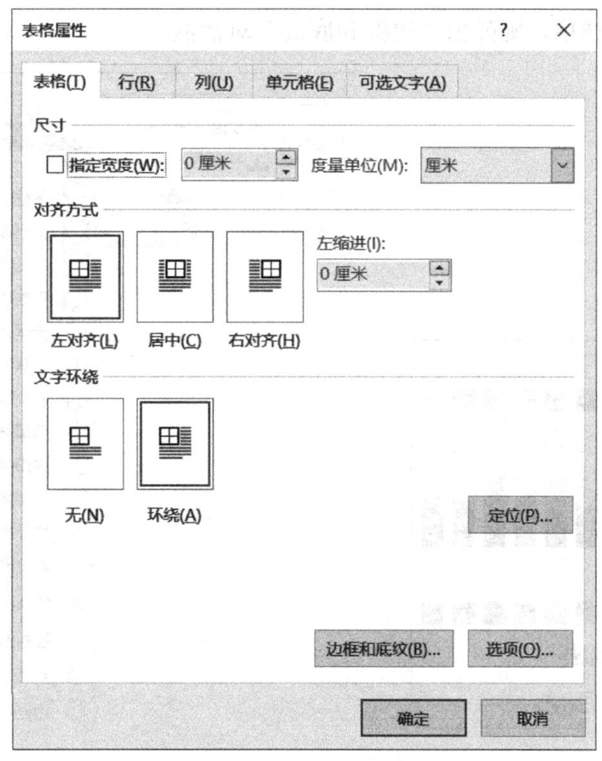

图 5.44　“表格属性”对话框

5.3.6　表格美化

1. 自动套用格式

（1）单击任意单元格。

（2）选择“设计”选项卡“表格样式”分组列表中的样式，可以实时预览实际效果，确定使用哪种样式后单击改样式即可，还可以根据需要单击“ ”其他按钮，在更多的表格样式列表中选择合适的样式，如图 5.45 所示。

2. 设置边框和底纹

（1）单击任意单元格。

（2）选择“设计”选项卡“表格样式”分组中“底纹”按钮，在底纹下拉列表中的主题颜色里选择颜色，如图 5.46 所示。

（3）选择“边框”按钮，在边框下拉菜单中选择相应的边框线，如图 5.47 所示；如果

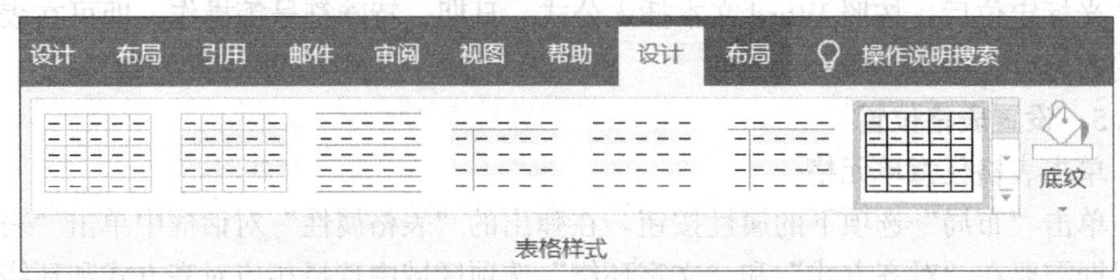

图 5.45　表格样式

选择“边框和底纹”选项，则弹出“边框和底纹”对话框。

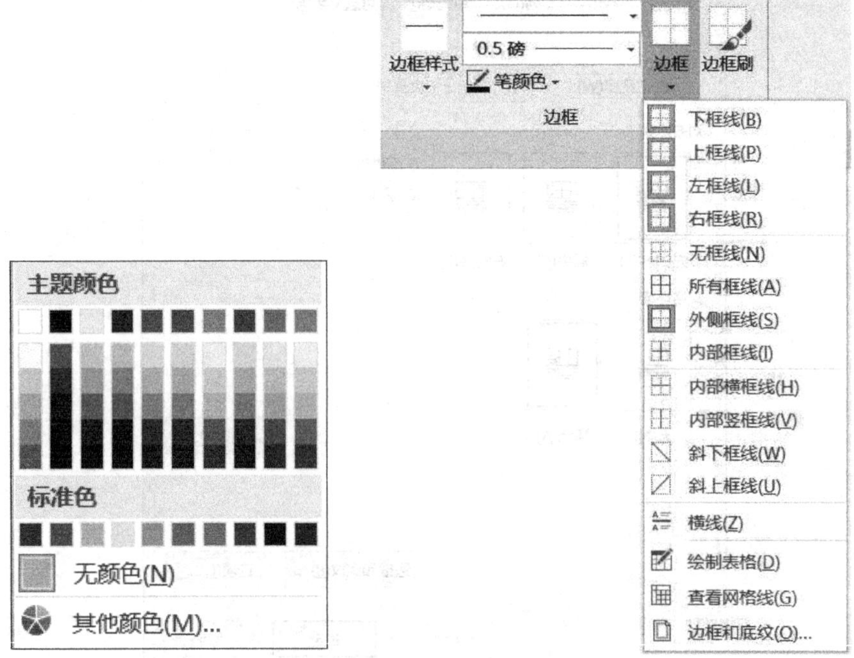

图 5.46　底纹主题颜色　　　　图 5.47　边框

5.3.7　图表的创建与设置

图表是一种用图像比例表现数据的图形，使用图表可以比表格更直观地反映数值间的对应关系。添加图标的具体操作如下：

（1）将文本插入点定位在需要插入图表的位置。

（2）单击“插入”选项卡中的“图表”按钮，弹出“插入图表”对话框，如图 5.48 所示。

（3）选择需要的图表类型，单击“确定”按钮，会自动在文档中插入图表，并出现相对应的数据表，如图 5.49 所示，在该表中的每个单元格中输入图表的数据，即可得到需要的图表。

（4）当选中图表时，菜单中出现“图表工具”的“设计”选项卡，可在该选项卡中对图表做进一步设置或更改，如图 5.50 所示。

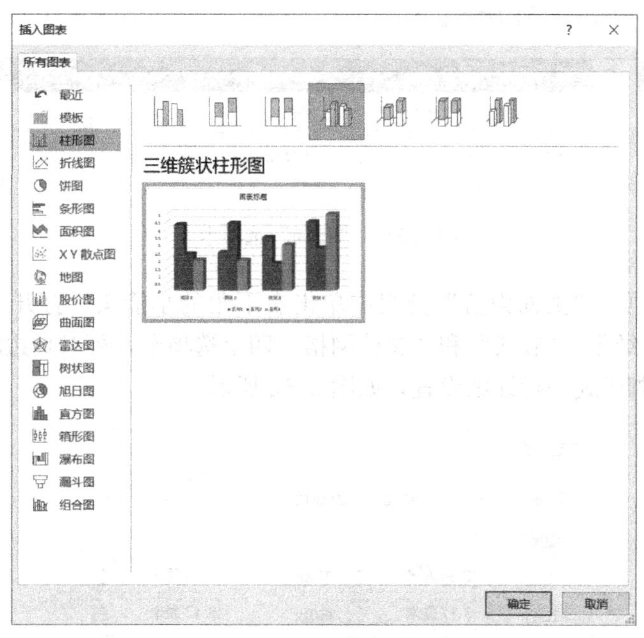

图 5.48　“插入图表”对话框

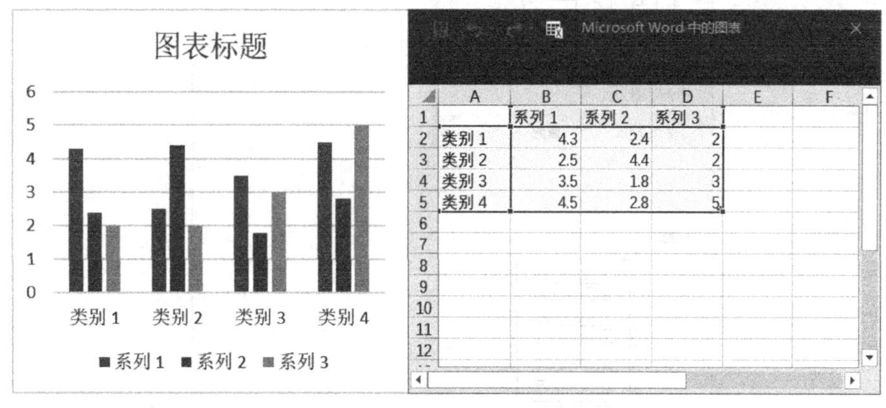

图 5.49　数据图表示例

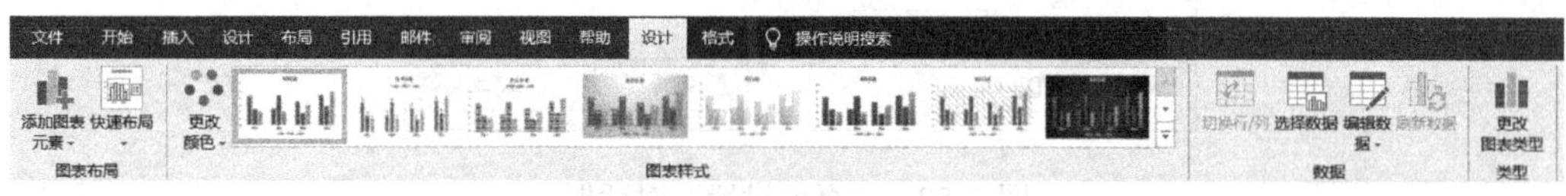

图 5.50　图表设计

5.4　版式应用与布局

5.4.1　页面设置

文档编辑前或编辑后，免不了要对文档进行页面设置，可在“布局”选项卡中选择相应按钮进行相关设置，如图 5.51 所示。

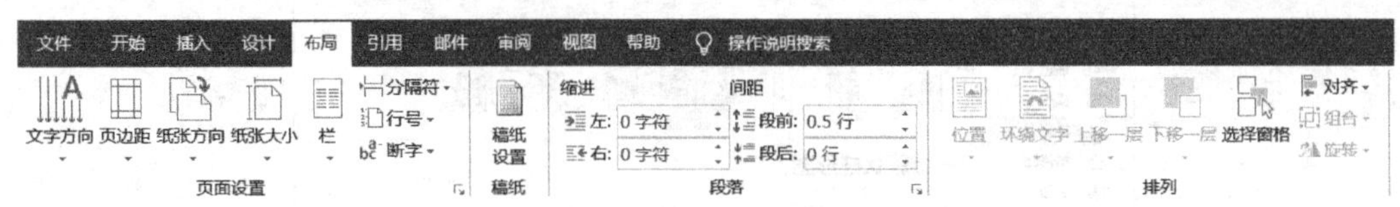

图 5.51 “布局”选项卡

在“布局”选项卡“页面设置”分组中单击右下角的小箭头，打开“页面设置”对话框，有“页边距”“纸张”“版式”和“文档网格”四个选项卡，可对页边距、纸张方向、纸张大小、页眉和页脚版式进行详细设置，如图 5.52 所示。

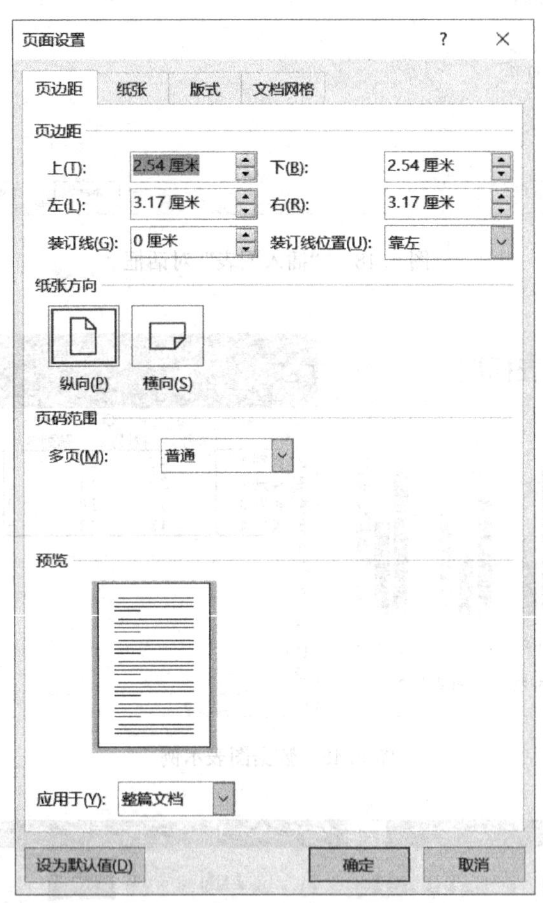

图 5.52 “页面设置”对话框

5.4.1.1 设置文字方向

Word 中文字方向的改变有两种：①改变整篇文档的文字方向；②改变局部文档的文字方向。

(1) 改变整篇文档的文字方向：在“布局”选项卡“页面设置”分组中单击“文字方向”按钮，在弹出的下拉菜单中可根据需要选择文字方向。

(2) 改变局部文档的文字方向：选中需要设置的文字，然后在“布局”选项卡“页面设置”分组中单击“文字方向”按钮，选择“文字方向选项”命令，在弹出的“文字方向”对话框中进行其他设置，如图 5.53 所示。在该对话框中可以选择文字的方向，例如选择中间的样式，在“应用于”下拉列表中选择应用的范围，单击“确定”按钮。

5.4.1.2 设置纸张方向

设置纸张的方向，是指将文档设置成纵向或者横向布局。在“布局”选项卡“页面设置”分组中单击“纸张方向”选项，选择“纵向”或“横向”即可，默认为“纵向”。

图 5.53 “文字方向”对话框

5.4.1.3 页边距

Word 文档在版心的四周会留出一定的空白区域，这样的效果使编排和打印出来的文档显得美观，设置纸张空白区域就是设置页面边距。

(1) 在“布局”选项卡“页面设置”分组中单击“页边距”选项，在弹出的下拉菜单中可根据需要选择相应页边距快捷设置选项，如图 5.54 所示。

(2) 也可选择“自定义边距”命令，弹出“页面设置”对话框，在“页边距”选项卡中进行进一步设置。

5.4.1.4 纸张大小

在创建文档时，由于文件类型不同，纸张大小往往也不一样。在“页面设置”选项卡“页面设置”分组中单击“纸张大小”按钮，可更改纸张大小，如图 5.54 和图 5.55 所示，常用的为 A4 纸型。

5.4.2 分栏

在文本编辑过程中可能需要对部分段落进行分栏排版，分栏后不但可以使文本结构突出、美观，而且不会让人感觉到视觉疲劳，具体操作如下：

1. 快速分栏

(1) 用鼠标选中要设置分栏的段落。

(2) 单击“布局”选项卡“页面设置”分组中“栏”按钮，在弹出的下拉列表中提供了多种分栏方式，选择相应的方式即可快速将选定的文本内容设置为对应的分栏效果。

2. 分栏设置

(1) 在“布局”选项卡“页面设置”分组中“栏”按钮中还可以执行“更多栏”命令，弹出“栏”对话框，如图 5.56 所示，在该对话框中可以对栏进行栏数、分割线、宽度、间距、应用范围等更多设置，单击“确定”按钮，完成分三栏并加分割线。

(2) 在进行分栏操作后，发现两栏高度不一样时可以将鼠标光标定位于多余行数的中间位置，执行“布局”选项卡“分隔符”命令，在弹出的下拉列表中执行“分栏符”命令即可将两栏调整为相同的高度。

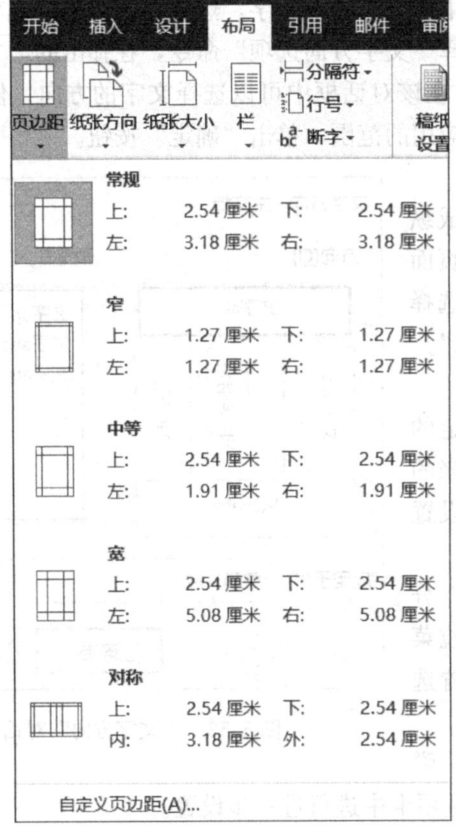

图 5.54 页边距设置　　　　图 5.55 纸张大小

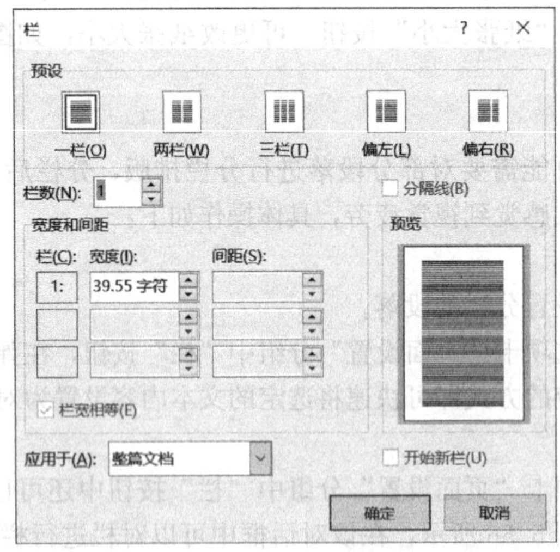

图 5.56 “栏”对话框

5.4.3 分页与分节

Word 文本中通过分页符和分节符完成对文本的分页和分节操作，那么分页符和分节符有什么区别呢?

分页符是可以将一页分成两页，但分离后两页仍属于同一节；分节符是将同一节内容分为两节，分离后的两节可以在同一页，也可以不在同一页。

(1) 分页操作：将光标定位到需要分页的位置，然后在“布局”选项卡“页面设置”分组中选择“分隔符”，在下拉列表选择“分页符”后完成分页操作。

(2) 分节操作：将光标定位到需要分节的位置，然后在“布局”选项卡“页面设置”分组中选择“分隔符”，在下拉列表“分节符”中选择需要的分节位置，分节位置有“下一页”“连续”“偶数页”和“奇数页”。

5.5　查找与替换

Word 的查找与替换功能可快速、准确地查找替换所需内容，也可以通过查找替换对字体、段落等格式进行更改，抑或是可以批量更改或删除特殊的符号，如换行符、段落标记等，还可以使用通配符进行模糊查找和替换。Word 查找替换不仅可以帮助用户快速地定位到所需的内容，还可以让用户批量修改文章中相应的内容。

示例如图 5.57 所示。

Word 办公常用小技巧

在日常办公中，作为一名小编，Word 文档是我每天都要用到的软件，下列各给大家介绍一些常用的功能，希望能帮大家提高工作效率。

一、表格前无法直接插入空行？
当然可以，不过需要借助一组快捷键来实现：首先将鼠标定位到表格首行的第一个单元格，“Ctrl+Shift+Enter”，整个表格就会自动后退一行。
二、如何在 Word文档添加纵向文本？
1、 借助文本框+旋转完成。
2、“插入”→“文本框”→“绘制竖排文本框”，输入文字即可。
3、选中文字，单击“布局”→“页面设置”→“文字方向”，确定后整篇文档都会自动以纵向模式排版了。

三、怎么设置文字板式，例如双行合一、合并字符 等格式？
该功能，在 WPS 中，位置稍隐蔽一些。具体操作如下图所示：下拉顶部菜单→“格式”→“中文版式”→选择需要的板式，设置即可。

四、WPS 找不到清除格式的按钮？
答案在此：首先选择需要清除格式的段落，单击右边功能栏的“样式”，如图所示。

五、Word 文档可以制作计算表以及快速计算吗？
操作步骤如下：单击“插入”→“表格”→选择所需的行、列数量，填完数据后，可以选择对应的计算方式（如下图所示）。

六、Word 文档，可设置自动更新“日期”吗？
如图所示，单击，“插入”→“日期”→选择合适的时间，并在右下方选择“自动更新”即可，设置完毕之后，当再次打开文件是，时间或者日期会自动更新。

最后，虽然这些小技巧并不是很特别的功能，但是在 Word 文档中，它们的位置相对隐蔽一些，但又是我们常用的，所以在此安利给各位上班族们，希望对你们的工作有所帮助~

图 5.57　示例图

本例要求：①查找文档中所有出现“WORD”的地方，将所有的“WORD”替换为“Word”；②删除连续的“↵”，只保留一个“↵”；③将正文中的“WORD”字体加粗。

单击“开始”选项卡，选择“编辑”中的“查找”选项，在软件左方会出现“导航”悬停窗口，或是按 Ctrl＋F 也可打开该窗口，在文本框中输入“WORD”后，文档中所有“WORD”均高亮凸显，并且在“导航”悬停窗口中，分为按“标题”“页面”和“结果”三种显示方式，如图 5.58 所示。

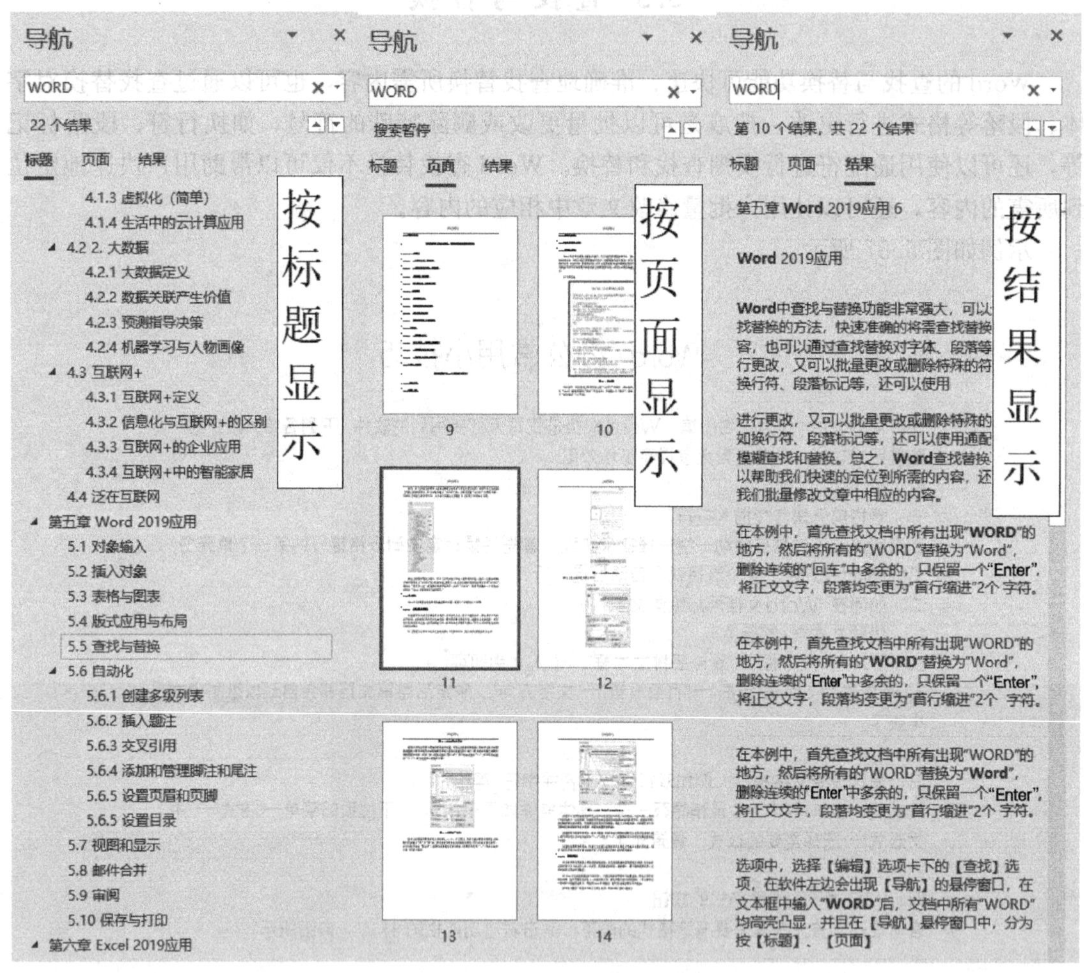

图 5.58　查找的三种显示方式

通过不同的显示方式可快速定位到需查找的结果。

按 Ctrl＋H 弹出“查找和替换”窗口，选择“查找”选项，可在“查找内容”中输入需查找的内容，例如，这里想查询文档中所有录入的 WORD，单击“查找下一处”，会自动找到并选择文中的 WORD，再单击“查找下一处”会再次找到并选择下一处 WORD，直至找到最后一个时会提示“Word 已完成对文档的搜索。”“阅读突出显示”选择“全部突出显示”，“在以下项中查找”可定义查找的范围，可选择“当前所选内容”对已选定区域进行查找。此时，所选区域中想查找的内容全部被突出显示出来。

以上简单地对 Word 的查找功能进行了介绍，下面再介绍 Word 的替换功能。在“查找内容”文本框中输入“WORD”，代表要被替换的内容，在“替换为”文本框中输入“Word”，代表替换的内容，单击“替换”按钮，Word 会自动开始查找，当找到指定的内容后，系统将暂停并等待用户的操作，再次单击“替换”按钮即可替换该内容，若无需替换，则单击“查找下一处”按钮，即可跳过，若需对文档中全部包含“WORD”的地方进行替换，只需单击“全部替换”按钮，注意该操作需谨慎，查看是否对其他地方产生影响，比如将某文档中的“我”替换为“张三”，如果单击“全部替换”后，“我们”也会被替换为“张三们”。

Word 的替换功能还能对特殊符号进行替换，在网上复制过来的文档，有很多换行符“↓”和连续的“↵”，对于后期排版影响很大，特别是换行符。

【提示】 Word 中段落是通过“↵”来判定的，而非换行符，使用若干个换行符对文本进行换行，这样的文本也只是一段文字，“首行缩进”仅针对第一行文字。

以删除连续“↵”为例，首先将光标移到“查找内容”文本框中，然后在“查找和替换”窗口的左下角，单击“更多”按钮，出现扩展选项，单击下方“特殊格式”下拉菜单，在弹出的列表中包含很多特殊的标记符，单击“段落标记”选项，可发现在“查找内容”文本框中显示对应的特殊符号“^p”，此特殊符号表示回车符，再次执行这个操作，“查找内容”文本框中显示“^p^p”，此特殊符号表示连续两个回车符，完成输入后将光标移到“替换为”文本框中，在此文本框中输入“^p”，最后单击“全部替换”按钮，整个操作如图 5.59 和图 5.60 所示。

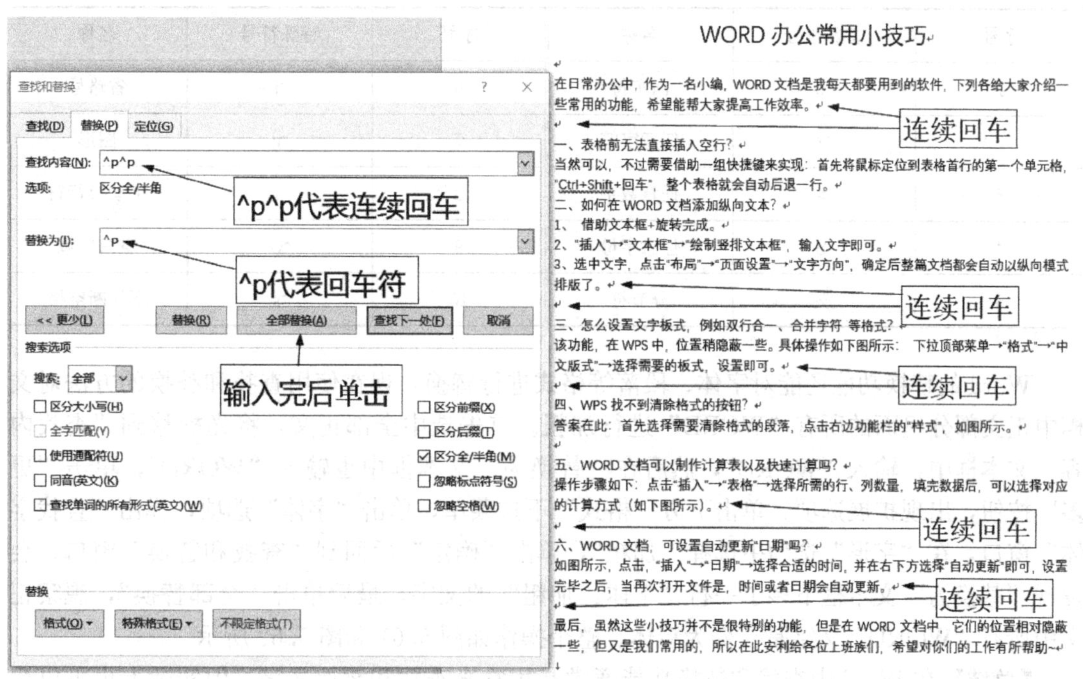

图 5.59　替换前

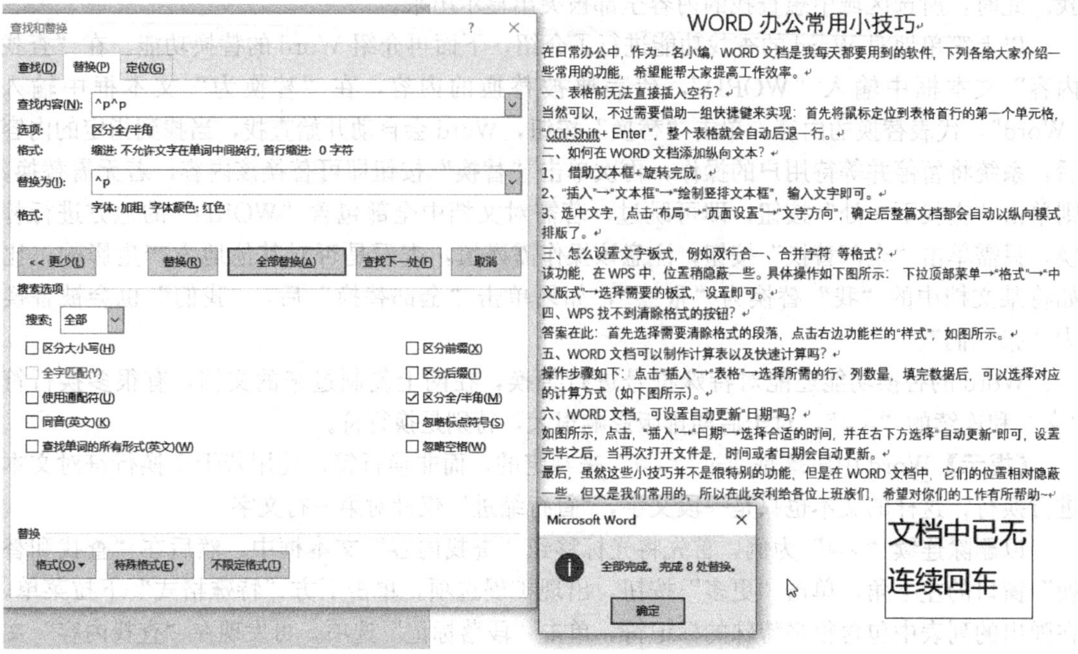

图 5.60 替换后

Word 中常用特殊符号见表 5.4。

表 5.4 Word 中常用特殊符号

序号	特殊符号	名称	序号	特殊符号	名称
1	^p	回车符	6	^i	省略号
2	^?	任意字符	7	^g	图形
3	^#	任意数字	8	^l	手动换行符
4	^$	任意字母	9	^w	空白区域
5	^%	分节符	10	^s	不间断空格

Word 的替换功能还能对字体、段落等格式进行替换，现在使用查找和替换的方法对文档中正文部分里面的所有“WORD”进行加粗。首先选中全部正文，将光标移到“查找内容”文本框中，输入“WORD”，然后在“替换为”文本框中也输入“WORD”，单击“更多”按钮，出现扩展选项，单击下方“格式”下拉菜单，单击“字体”选项，弹出“查找字体”窗口，在“字形”选项中选择“加粗”，单击“确定”后回到“查找和替换”窗口，会发现“替换为”文本框下多了一行“字体：加粗”的文字，最后单击“全部替换”，观察正文中所有“WORD”文字是否变为粗体。整个操作如图 5.61 和图 5.62 所示。

【总结】 在 Word 中查找和替换功能通常是用它来查找和替换文字，但实际上也可以用查找和替换功能对格式、特殊符号和其他项目进行操作，并且还可以使用通配符和代码来扩展搜索。

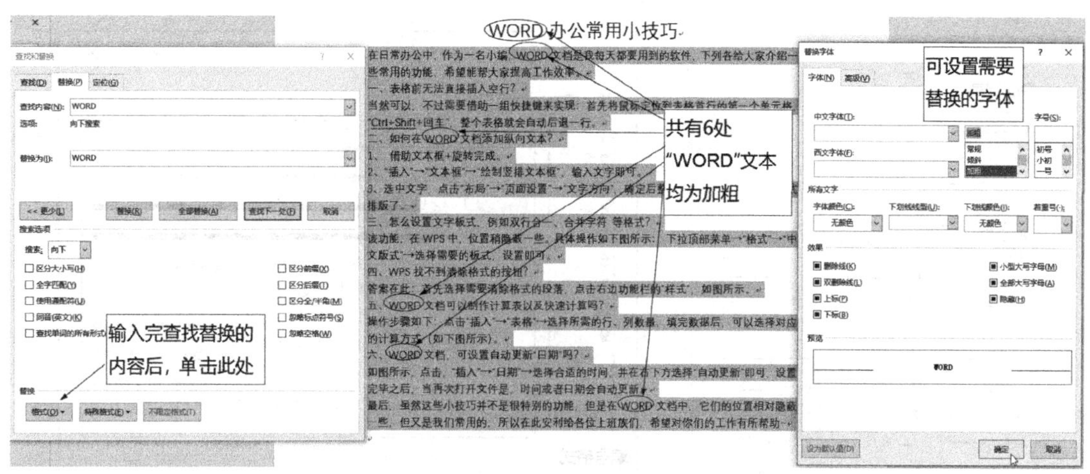

图 5.61 替换前

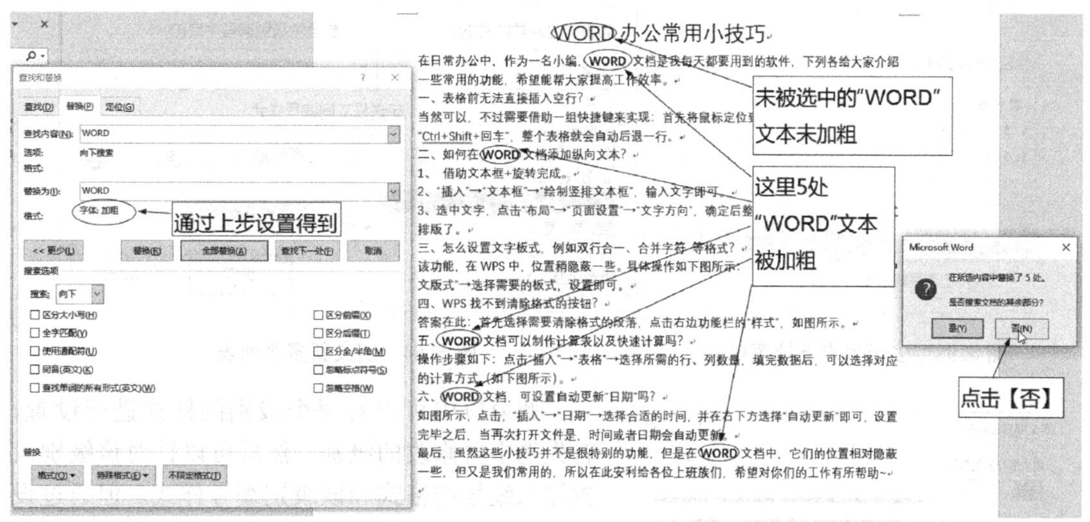

图 5.62 替换后

5.6 自 动 化

Word 中有很多自动处理和批量处理的功能，能够极大地提升办公效率。

5.6.1 创建多级列表

在前面部分已讲过项目符号和编号，项目符号只是一种平行排列标志，表示某项下可有若干条目，这些条目不必区分先后顺序；编号跟项目符号差不多，但能看出先后顺序，也方便识别条目所在位置。多级列表则对某一具体条目进行级联式细分，可以让文档内容更具层次感和条理性。

在“段落”选项卡中选择“多级列表”下拉菜单中的“定义新的多级列表”选项，如图 5.63 所示。

弹出“定义新多级列表”窗口，如图 5.64 所示。

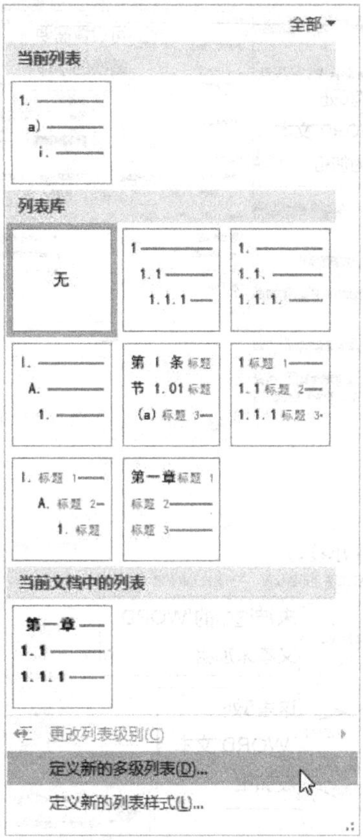

图 5.63 多级列表下拉菜单

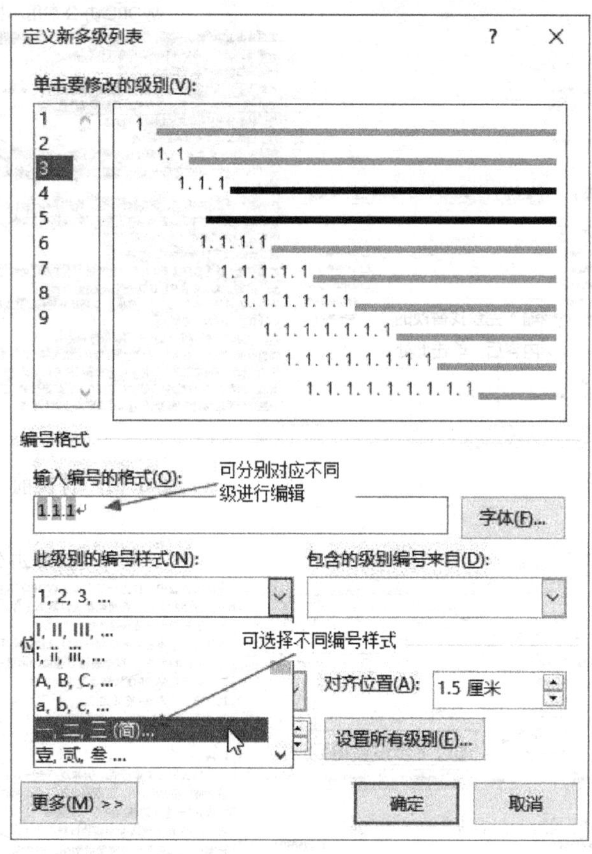

图 5.64 定义新多级列表

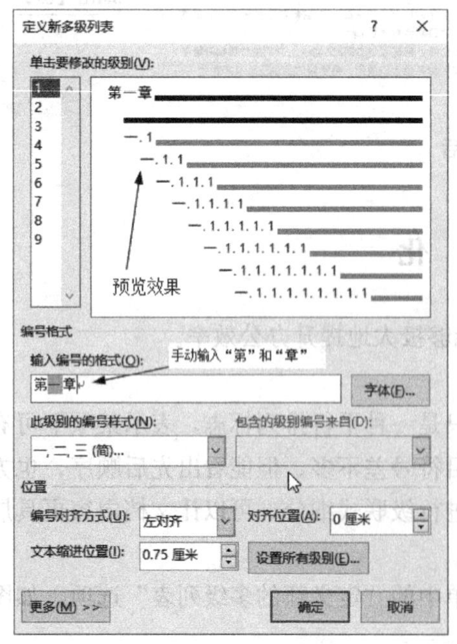

图 5.65 设置第一级别

此窗口中可以对每个级别的样式进行设置，首先选中要修改的级别，然后可以针对该级别设置输入编号的格式和该级别编号样式。但通过设置这两个地方，很多时候不能达到预期的效果。比如：第一级别设置为“第一章”；第二级别设置为“1.1”；第三级别设置为“1.1.1”，那么可以首先设置第一级别，如图 5.65 所示。

当在“此级别的编号样式”中选择“一、二、三（简）”项，并在“输入编号的格式”文本框中手动输入“第”和“章”后，切忌改动中间带有灰色底纹的编号，可以任意在旁边加字，在文本框中显示“第一章”，但同时看到预览效果中所有一级编号均变为“一”，然后单击左下角“更多”按钮，如图 5.66 所示。

设置右上“将级别链接到样式”选择与级别对应的样式，比如级别一对应标题一；级别二对应标题二，依次类推，标题样式可以在设置完多

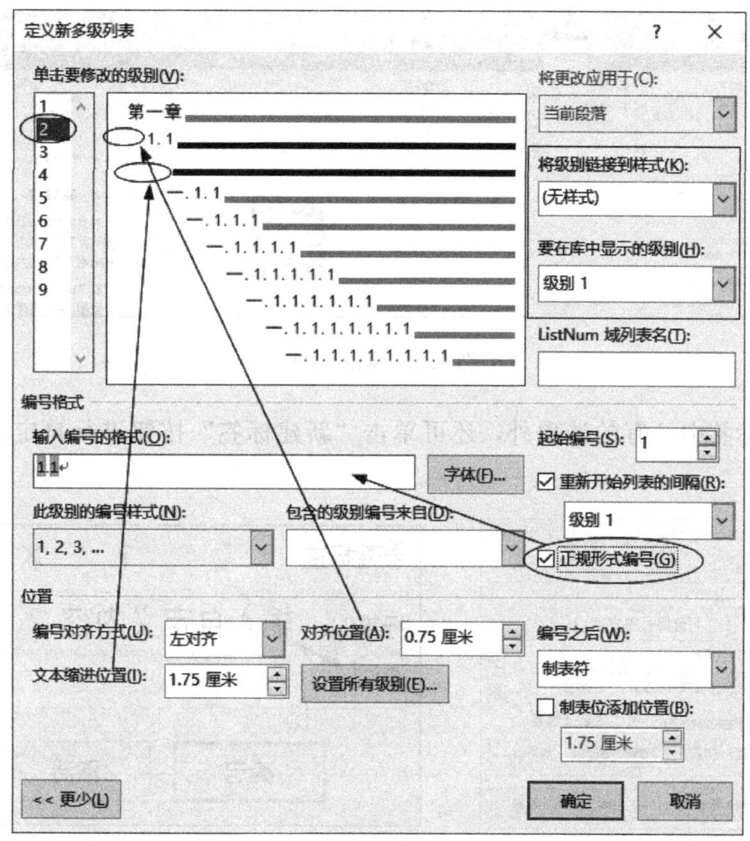

图 5.66　单击“更多”按钮后的窗口

级列表后自行修改字体、段落等样式，通过链接到对应的样式，可得到对应样式的大纲级别，指定了大纲级别后，文档就可在大纲视图或文档结构图中进行处理，也能在后期生成目录。

设置好每个级别的样式后，选择级别 2，然后勾选“正规形式编号”，这时可发现“输入编号的格式”文本框中原来的“一．1”已变为“1.1”，使用同样的方法可以对其他级别进行设置。

设置好各级编号样式后，可通过“位置”选项对首行及悬挂文字进行设置对齐位置，其中“对齐位置”针对的是首行缩进位置，“文本缩进位置”针对悬挂缩进。

5.6.2　插入题注

在文档中经常需要插入表格和图形等内容，为了便于排版时查找和阅读，通常会在这些对象下方（或上方）有一行文字，用于描述该对象，例如“图 1”“表 1”等的说明文字。这样的说明文字统称为题注。

在 Word 中自动添加题注的目的在于方便文档修改过程中的信息更新。假设文档中有多张图，当需要在开头插入一张新的图片时，原先的图片序号都需要加 1。手动修改这个过程的工作量将会很大，而使用 Word 生成题注，则可自动实现序号的更新。

步骤：单击“引用”选项卡下的“题注”选项组中“插入题注”按钮，如图 5.67 所示。

弹出题注窗口，如图 5.68 所示。

图 5.67 插入题注

除了选择标签中已有的选项外，还可单击“新建标签”按钮进行自定义标签，如图 5.69 所示。

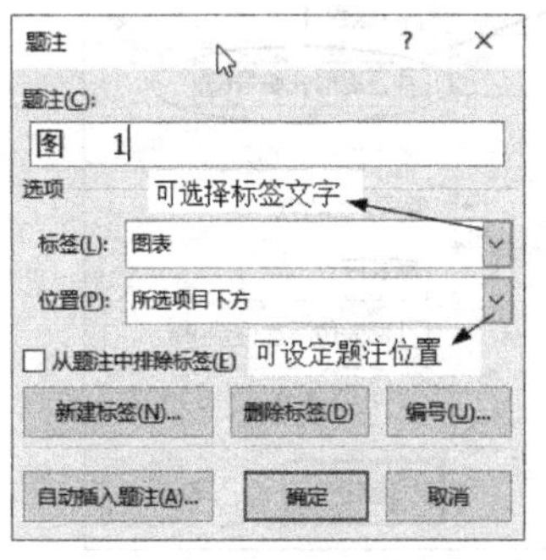

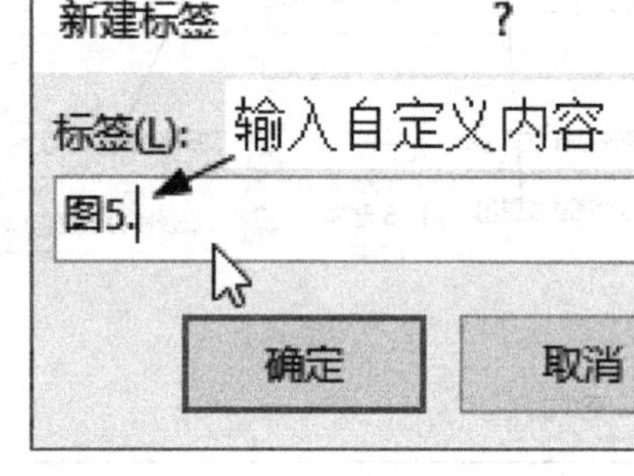

图 5.68 题注窗口

图 5.69 新建标签

单击“编号”按钮，弹出“题注编号”窗口，可对编号形式进行设置。单击“自动插入题注”可在插入对象后，自动插入题注。

【提示】Word 2016 版及以后版本的“家庭与学生版”，自动插入题注时，选项中没有图片选项。

5.6.3 交叉引用

交叉引用是对 Word 文档中文字部分对其他对象的引用，如可为标题、脚注、书签、题注、编号段落等创建交叉引用。如在多人编写同一长文档的不同内容时，将编写好后的内容进行统稿，在文档原内容中有如“见图 65”，但合并后原“见图 65”中数值会发生变化，交叉引用就是将如“见图 65”这样的文字与题注建立联系，它将随题注变化而变化。

首先录入相关内容，并插入题注，然后选中需要添加交叉引用的文字，步骤：单击“引用”选项卡下的“题注”选项组中“交叉引用”按钮，弹出“交叉引用”的窗口，在“引用类型”中选择开始建立的题注，如图 5.70 所示。

当文档中被引用项因录入时发生变更，如添加、删除和更改被引用项的顺序，交叉引用随之也发生变化，这时可 Ctrl＋A 选择整篇文档，单击鼠标右键，选择“更新域”或者按 F9 键即可更新所有的交叉引用。

5.6.4 添加和管理脚注和尾注

脚注和尾注是对文档中内容部分进行补充说明。脚注一般位于页面的底部，可以作为文

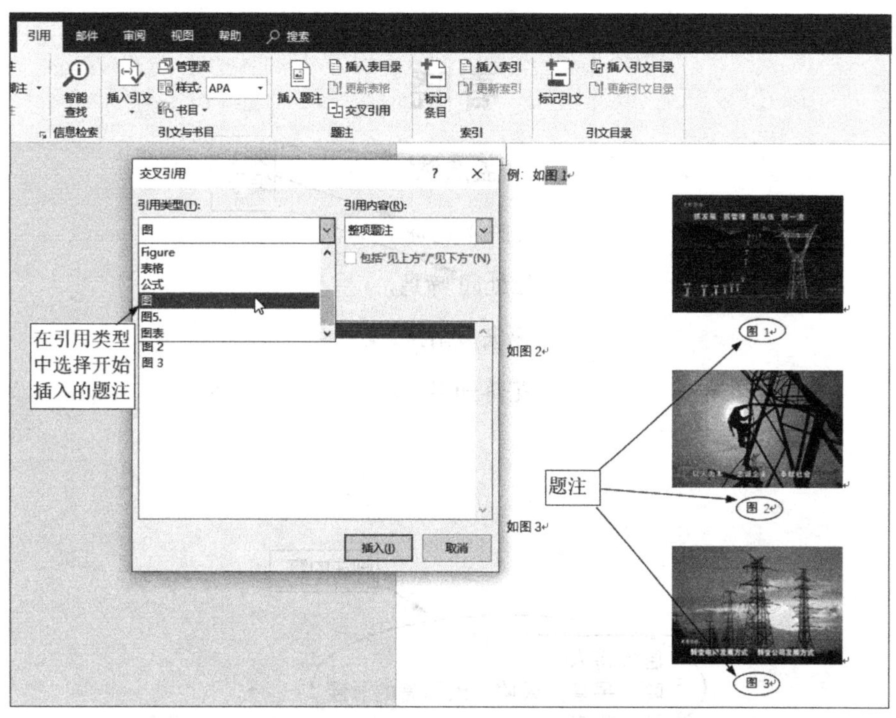

图 5.70　插入交叉引用

档某处内容的注释；尾注一般位于文档的末尾，列出引文的出处等。脚注和尾注由两个关联的部分组成，包括注释引用标记和其对应的注释文本。

Word 中插入脚注或尾注的方法：将光标定位到需要插入脚注或尾注的位置，在“引用”选项卡下的“脚注”选项组中，根据需要单击“插入脚注”或“插入尾注”按钮。以插入脚注为例，单击“插入脚注”按钮，在刚刚选定的位置上会出现一个上标的序号“1”，在页面底端也会同时出现一个序号“1”，且光标在序号“1”后闪烁。

提示：如果添加的是尾注，则在文档末尾出现序号“1”。

插入脚注或尾注后的效果，如图 5.71 所示。

如果要删除脚注和尾注，可以选中脚注或尾注在文档中的位置，即在文档中的序号，然后按 Delete 键即可删除对应的脚注或尾注。

5.6.5　设置页眉和页脚

在使用 Word 对毕业论文或书籍等长篇文章排版的时候，都需要对不同的页面分别设置不同的页眉、页脚、页码，设置好的页眉、页脚使文档更加专业。

选择“插入”选项卡下的“页眉和页脚”选项组，单击“页眉”按钮，可以选择其中一种样式后进行页眉编辑；也可以直接在页眉处双击鼠标进行编辑。

通常，长文档编辑时第一页为封面，后面几页是目录，希望页码从正文起始处编码。下面详细介绍如何设置不同页面及其对应的页眉页脚。这些操作都是长篇文档排版中必须掌握的。

首先“双击”页眉处，进入对页眉的编辑状态。输入内容，然后选择“布局”菜单，在“页面设置”选项卡中，选择“分隔符”下拉菜单中的“下一页”项，如图 5.72 所示。

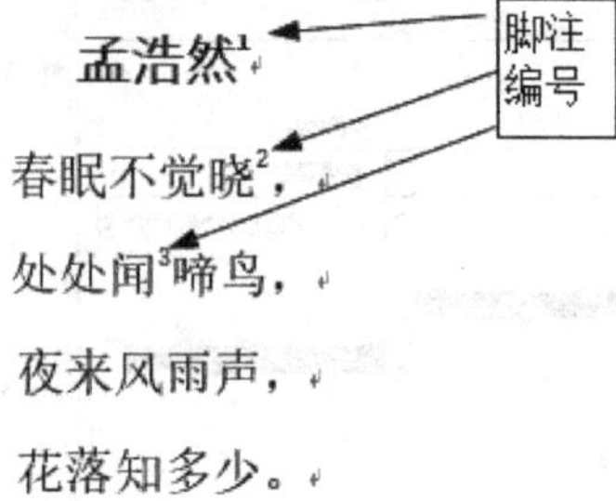

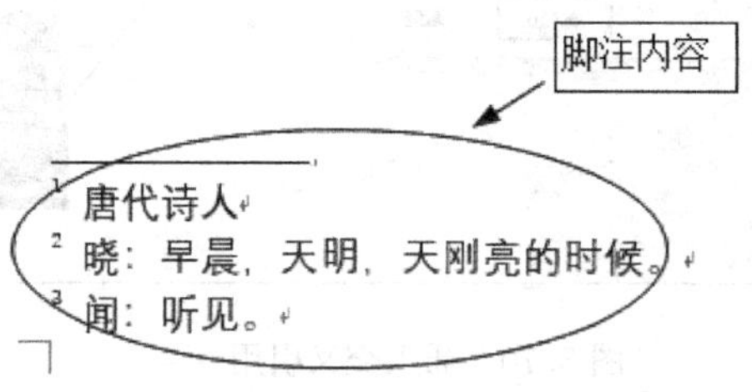

图 5.71　插入脚注

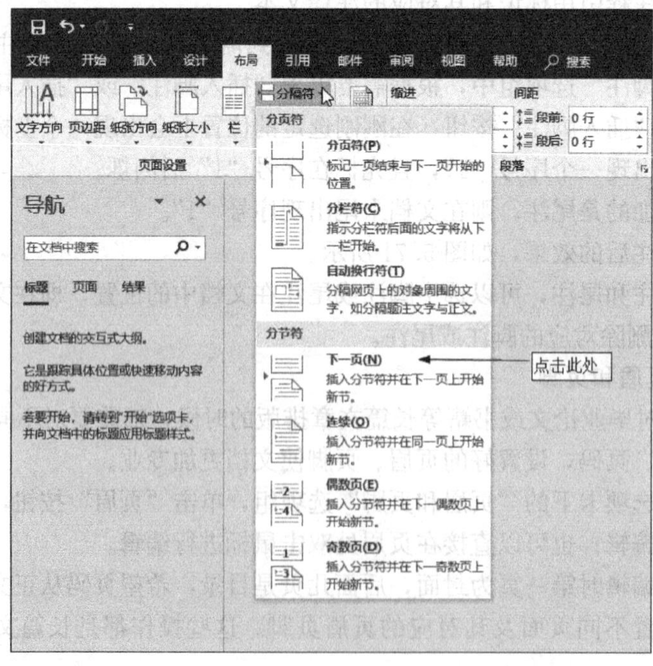

图 5.72　插入分隔符

此时，光标就会自动跳到后面一页，在这一页中再次双击进入页眉编辑状态。然后选择“设计”选项卡→“导航”选项组→取消选择“链接到前一条页眉”项，如图 5.73 所示。

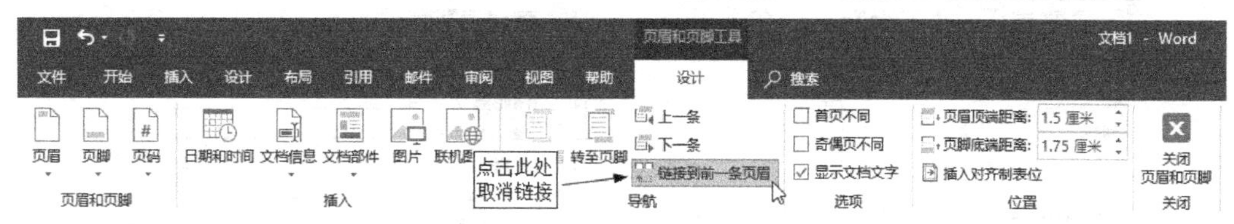

图 5.73　取消链接

因为插入分节符，并取消彼此之间的链接，文档被分隔成互不相关的节，这时修改一个节内页眉内容，只会影响该节页眉，而不影响其他节的页眉。

【提示】 仔细观察图 5.74，比较插入分节符前后文档的变化，以及断开链接前后文档的变化。

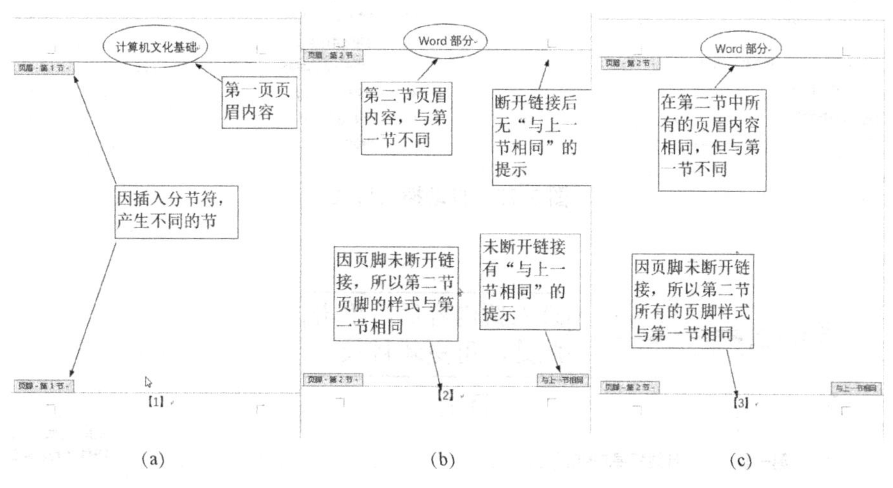

图 5.74　页眉设计

5.6.6　设置目录

目录通常是长文档不可缺少的部分，有了目录就能很容易地知道文档中有什么内容，如何查找内容。Word 文档有自动生成目录的功能，在使用 Word 自动生成目录前一定要对相应的段落设定大纲级别，没有大纲级别的文档无法自动生成目录。

首先应对相应段落设置样式，一般可直接使用标题样式，因为标题样式都设置了大纲级别，然后可以对标题样式按文档要求对字体、段落等样式进行修改，文档设置好后，在需要插入目录的页面中，先插入分节符，这样正文的页码可设置为从 1 开始，把光标定位到需插入目录的地方，选择“引用”选项卡，单击“目录”选项组中的目录项，选择一种目录样式，例如“自动目录 1”，则自动生成全书的目录，如图 5.75 所示。

目录插入后可对目录中的文本和段落等样式进行设置，如果生成目录后，又添加了新内容，页码发生了变化，可以更新目录，在已生成目录左上角就有“更新目录”项，单击即可，如图 5.76 所示。

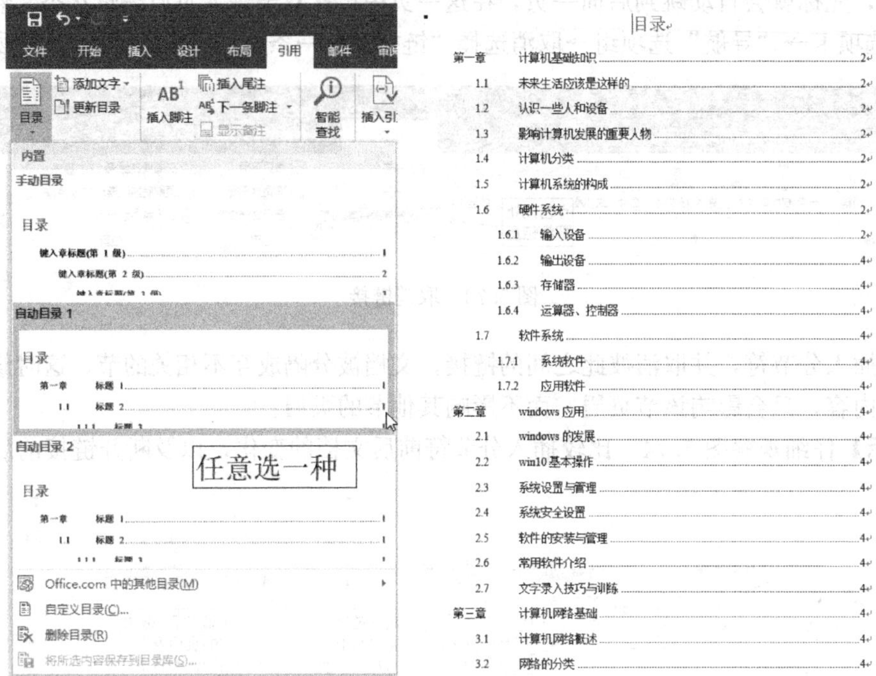

图 5.75　自动插入目录

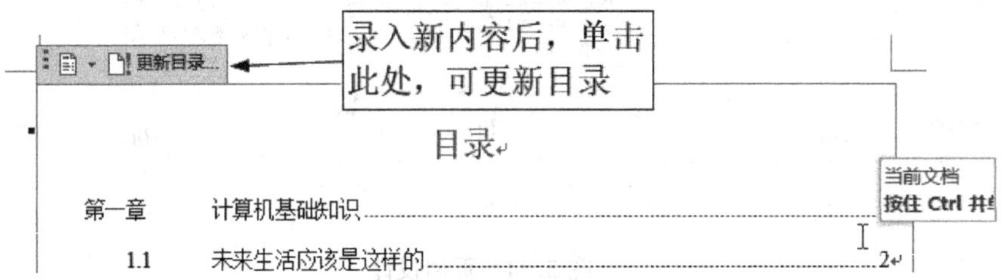

图 5.76　更新目录

5.7 视图和显示

5.7.1 视图

Word 2019 中提供了多种视图模式供用户选择，包括“阅读视图”“页面视图”“Web 版式视图”“大纲视图”和“草稿视图”共 5 种视图模式。用户可以在“视图”选项卡“视图”选项组中选择需要的文本视图模式，也可以在文本窗口右下角单击“视图”按钮选择不同的视图模式，如图 5.77 所示。

（1）页面视图是 Word 启动后的默认视图，它可以显示文本的打印结果外观，主要包括页眉、页脚、图形对象、分栏设置、页面边距等元素，是最接近打印结果的视图。

（2）阅读视图是以图书的分栏样式显示 Word 文本，功能选项卡、功能区等窗口被隐藏

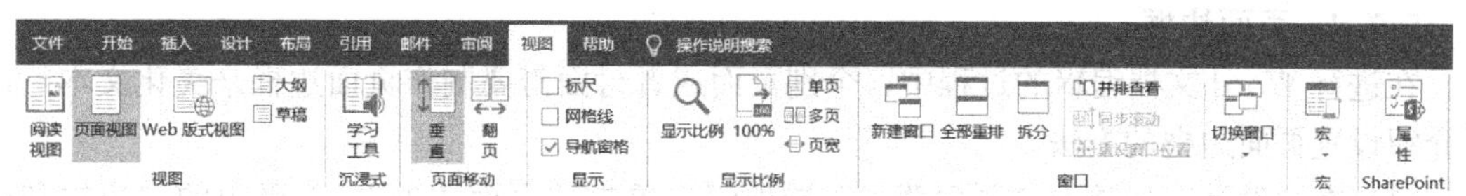

图 5.77　“视图”选项卡

起来。

(3) Web 版式视图以网页的形式显示 Word 文本，Web 版式视图适用于发送电子邮件和创建网页。

(4) 大纲视图主要用于 Word 文本的设置和显示标题的层次结构，并可以方便地折叠和展开各种层级的文档。大纲视图广泛应用于 Word 长文本的快速浏览和设置。

(5) 草稿视图取消了页面边距、分栏、页眉页脚和图片等元素，仅显示标题和正文，是最节省计算机系统硬件资源的视图模式。

5.7.2　显示

1. 显示标尺、网格线或导航窗格

可在“视图”选项卡“显示”选项组中勾选“标尺”“网格线”或“导航窗格”，使 Word 文本页面按照勾选的对象显示出标尺、网格线或导航窗格。

2. 显示比例

可根据需要在“视图”选项卡“显示比例”选项组中单击相应的按钮来设置文本编辑区域的显示比例。主要包括：自由设定“显示比例”“100%”比例调整、按“单页”“多页”和“页宽”等选项显示，如图 5.78 所示。

5.7.3　页面颜色

在“设计”选项卡“页面背景”选项组中单击“页面颜色”，在下拉列表中选择页面需要的主题颜色即可，如图 5.79 所示，也可选择其他颜色或者效果填充对页面颜色进行设置。

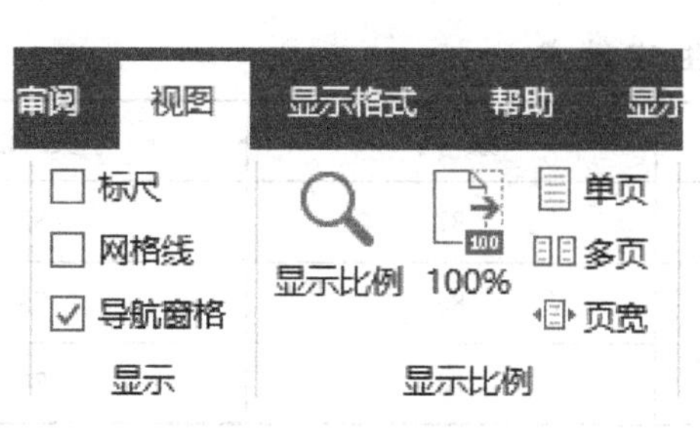

图 5.78　显示

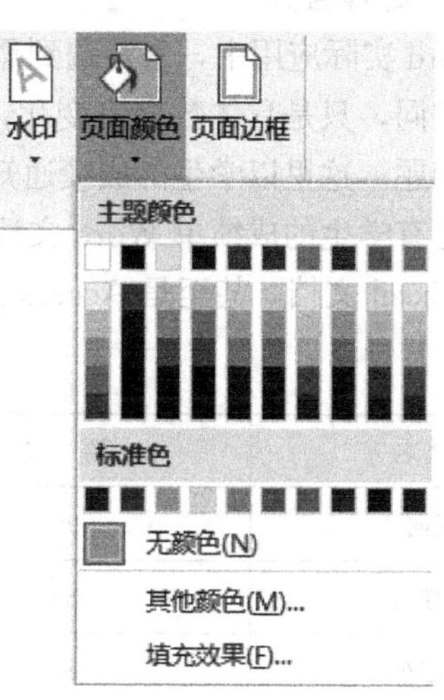

图 5.79　页面颜色

5.7.4 页面边框

在进行 Word 文档编辑的过程中，个别页面或者封面需要制作页面边框来美化文本。以下介绍设置页面边框的方法。

(1) 在“设计”选项卡“页面背景”选项组中单击“页面边框”，在弹出的“边框和底纹”对话框中设置页面边框，如图 5.80 所示。

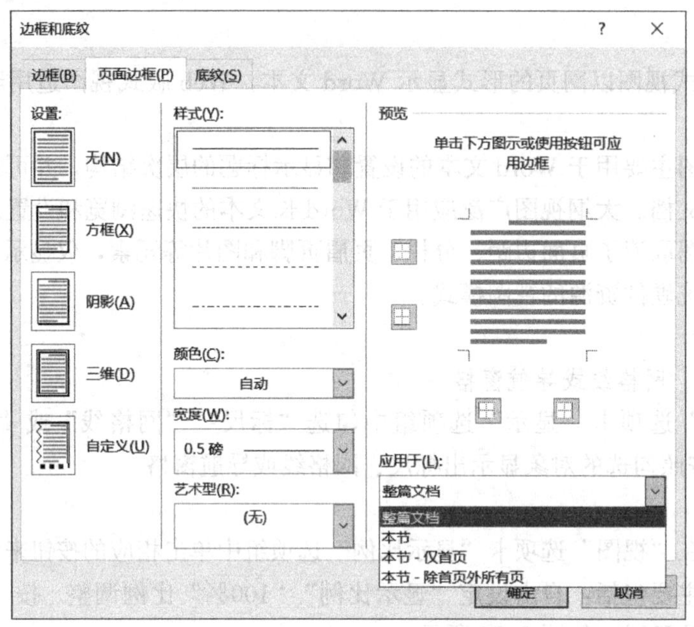

图 5.80 “边框和底纹”对话框

(2) 在“边框和底纹”对话框中可以对边框的样式、颜色、宽度、艺术型等进行设置，并可以选择边框的应用范围。

5.7.5 邮件合并

在 Word 实际应用中，常常遇到需要处理大量日常报表和信件的情况，这些信件的主要内容基本相同，只是具体数据有变化，使用 Word 2019 的邮件合并功能可以快速、方便地解决这个问题。这里以学生的成绩通知单为例：

(1) 已有学生的成绩单 Word 文档为“学生成绩单 . docx”，该文件可以是 . docx 文档，也可以是 Excel 文档，甚至是 Access 文档等。学生成绩单见表 5. 5。

表 5.5 学生成绩单

姓　名	语　文	数　学	英　语
王明	90	87	82
李佳丽	85	85	79
张旭东	81	73	70

(2) 新建一个 Word 主控文件，文件名为“成绩通知单 . docx”，编写成绩通知单内容，

首先将通知单中不需要改变的内容编辑好，内容如图 5.81 所示。

成绩通知单

2019~2020 学年度期中考试成绩如下：

学生姓名：

语文	数学	英语

特此通知！

图 5.81　成绩通知单主控文件

(3) 在“成绩通知单.docx”文件中，在“邮件”选项卡下“开始邮件合并”选项组中单击“选择收件人”→“使用现有列表”，如图 5.82 所示。

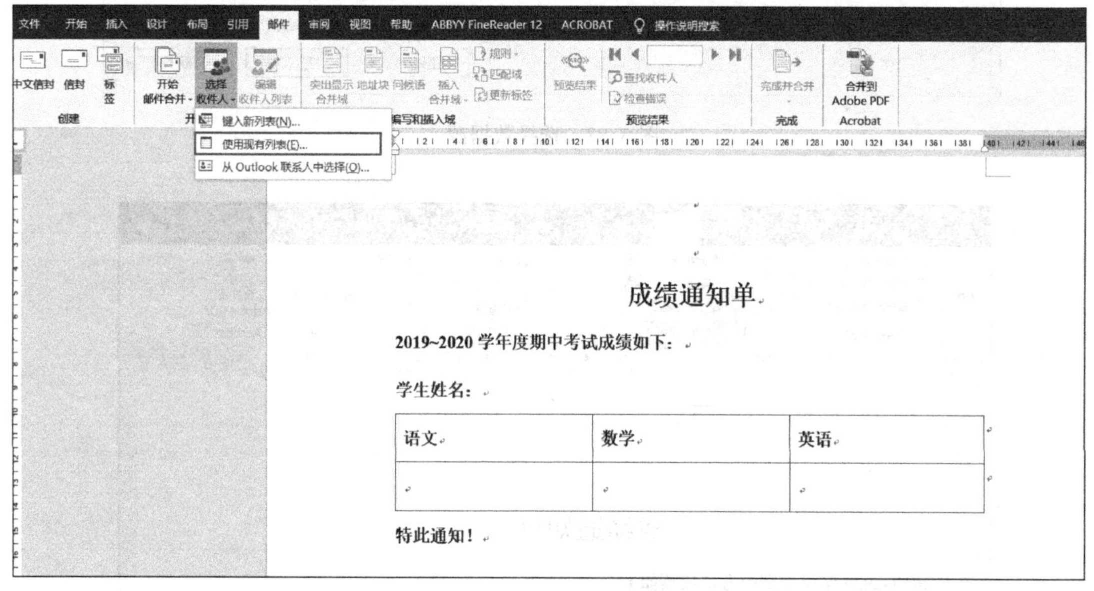

图 5.82　使用现有列表

(4) 在弹出的“选择数据源”对话框中，根据路径选择“学生成绩单.docx”，单击“打开”，如图 5.83 所示。

(5) 在“成绩通知单.docx”文件中插入合并域。先将光标定位在需要插入数据源的位置，如“学生姓名”处，再单击“邮件”选项卡下“编写和插入域”选项组中“插入合并域”，在下拉列表中选择需要的数据源名称，这里选择“姓名”，如图 5.84 所示。

(6) 按照步骤（5）的操作依次在“成绩通知单.docx”成绩单表中插入语文、数学、英语成绩数据源，插入后效果如图 5.85 所示。

图 5.83　选择数据源

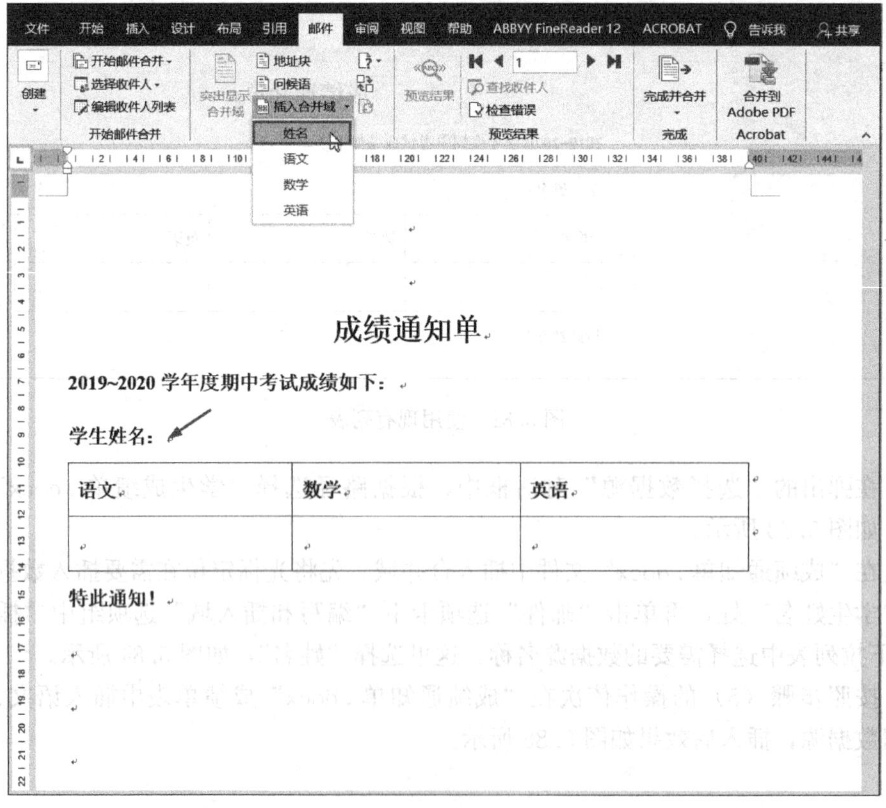

图 5.84　插入合并域

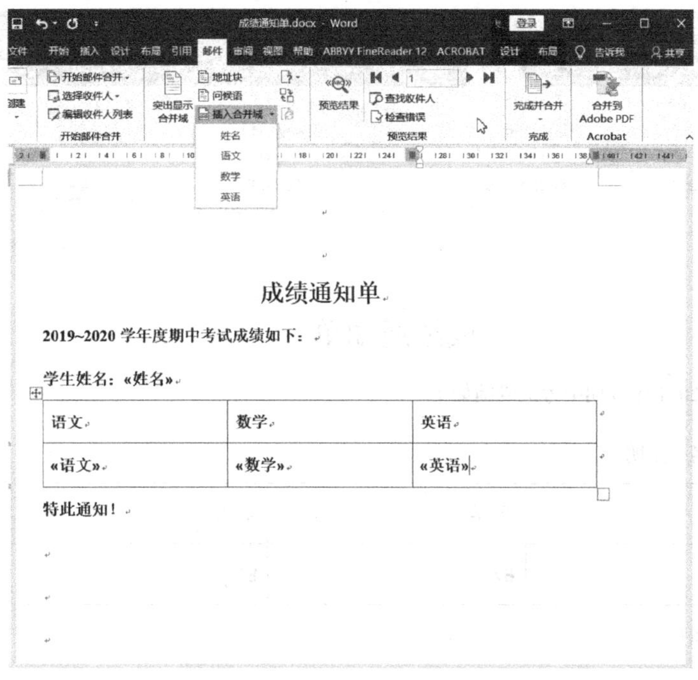

图 5.85　插入合并域后显示

（7）插入合并域后，在“成绩通知单 .docx”中可以单击“预览结果”按钮，预览合并情况，如图 5.86 所示。

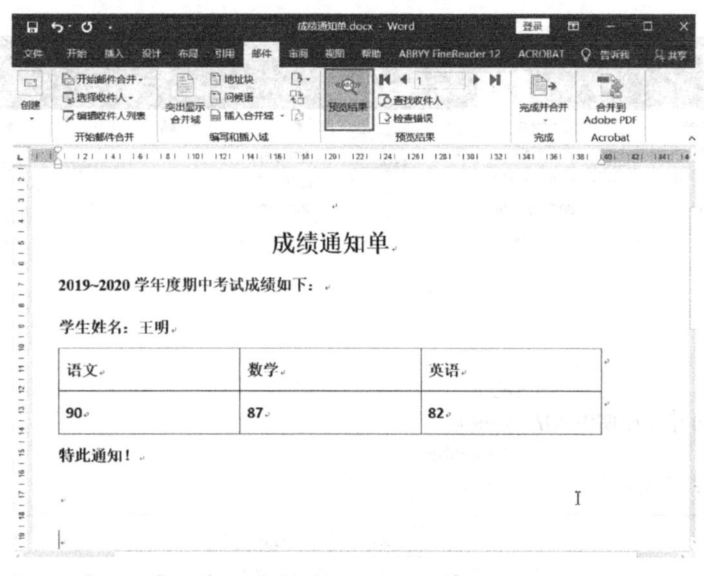

图 5.86　邮件合并结果预览

（8）通过预览确定合并没有问题后，单击“完成合并”→“编辑单个文档”命令，在弹出的“合并到新文档”对话框中选择“全部”并单击“确定”按钮完成合并，如图 5.87、图 5.88 所示。

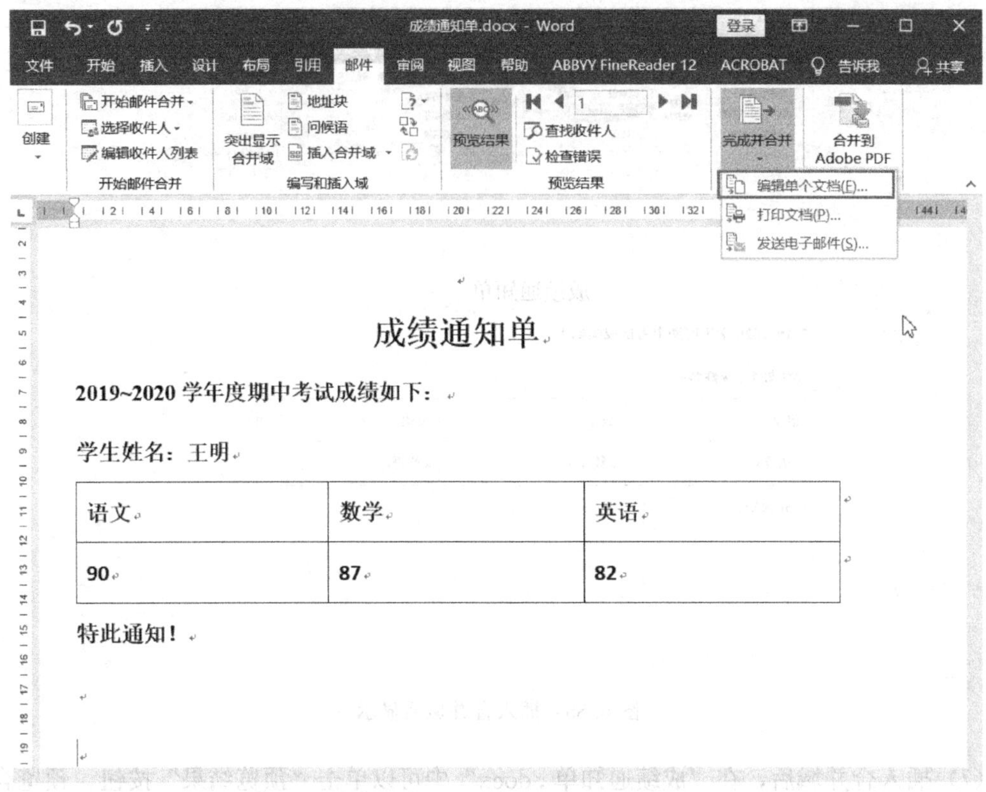

图 5.87 编辑单个文档

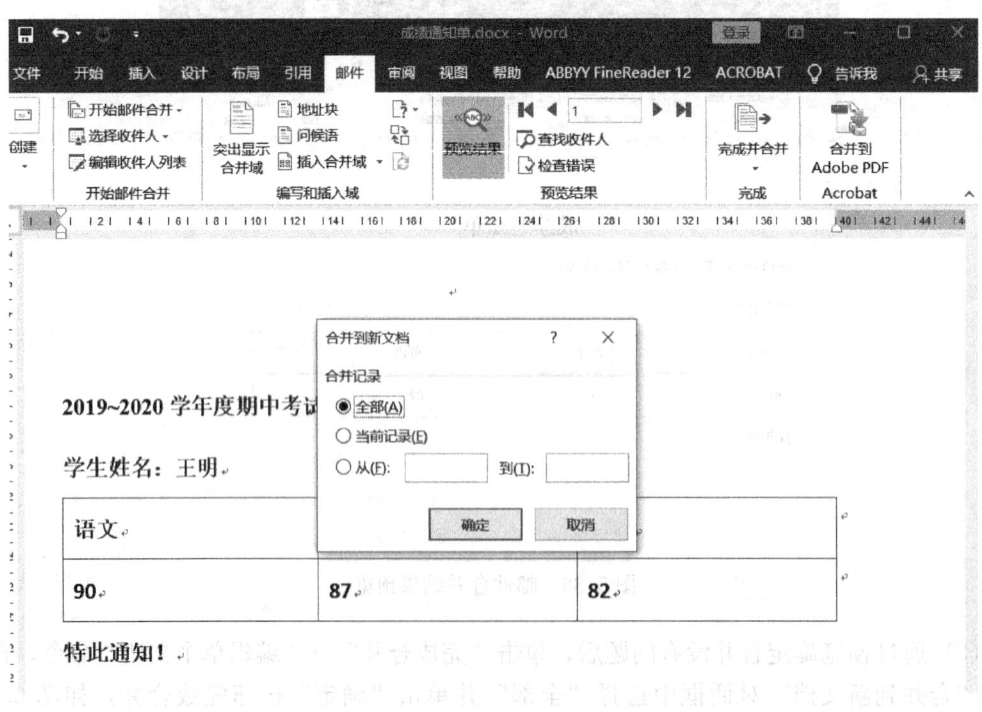

图 5.88 “合并到新文档”对话框

5.8 审　　阅

审阅，是指审查阅读；对某一文章进行仔细地浏览并进行批改。在传阅文档或是定稿之前，往往需要进行修改、批注，使用 Word 中的审阅功能，可以知道哪些地方需要修改，哪些地方被改动过。

5.8.1　拼写和语法

在 Word 中录入中、英文，有时会出现一些红色、蓝色或绿色的波浪线或双下画线，这是由 Word 中提供的“拼写和语法”检查工具根据 Word 的内置字典标示出的含有拼写或语法错误的单词或短语，其中红色或蓝色波浪线表示单词或短语含有拼写错误，而绿色下画线表示语法错误，这些都能帮助我们快速找到拼写和语法有疑义的地方，起到辅助检查的效果，这种波浪线并不影响文字录入，也不会打印出来。

5.8.2　批注

批注，文档编辑者可将意见插入到文档中，便于相互沟通后再进行修改，在 Word 文档中，可将批注内容插入到文档的页边距处出现的批注框中，也可从视图中隐藏批注。

插入批注，首先选择要对其进行批注的文本，或单击文本的末尾处，接着单击功能区的“审阅”选项卡，在“批注”选项组中，单击“新建批注”按钮，然后在批注框中或在“审阅窗格”中输入批注文本，如图 5.89 所示。批注应该言简意赅，不应该长篇宏论。

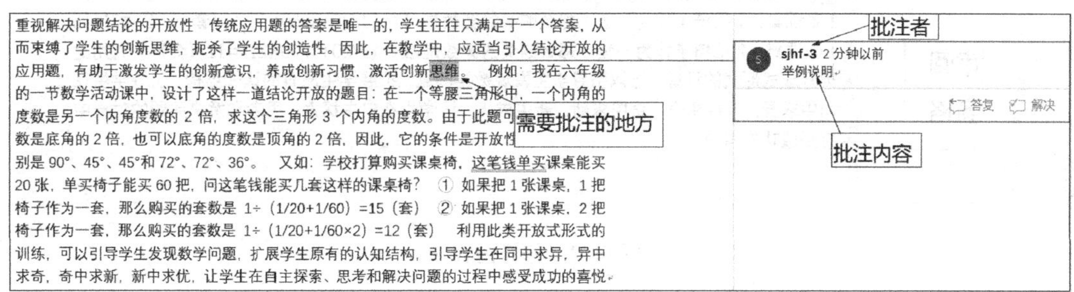

图 5.89　插入批注

插入批注后，可以在“批注”选项组中单击“删除”按钮，删除批注，单击“显示批注”按钮控制是否显示批注，单击“上一条”和“下一条”按钮进行快速定位。

5.8.3　文档修订

在修改文档时，为了方便原作者识别，辨认哪些地方被修改，除了常用的批注功能外，还有修订功能。审阅者可以在 Word 中对文档进行批改，而保留文档原貌；作者收到修改好的文档后，对所做过的修改一目了然，而且可以选择性地接受修改。从这里可以看出，修订功能分为两步，第一步为审阅者对文档进行修改留下痕迹，第二步是作者对修改后的内容是否接受。

审阅者进入修订状态，首先单击功能区的“审阅”选项卡，在“修订”选项组中，单击“修订”按钮，这时“修订”命令处于激活状态，显示修订方式选择“所有标记”命令，如图 5.90 所示。

在这种状态下对文档的内容进行插入、修改和删除均会被记录，并且可以通过单击“审

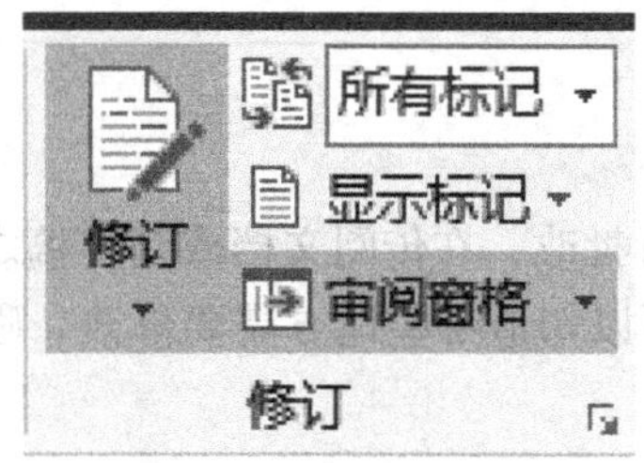

图 5.90 设置修订方式

阅窗格”按钮，打开“审阅窗格”，显示所有的修订内容，如图 5.91 所示。

当审阅者修订完成后，将文档发还给作者，作者通过设置“修订”显示，打开文档的显示效果同图 5.91，此时可在“更改”选项组中，单击“接受”或“拒绝”来进行文档的修改。

5.8.4 文档比较

工作中有很多时候涉及合同、章程等长文档，如合同当甲方拟定好以后，会传给乙方，但当乙方再将文档传回给甲方时，甲方想了解此文档中哪些地方乙方进行过改动，此时 Word 中的比较功能就能帮助我们快速地找到两个文档中的不同之处。

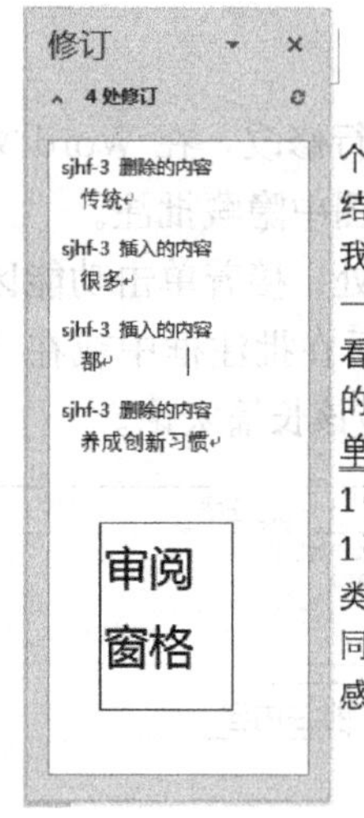

图 5.91 修订内容

首先在“审阅”选项卡下，“比较”选项组中单击“比较”按钮，下拉菜单会出现两个选项，分别是“比较（比较文档的两个版本）”和“合并（将多位作者的修订组合到一个文档中）”命令，如图 5.92 所示，这里选择“比较（比较文档的两个版本）”命令。

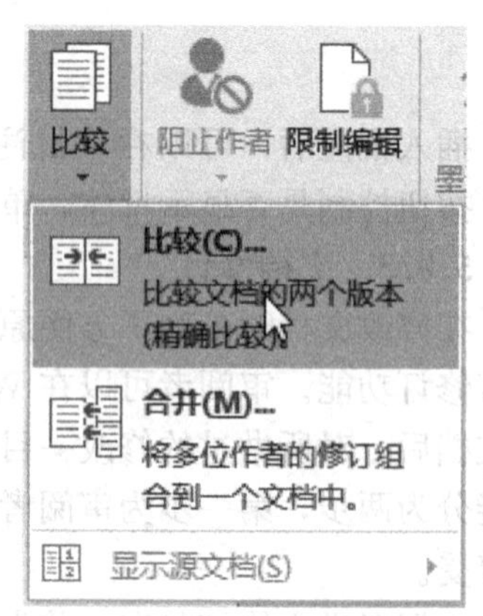

图 5.92 比较选项

单击“比较文档的两个版本”命令后，会弹出一个“比较文档”的窗口，分别单击两个打开文件的图标，如图 5.93 所示，选择好要进行比较的两个文档。

选择好以后，单击“确定”按钮，软件就会自动对文档进行对比，对比完成后，就会在一个新的窗口给出详细的对比结果，分四部分显示，分别是“修订”“比较的文档”“原文档”和“修订的文档”，如图 5.94 所示。

通过 Word 的比较功能很容易找到文档中改动过的地方。

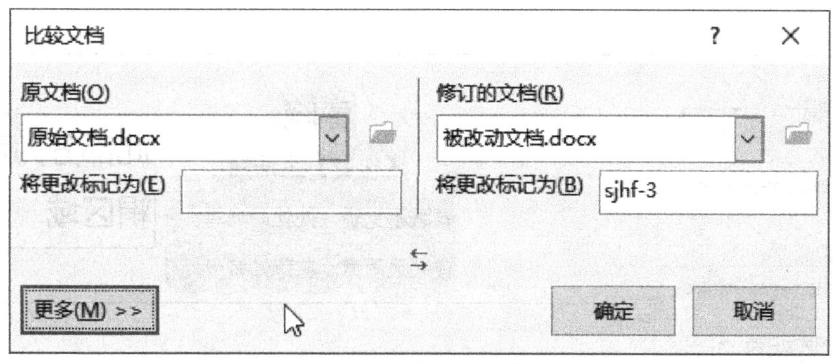

图 5.93　比较文档

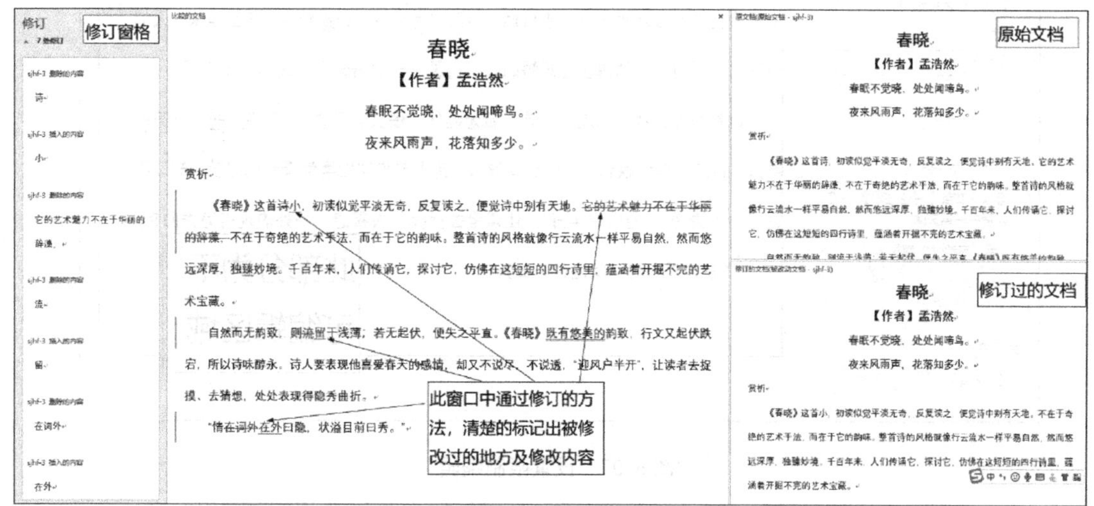

图 5.94　比较文档

5.8.5　文档保护

当文档不想被审阅者更改时，可以使用文档保护功能来限制审阅者对文档进行修订的类型。

首先选中不需要保护的文档部分（这部分文档可以进行编辑），在“审阅”选项卡下，“保护”选项组中，单击“限制编辑”按钮，弹出“限制编辑”窗格，勾选“限制对选定的样式设置格式”和“仅允许在文档中进行此类型的编辑”复选框，在下拉菜单中选择“不允许任何更改（只读）”选项，然后继续在例外项中勾选“每个人”复选框，最后单击“是，启动强制保护”，如图 5.95 所示。

打开“启动强制保护”对话框，设置好密码后单击“确定”按钮。为文档指定密码，只有知道该密码的审阅者，才能够取消保护，如图 5.96 所示。

设置完后，文档开始选中的文字部分添加黄色底纹，表示可以编辑，其余文字无底色，表示不可编辑，如图 5.97 所示。

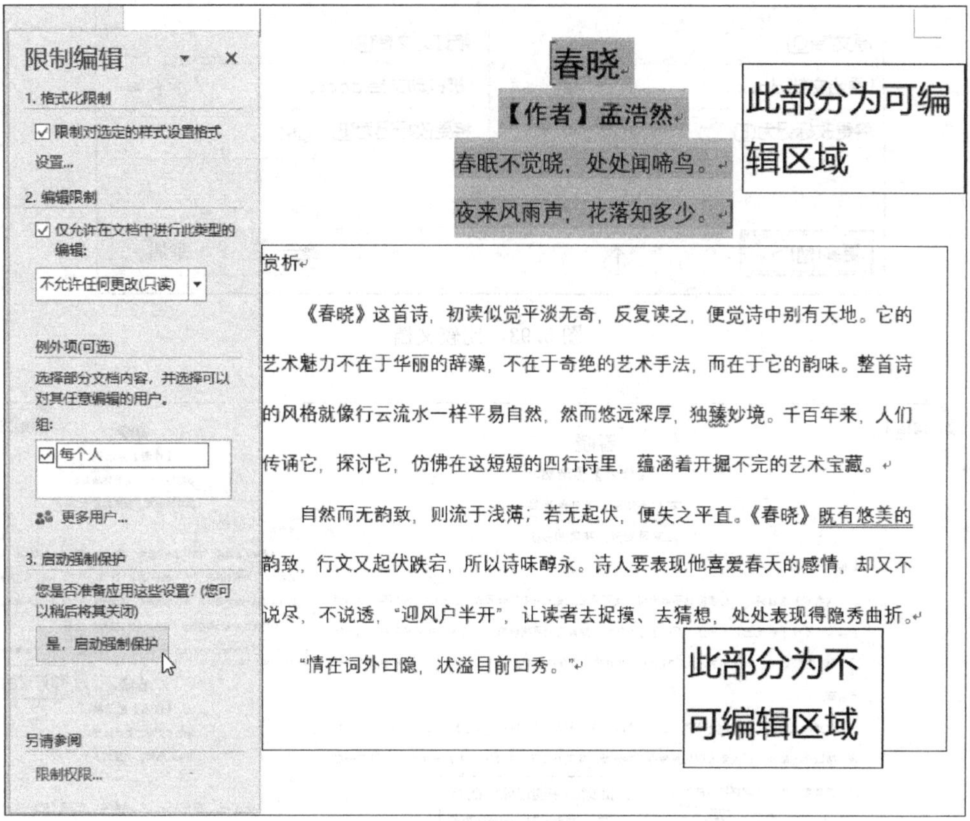

限制编辑

1. 格式化限制

☑ 限制对选定的样式设置格式

设置...

2. 编辑限制

☑ 仅允许在文档中进行此类型的编辑:

不允许任何更改(只读)

例外项(可选)

选择部分文档内容，并选择可以对其任意编辑的用户。

组:

☑ 每个人

更多用户...

3. 启动强制保护

您是否准备应用这些设置?(您可以稍后将其关闭)

是，启动强制保护

另请参阅

限制权限...

春晓

【作者】孟浩然

春眠不觉晓，处处闻啼鸟。

夜来风雨声，花落知多少。

此部分为可编辑区域

赏析

《春晓》这首诗，初读似觉平淡无奇，反复读之，便觉诗中别有天地。它的艺术魅力不在于华丽的辞藻，不在于奇绝的艺术手法，而在于它的韵味。整首诗的风格就像行云流水一样平易自然，然而悠远深厚，独臻妙境。千百年来，人们传诵它，探讨它，仿佛在这短短的四行诗里，蕴涵着开掘不完的艺术宝藏。

自然而无韵致，则流于浅薄；若无起伏，便失之平直。《春晓》既有悠美的韵致，行文又起伏跌宕，所以诗味醇永。诗人要表现他喜爱春天的感情，却又不说尽，不说透，“迎风户半开”，让读者去捉摸、去猜想，处处表现得隐秀曲折。

“情在词外曰隐，状溢目前曰秀。”

此部分为不可编辑区域

图 5.95 设置限制编辑

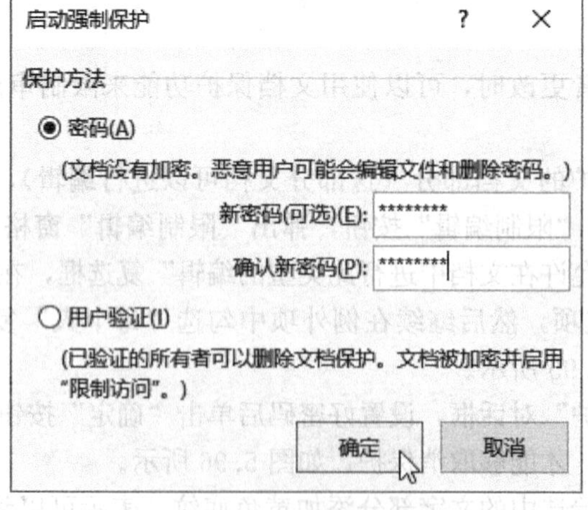

图 5.96 设置密码启动强制保护

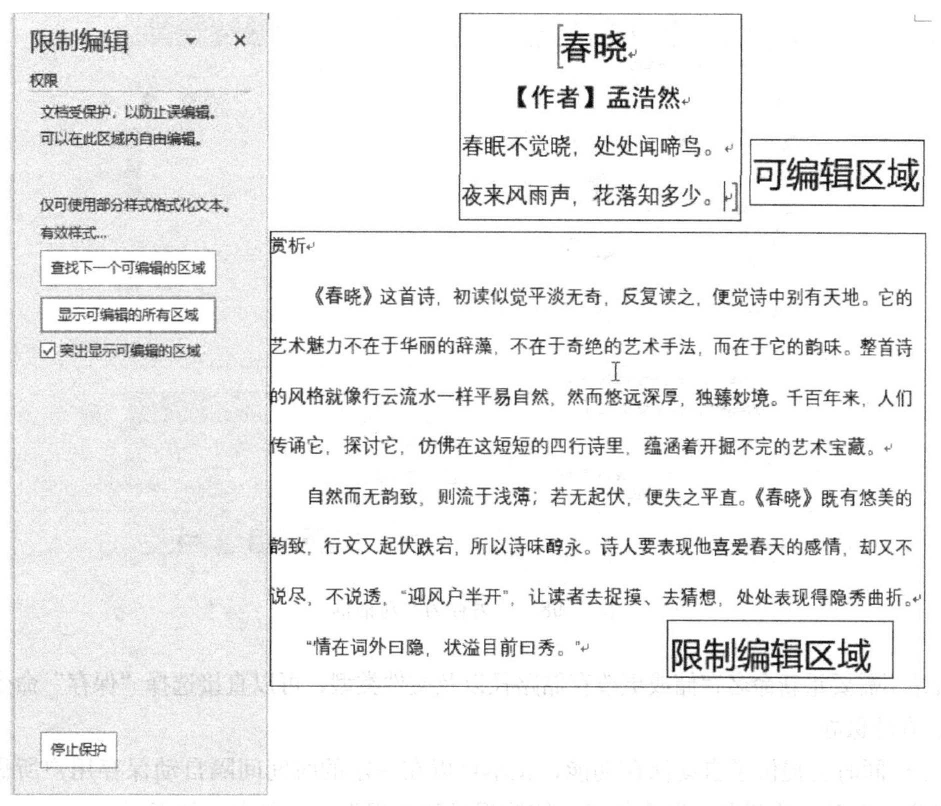

图 5.97　被保护文档

5.9　保存与打印

5.9.1　保存

为了避免因突然断电或误操作导致文本数据丢失，文本在创建好后应及时进行保存，Word 文本保存的方法有手动保存和自动保存两种。

1. 手动保存

方法 1：在 Word 2019 文本工作窗口中，单击主窗口左上角的“自定义快速访问工具栏”中的“保存”的按钮。

方法 2：在 Word 2019 文本工作窗口中，单击“文件”选项卡中的“保存”命令。

方法 3：按组合键 Ctrl+S 快速保存文档。

通过以上 3 种方法可对 Word 文本进行手动保存。特别注意，首次保存和非首次保存在操作时又存在差异，主要表现为：

(1) 若是首次保存则会弹出一个“另存为”对话框，需要在“另存为”对话框中确定文本的存储路径、文件名和保存类型，然后单击“保存”按钮，完成文本的保存操作，如图 5.98 所示。

(2) 当第一次保存后再执行保存操作，选择“保存”命令不会弹出“另存为”对话框，只有选择“另存为”命令才会弹出“另存为”对话框。此方法可方便实现对文本的重新命名存

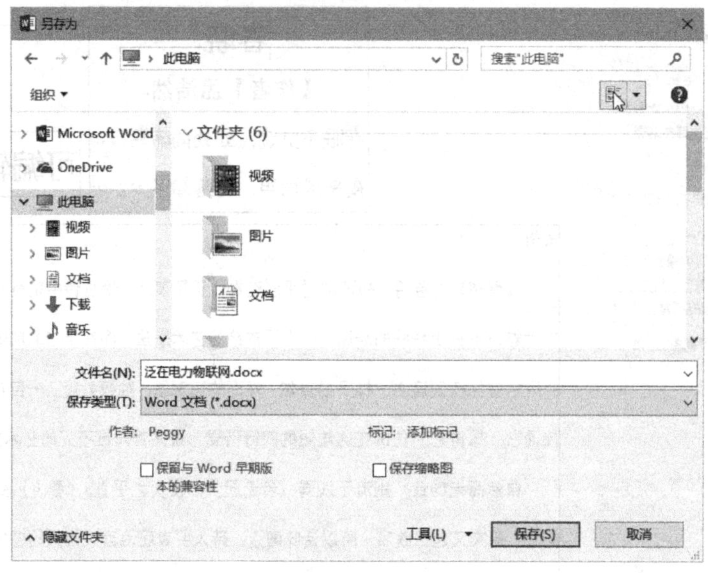

图 5.98 “另存为”对话框

储，若是不需要重新命名存储或更改存储路径以及文件类型，可以直接选择“保存”命令。

2. 自动保存

Word 同时也提供了自动保存功能，文本可以在一定的时间间隔自动保存用户所做的工作，以防止由于意外断电、误操作或系统错误导致的损失。设置方法如下：

(1) 执行“文件”→“另存为”，在弹出的“另存为”对话框中选择“工具”下拉按钮中“保存选项”选项，如图 5.99 所示。

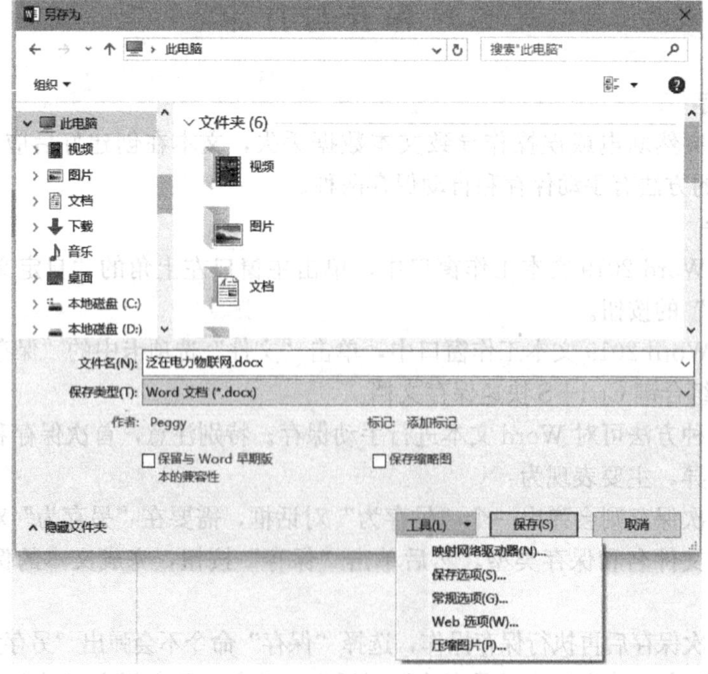

图 5.99 保存选项

（2）弹出“Word 选项”对话框，在自定义文档保存方式中，默认自动保存的间隔时间为 10min，如图 5.100 所示，可进行相应设置的更改，然后单击“确定”按钮即可。

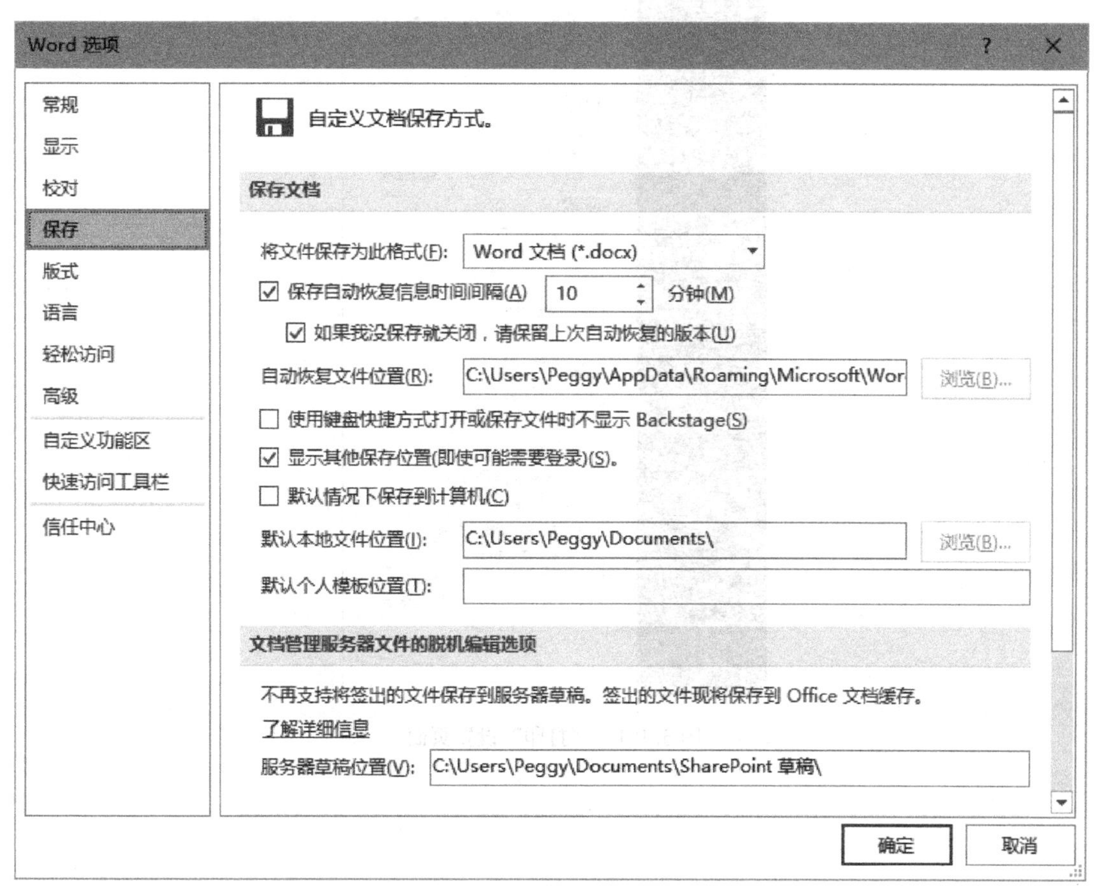

图 5.100　自动保存间隔时间设置

5.9.2　打印

在经过字体段落格式编辑、页面设置、排版等操作后，若可以满足需求并形成一份较理想的文本，这时就可以进行文本打印了。打印前应进行打印设置与打印效果预览，确认满意后，再执行打印命令。文本打印操作如下：

（1）在“文件”选项卡中选择“打印”选项，进入打印设置界面，如图 5.101 所示。打印设置界面左侧部分为打印设置，可以选择打印机，进行文本打印份数、打印范围、方向、纸张大小、自定义页边距等页面设置。右侧部分为打印预览，可拖动右下角显示比例以实现对文档的单页和多页预览，单击左下角翻页箭头可以实现文本不同页面的预览，也可以输入指定页面进行预览。

（2）当文本较长、打印多份时，一般是先打印一份，确认无误后再打印剩余的份数，避免纸张浪费。

图 5.101 “打印”设置页面

第 6 章 Excel 2019 应用

与 Microsoft Word 2019 文档处理软件一样，Microsoft Excel 2019 电子表格软件也是 Microsoft Office 2019 办公软件的一个组件，属于电子表格处理软件，具有制作表格、处理数据、分析数据和创建图表等功能，广泛应用于财务、行政、金融、经济、统计、审计、工程数据和办公自动化等众多领域，大大提高了数据处理的效率。

6.1 Excel 2019 概述

6.1.1 Excel 2019 工作窗口

Excel 2019 继续沿用前一版本的功能界面风格，将 Excel 2003 和之前版本的传统风格菜单和工具栏以多页选项卡功能面板代替。

Excel 应用程序工作窗口由位于窗口上部呈带状区域的功能区和下部的工作表窗口组成。功能区包含所操作文档的工作簿标题、一组选项卡和相应命令；工作表区包含名称框、数据编辑区、状态栏、工作表区等。选项卡中集中了相应的操作命令，根据命令功能的不同每个选项卡内又划分了不同的选项组。Excel 2019 工作窗口如图 6.1 所示。

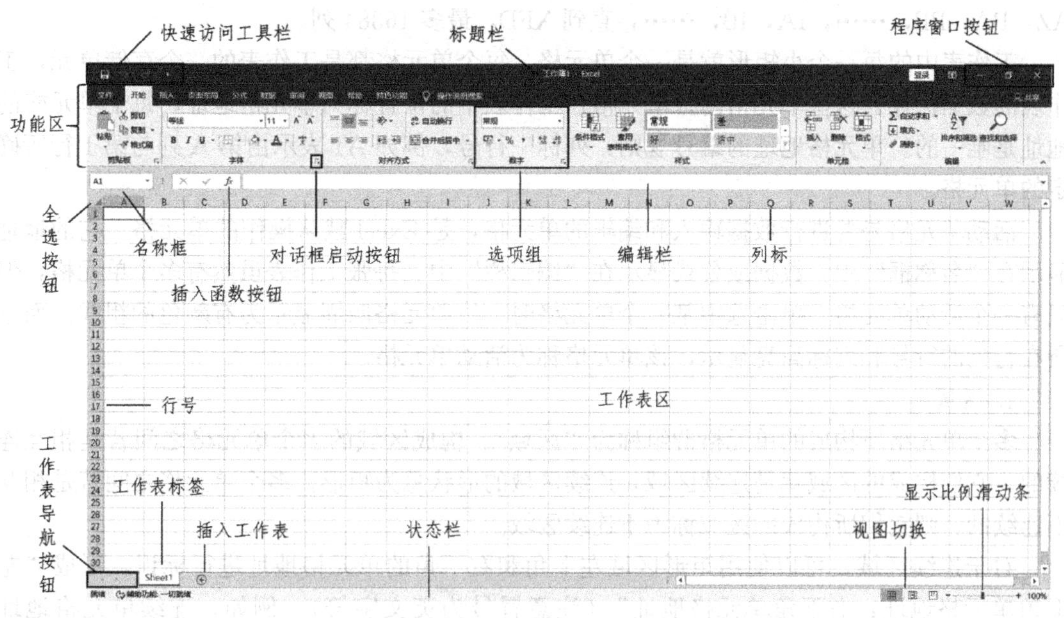

图 6.1 Excel 2019 工作窗口

6.1.2 Excel 2019 的基本概念

1. 工作簿

在 Excel 2019 中，工作簿是处理和存储数据的文件，一个工作簿就是一个 Excel 文件，工作簿名就是文件名，扩展名为 . xlsx。启动 Excel 后系统会自动创建一个新的工作簿，默认文件名为“工作簿 1”或“Book1”，每个工作簿可以包含一个或多个工作表，默认最多可以包含 255 个工作表。每一个新建工作簿中默认情况下包含 1 个工作表，默认名称为 Sheet1。由于每个工作簿可以包含多个工作表，因此可在一个文件中管理多种类型的相关信息。

工作表是工作簿的组成部分，每张工作表彼此相互独立，但不能以文件的形式存储在磁盘上，只有工作簿才能以文件的形式存储在磁盘上。

2. 工作表

工作表是显示在工作簿窗口中的表格，由单元格组成。在 Excel 2019 中，每一张工作表由 1048576 行和 16384 列构成。每张工作表都有一个相应的工作表标签，工作表标签上显示的就是该工作表的名称。可以通过单击工作表标签在不同的工作表之间进行切换。白色的为当前工作的工作表，称为活动工作表，活动工作表某一时刻只能有一个。用鼠标单击任意一个工作表标签可将其设为活动工作表。

3. 单元格

行号、列标和单元格是组成工作表的基本要素，对单元格操作是指对活动单元格操作，在编辑栏中会显示活动单元格内容，在名称框中会显示活动单元格名称。

行号位于工作表的左侧，它上面标注有 1，2，3，……，1048576，表示单元格所在的行。列标位于工作表的上侧，它上面标注有 A，B，C，……，XFD，表示单元格所在的列。列标从大写英文字母 A 开始编起，到 Z 之后使用两个字母表示列标，如 AA，AB，……，AZ，BA，BB，……，IA，IB，……，直到 XFD，最多 16384 列。

工作表中的每一个小矩形就是一个单元格。每个单元格都是工作表的一个存储单元，工作表的数据保存在这些单元格内。单元格在工作表中的位置称为单元格地址，每个单元格的地址是唯一的。单元格地址的编号规则：列标＋行号，例如 A1 表示由第 A 列与第 1 行所确定的单元格。

活动单元格是要进行数据输入和编辑的单元格，是 Excel 默认操作的单元格。它的地址显示在“名称框”中，数据或公式显示在“编辑栏”中。每张工作表虽然有多个单元格，但只有一个活动单元格。单击选中某一个单元格时，该单元格四周显示为有颜色的粗线，而且所在行列的行号和列标高亮显示，该单元格称为活动单元格。

4. 区域

多个单元格所构成的单元格群组称为“区域”。构成区域的多个单元格之间若是相互连续的，它们构成的区域就是连续区域，连续区域的形状总为矩形。多个单元格之间若是相互不连续的，则它们所构成的区域称为不连续区域。

对于连续区域，可以使用矩形区域左上角和右下角的单元格地址进行标识，形成“左上角单元格地址：右下角单元格地址”（注意冒号为英文字符）。例如，连续单元格地址“B3：C5”表示此区域包含了从 B3 单元格到 C5 单元格的矩形区域。特殊地，若区域地址中只有字母则表示整列，若只有数字则表示整行，例如在名称框中输入“B：B”，则自动选中整个 B 列，在名称框中输入“2：3”则选中整个第 2 行和第 3 行。

活动单元格与区域中的其他单元格显示不同，区域中所包含的其他单元格会高亮显示，而当前活动单元格还是保持正常显示，以此来标识活动单元格的位置。选定区域后，区域所包含的单元格所在的行标签和列标签也会高亮显示，如图 6.2 所示，选定区域范围为“C5∶F11”，活动单元格地址为 C5。

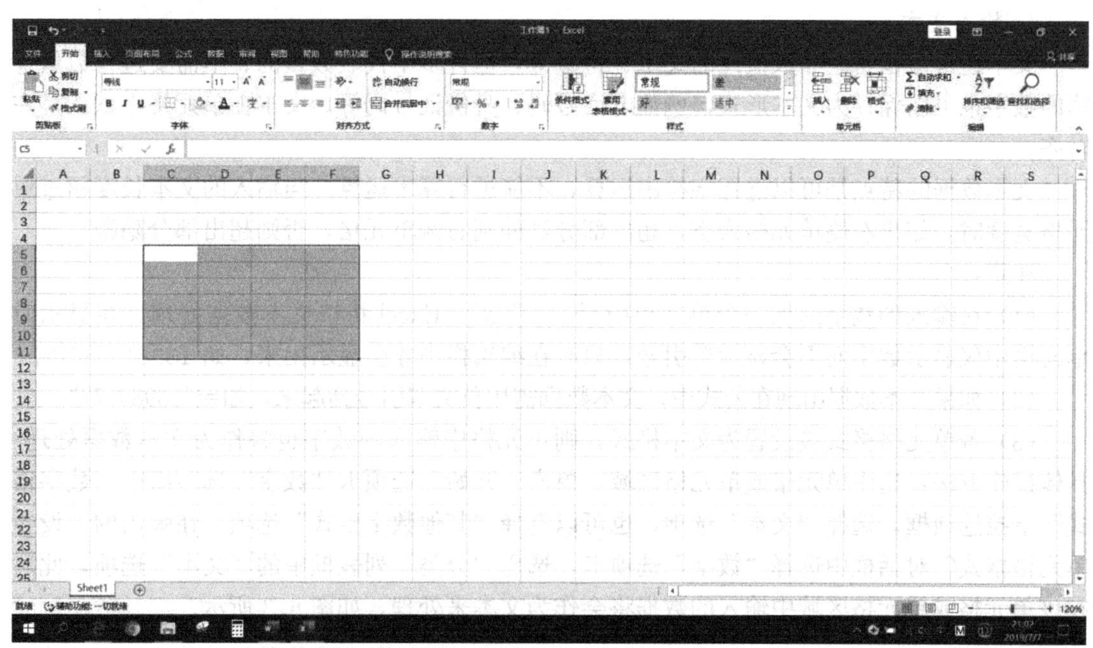

图 6.2　选定区域与区域中的“活动单元格”

6.2　数据的制作

6.2.1　数据录入

在 Excel 中，经常要对不同类型的数据进行处理，就要向单元格中输入数据。在 Excel 中，各类数据显示方式和用途各不相同，见表 6.1。

表 6.1　Excel 单元格常用数据类型

数据类型	默认对齐方式	示例
文本	左对齐	姓名、身份证号
数值	右对齐	3.125、−78
日期	右对齐	2019−6−1
时间	右对齐	15∶38
百分比	右对齐	88.9%
货币	右对齐	$4.50

要在单元格中输入数据，可以先选中目标单元格，使其成为当前“活动单元格”后即可向单元格内输入数据。数据输入完毕按 Enter 键或是使用鼠标单击其他单元格即可确认完成输入。要在输入过程中取消本次输入内容，则可按 Esc 键退出输入状态。

当用户输入数据时，Excel 工作窗口底部状态栏的左侧会显示“输入”两个字，原有编辑栏的左侧会出现两个新的图标，分别是“×”和“√”按钮。在输入过程中，可以单击“×”按钮取消输入，或单击“√”按钮确认当前输入内容。

1. 输入文本

文本通常是指一些非数值性的文字、符号等，但许多不代表数量的、不需要进行数值计算的数字也可以保存为文本形式，例如电话号码、身份证号码等。文本在单元格中默认是左对齐。

文本数据的特点是可以进行字符串运算，不能进行算术运算。当输入的文本长度超过单元格宽度时，如果右侧单元格为空，超出部分延伸到右侧单元格，否则超出部分隐藏。

注意：

(1) 在输入的数字前加一个英文单引号“′”后，Excel 将按文本数据处理。在显示时单元格中仅显示数字而不会显示单引号，只有在编辑栏中才会显示出来，如′13981558077。

(2) 如果文本数据出现在公式中，文本数据需用英文双引号括起来，如="18989777"。

(3) 若单元格格式被设置为文本格式，则单元格中输入的数字也将作为文本数据处理。具体操作方法：选中单元格或单元格区域，单击“开始”选项卡“数字”选项组中“数字格式”下拉选项框，选择“文本”选项，也可以选择“其他数字格式”选项，在弹出的“设置单元格格式”对话框中选择“数字”选项卡，选择“分类”列表框中的“文本”选项，此后在该单元格或单元格区域中输入的数据将会作为文本来处理，如图 6.3 所示。

图 6.3　“设置单元格格式”对话框“数字”选项卡

2. 输入数值

在 Excel 中，输入的数值可以是整数、小数、分数或科学记数法表示的数，如 56、−58.4 等。在自然界中数字的大小可以是无穷无尽的，但在 Excel 中，由于软件系统的自身显示，Excel 可以表示和存储的数字最大精度只有 15 位有效数字。对于超过 15 位的整数，Excel 会自动将 15 位以后的数字变为 0，因此无法用数值形式存储 18 位的身份证号码，只能以文本形式来保存位数超过 15 位的数字。数值型数据在单元格中一般以右对齐方式显示。

数值数据的特点是可以对其进行算术运算。输入数值时，默认形式为常规表示。当单元格的列宽无法完整显示数据所有部分时，Excel 会自动以四舍五入的方式对数值的小数部分进行截取显示。如果将单元格的列宽调大，显示的位数相应增多，但最大也只能显示到保留 10 位有效数字。

若单元格的列宽无法完整显示数据的整数部分，或对于小数无法显示出 1 位有效数字，则 Excel 会自动将该数据转换成科学记数法来表示。表示后，若仍超过单元格的宽度，单元格中将显示######，此时需要加宽该单元格所在列的宽度才能将其显示出来。

注意：

(1) 输入负数时，既可以用“－”号开始，也可以用一对英文括号代替负号的形式，如－99 或 (99)。

(2) 输入分数时，为了和日期型数据区分，应先输入整数部分和一个英文空格，再输入分数。若无整数部分则必须先输入 0 和一个英文空格后再输入分数。如要输入“4/5”则应在单元格中输入“0 4/5”，否则 Excel 会认为它是日期“4 月 5 日”。

(3) 输入的数据必须遵守 Excel 的系统规范，当输入整数部分以 0 开头或小数部分以 0 结尾的数字时，系统会自动将非有效位数上的 0 清除。若要输入该类数据只能将数据类型转换为文本类型。

3. 输入日期/时间型数据

在 Excel 中有一些固定的日期与时间格式，如 2019/6/1、2019 年 6 月 1 日、09：01 等。当输入的日期或时间数据与这些格式相匹配时，系统会自动将其作为日期或时间处理。

日期的输入可以用“/”或“-”分隔，也可直接输入中文的“年”“月”“日”进行分隔，如 2019/6/1、2019-6-1 或 2019 年 6 月 1 日。若要输入当天的日期，则可用组合键 Ctrl+；。

时间的格式为“小时：分：秒 (AM/PM)”，其中小时、分、秒之间用“：”分隔。时间与字母之间必须加上一个英文空格，否则系统将识别其为文本。如未加上字母后缀，系统将使用 24h 制显示时间。若同时输入日期和时间，则在日期和时间之间用英文空格进行分隔。若要输入当前的时间，则可用组合键 Ctrl+Shift+；。

4. 输入逻辑型数据

在 Excel 中可以直接输入逻辑值 TRUE（真）或 FALSE（假）。也可以是数据之间进行比较运算时，Excel 判断之后，在单元格中自动产生的运算结果 TRUE 或 FALSE。逻辑值数据在单元格中一般以居中方式显示。逻辑值可参与运算，TRUE 为 1，FALSE 为 0，如在 A1 单元格中输入=TRUE+5，则返回结果为 6。

5. 编辑单元格内容

对于已经存在数据的单元格，用户可以激活目标单元格后重新输入新的内容来替换原有数据，但是如果只想对其中部分内容进行修改，则可激活单元格进入编辑模式进行修改。主要有以下两种方法：

(1) 双击单元格，在单元格中原有内容后会出现竖线光标显示，提示当前进入编辑模式，可在单元格中直接对其内容进行编辑修改。

(2) 选中单元格，鼠标左键单击工作窗口编辑栏内容，进入编辑模式，直接在编辑栏进行修改。

6. 复制和移动单元格内容

与Word中的操作类似，复制或移动数据也有很多种方法，既可以用鼠标拖动，也可以使用剪贴板等方式来实现。具体有以下几种操作方式：

(1) 用鼠标拖动。用鼠标选择单元格或区域，然后将鼠标移动到源数据单元格或区域的四周边框，鼠标指针由空心十字变为一个十字指向箭头，拖动到目标单元格或区域实线移动；或者按住Ctrl键不放，此时鼠标指针右上角出现一个“+”号，拖动鼠标到目的地，然后释放鼠标就可以实现数据的复制。

(2) 选中源单元格或区域，在Excel功能区单击“开始”选项卡，在“剪贴板”选项组中单击“复制”/“剪切”按钮，再选中目标单元格或区域（或区域的左上角单元格），单击“剪贴板”选项组中的“粘贴”命令按钮，即可完成单元格的复制/移动。

(3) 选中源单元格或区域，在任一单元格上单击鼠标右键，在弹出的快捷菜单上单击“复制”/“剪切”命令，再选中目标单元格或区域（或区域的左上角单元格）单击鼠标右键，在弹出的快捷菜单上选择“粘贴”命令（选择适用的粘贴选项），即可完成单元格的复制/移动。

(4) 选中源单元格或区域，使用Ctrl+C/Ctrl+X组合键，再选中目标单元格或区域（或区域的左上角单元格）使用Ctrl+V组合键。

7. 删除单元格内容

对于不再需要的单元格内容，如果用户想将其删除，可以先选定目标单元格，然后按Delete键，可将单元格中所包含的数据删除，但这样操作并不影响单元格中格式、批注等内容。要彻底删除这些内容可以在选定目标单元格后，在Excel功能区单击“开始”选项卡，在“编辑”选项组中单击“清除”下拉按钮，在其扩展菜单中单击“全部清除”命令，这样可以清除单元格中的所有内容，包括数据、格式、批注等。

“删除单元格内容”并不等同于“删除单元格”，“删除单元格”针对的对象是单元格，删除后选取的单元格连同里面的数据都将从工作表中消失。具体的操作方法：单击“开始”选项卡“单元格”选项组中的“删除”下拉按钮，在其扩展菜单中单击“删除单元格”命令。

6.2.2 填充与快速填充

1. 自动填充功能

除了通常的数据输入方式以外，还可以使用Excel所提供的填充功能进行快速地批量录入数据。Excel默认启用了“使用填充柄和单元格拖放功能”，当选中一个单元格（或区域）时，单元格边框的右下角有一个小方块，此即为“填充柄”。将鼠标移动至“填充柄”上时鼠标指针会变成黑色加号，此时按住鼠标左键向下拖动（也可向其他方向拖动），可将数据复制到相邻单元格或填充有序数据，如图6.4所示。也可通过“开始”选项卡“编辑”选项组中的“填充”按钮来完成有规律数据的填充。

填充分为以下几种情况：

(1) 初始值为Excel预设的自动填充序列中的一员，按预设序列填充。如初始为一月，自动填充二月、三月、四月……

(2) 初始值为纯文本或纯数值且非填充序列中的一员，填充相当于复制。

(3) 初始值为文本和数值的混合体，填充时文本不变，数值部分递增。如初始值为第 1，填充为第 2、第 3、第 4……

(4) 当某行或某列的数字为等差序列或等比序列时，Excel 会根据给定的初始值，按照固定的步长增加或减少填充的数据。如给出 1、2，然后选中这两个单元格，拖动填充柄到目的地，自动填充 3、4、5、6……

2. 序列

前面提到可以实现自动填充的"顺序"数据在 Excel 中称为"序列"。在单元格中输入序列中的元素，就可以为 Excel 提供识别序列内容和顺序信息，以便 Excel 在使用自动填充功能时，自动按照序列中的元素、间隔顺序来依次填充。

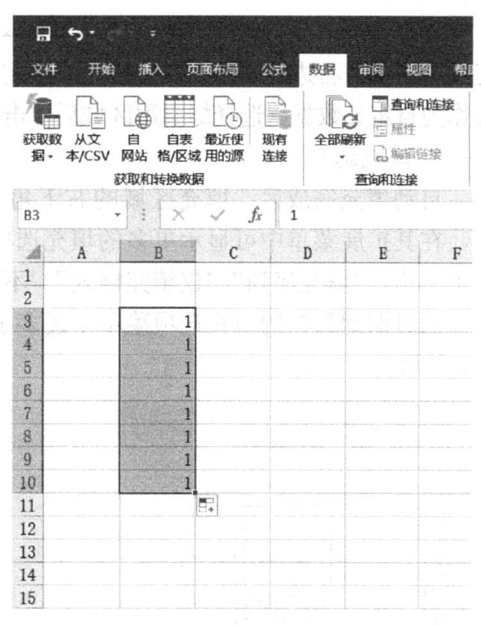

图 6.4　单元格的自动填充

Excel 能自动按照序列中的元素、间隔来填充，是因为 Excel 系统中默认包含了这些序列，若是 Excel 系统没有的序列，对单元格的拖放只能是对单元格的复制，而无法完成序列的自动填充。

用户可以查看 Excel 中包含的默认序列。在 Excel 功能区单击"文件"选项卡中的"选项"命令，在弹出的 Excel 选项对话框中单击"高级"选项卡，单击"常规"区域中的"编辑自定义列表"按钮，弹出的"自定义序列"对话框内显示了当前 Excel 中可以被识别的序列（所有的数值型、日期型数据都是可以被自动填充的序列，不再显示于列表中），如图 6.5 所示。

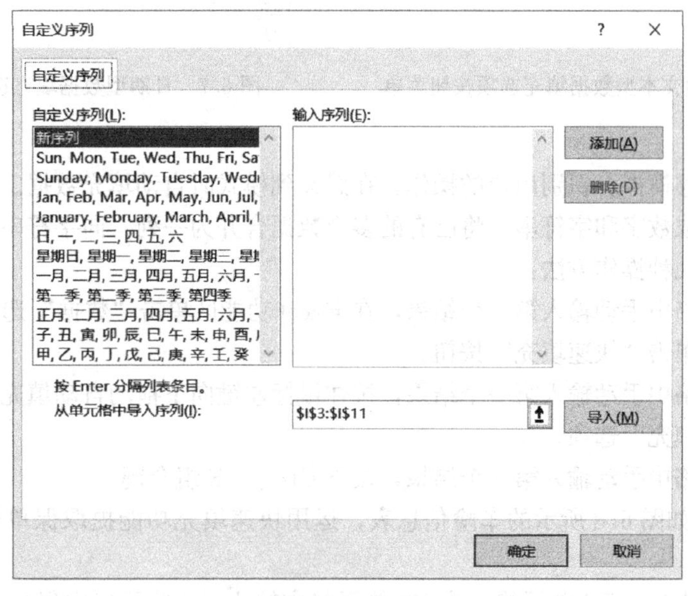

图 6.5　"自定义序列"对话框

用户也可以在右侧的“输入序列”文本框中手动添加新的数据序列作为自定义序列，输入完成后再单击右边的“添加”按钮完成自定义序列的添加，或者引用表格中已经存在的数据列表作为自定义数据，选择好引用区域后单击右边的“导入”按钮完成自定义序列的添加。

3. 填充选项

自动填充完成后，填充区域的右下角会显示“填充选项”按钮，用鼠标左键单击此按钮，在其扩展菜单中可显示更多的填充选项。数值型、文本型数据的填充选项菜单中有“复制单元格”“填充序列”“仅填充格式”“不带格式填充”“快速填充”5 个选项，如图 6.6 所示。而日期型数据的填充选项菜单中还多了“以天数填充”等日期型数据特有的选项，如图 6.7 所示。

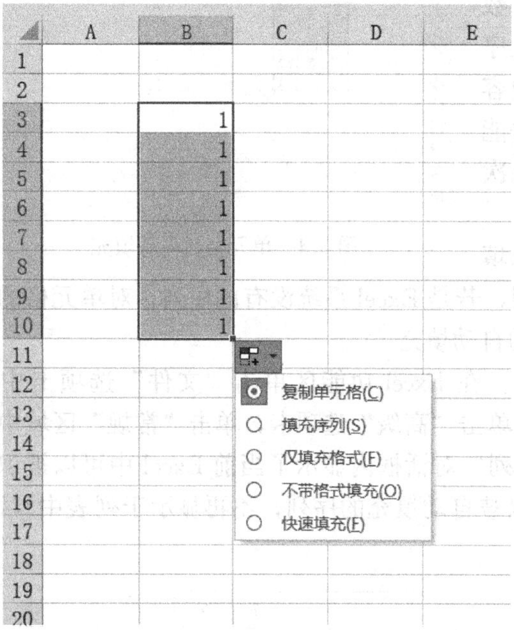

图 6.6 数值文本型数据填充选项按钮菜单

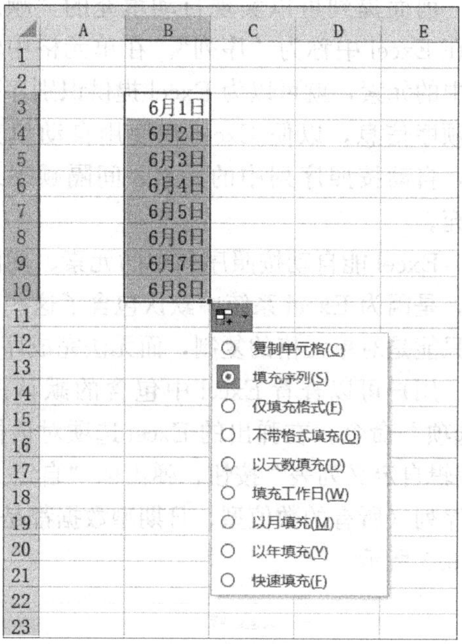

图 6.7 日期型数据填充选项按钮菜单

4. 快速填充

快速填充能够模拟、识别用户的操作，在感知到模式时自动填充数据。使用快速填充功能可以快速地提取数字和字符串、将已有的多个数据合并为一列、向字符串中添加字符等操作。具体有以下几种操作方法：

(1) 在单元格中手动输入第一个结果，在 Excel 功能区单击“数据”选项卡，在“数据工具”选项组中单击“快速填充”按钮。

(2) 在单元格中手动输入第一个结果，按住鼠标左键向下拖动自动填充，然后在填充选项中选择“快速填充”选项。

(3) 在单元格中手动输入第一个结果，按下 Ctrl + E 组合键。

【例 6.1】 如图 6.8 所示的车险信息表，运用快速填充功能提取保单号中的数字编号部分。

(1) 在原表中选中 B2 单元格，在 B2 单元格中输入 A2 单元格中保单号的数字编号部分，即 201965321。

	A	B	C	D	E	F
1	保单号	保单号（数字编号）	品牌	续保年	投保类别	使用性质
2	PDAA201965321		上汽通用别克	0	交商全保	家庭自用车
3	PDAA201965322		一汽大众	0	交商全保	企业非营业用车
4	PDAA201965323		四川一汽丰田	0	交商全保	家庭自用车
5	PDAA201965324		长安	0	单商业	家庭自用车
6	PDAA201965325		北京现代	0	单交强	家庭自用车
7	PDAA201965326		宝马	8	交商全保	家庭自用车
8	PDAA201965327		力帆(乘用车)	0	交商全保	家庭自用车
9	PDAA201965328		夏利	0	单交强	家庭自用车
10	PDAA201965329		别克	0	交商全保	企业非营业用车
11	PDAA201965330		上海通用雪佛兰	0	单交强	家庭自用车
12	PDAA201965331		长安福特	0	单商业	家庭自用车
13	PDAA201965332		上汽通用五菱	0	单交强	家庭自用车
14	PDAA201965333		一汽奥迪	0	交商全保	家庭自用车
15	PDAA201965334		北京现代	0	单交强	家庭自用车

图 6.8　车险信息表

（2）在 Excel 功能区单击“数据”选项卡，在“数据工具”选项组中单击“快速填充”按钮，即可完成保单号中数字编号的提取，如图 6.9 所示。

	A	B	C	D	E	F
1	保单号	保单号（数字编号）	品牌	续保年	投保类别	使用性质
2	PDAA201965321	201965321	上汽通用别克	0	交商全保	家庭自用车
3	PDAA201965322	201965322	一汽大众	0	交商全保	企业非营业用车
4	PDAA201965323	201965323	四川一汽丰田	0	交商全保	家庭自用车
5	PDAA201965324	201965324	长安	0	单商业	家庭自用车
6	PDAA201965325	201965325	北京现代	0	单交强	家庭自用车
7	PDAA201965326	201965326	宝马	8	交商全保	家庭自用车
8	PDAA201965327	201965327	力帆(乘用车)	0	交商全保	家庭自用车
9	PDAA201965328	201965328	夏利	0	单交强	家庭自用车
10	PDAA201965329	201965329	别克	0	交商全保	企业非营业用车
11	PDAA201965330	201965330	上海通用雪佛兰	0	单交强	家庭自用车
12	PDAA201965331	201965331	长安福特	0	单商业	家庭自用车
13	PDAA201965332	201965332	上汽通用五菱	0	单交强	家庭自用车
14	PDAA201965333	201965333	一汽奥迪	0	交商全保	家庭自用车
15	PDAA201965334	201965334	北京现代	0	单交强	家庭自用车

图 6.9　从身份证号中提取出生日期后的学生信息表

6.2.3　数据排序

数据清单，是指包含一组相关数据的一系列工作表数据行。Excel 允许采用数据库管理的方式管理数据清单。数据清单由标题行（表头）和数据部分组成。数据清单中的行相当于数据库中的记录，行标题相当于记录名；数据清单中的列相当于数据库中的字段，列标题相当于字段名，如图 6.10 所示。

数据排序是按照一定的规则对数据进行重新排列，便于浏览或为进一步处理做准备（如分类汇总）。Excel 提供了多种方法对数据清单进行排序，用户可以根据需要按行或列排序、按升序或降序排序，也可以进行自定义排序。Excel 2019 的“排序”对话框可以指定多达 64 个排序

	A	B	C	D	E	F	G	H	I	J	K	L	M	N
1	保单号	品牌	续保年	投保类别	使用性质	新车购置价	车龄	险种	客户类别	是否投保车损	是否投保盗抢	签单保费	立案件数	已决赔款
2	PDAA201965321	上汽通用别克	0	交商全保	家庭自用车	100900.00	1	商业险	个人	投保车损	未投保盗抢	2264.6	0	
3	PDAA201965322	一汽大众	0	交商全保	企业非营业用车	191800.00	1	交强险	个人	未投保车损	未投保盗抢	849.06	0	
4	PDAA201965323	四川一汽丰田	0	交商全保	家庭自用车	200800.00	2	交强险	个人	未投保车损	未投保盗抢	716.98	0	
5	PDAA201965324	长安	0	单商业	家庭自用车	56900.00	4	商业险	个人	未投保车损	未投保盗抢	1011.75	1	
6	PDAA201965325	北京现代	0	单交强	家庭自用车	81600.00	14	交强险	个人	未投保车损	未投保盗抢	716.98	0	
7	PDAA201965326	宝马	8	交商全保	家庭自用车	665000.00	11	商业险	个人	未投保车损	未投保盗抢	1190.29	0	
8	PDAA201965327	力帆(乘用车)	0	交商全保	家庭自用车	32500.00	5	商业险	个人	未投保车损	未投保盗抢	833.21	0	
9	PDAA201965328	夏利	0	单交强	家庭自用车	29800.00	7	交强险	个人	未投保车损	未投保盗抢	627.36	0	
10	PDAA201965329	别克	0	交商全保	企业非营业用车	429000.00	6	交强险	机构	未投保车损	未投保盗抢	1066.04	0	
11	PDAA201965330	上海通用雪佛兰	0	单交强	家庭自用车	116900.00	3	交强险	个人	未投保车损	未投保盗抢	950	1	744
12	PDAA201965331	长安福特	0	单商业	家庭自用车	102900.00	8	商业险	个人	未投保车损	未投保盗抢	1190.29	0	
13	PDAA201965332	上汽通用五菱	0	单交强	家庭自用车	29000.00	7	交强险	个人	未投保车损	未投保盗抢	726.42	0	
14	PDAA201965333	一汽奥迪	0	交商全保	家庭自用车	345240.00	5	商业险	个人	未投保车损	未投保盗抢	1487.86	0	
15	PDAA201965334	北京现代	0	单交强	家庭自用车	120800.00	9	交强险	个人	未投保车损	未投保盗抢	627.36	0	

图 6.10 “车险信息表”数据清单

条件，还可以按单元格颜色和字体颜色进行排序，甚至还可以按条件格式图标进行排序。

1. 简单排序

在实际应用中，常常需要将数据按某一列字段进行排序。例如要对图 6.10 所示的车险信息表按“新车购置价”降序排序，这种按单列数据进行的排序称为简单数据排列，具体操作方法如下：

(1) 选中工作表中要排序字段所在列的任一单元格。

(2) 在功能区单击“数据”选项卡，在“排序和筛选”选项组中单击 Z↓A 图标（“降序”按钮）。这样，工作表中的数据就会按要求重新排序，如图 6.11 所示。

	A	B	C	D	E	F	G
1	保单号	品牌	续保年	投保类别	使用性质	新车购置价	车龄
2	PDAA201965326	宝马	8	交商全保	家庭自用车	665000.00	11
3	PDAA201965329	别克	0	交商全保	企业非营业用车	429000.00	6
4	PDAA201965333	一汽奥迪	0	交商全保	家庭自用车	345240.00	5
5	PDAA201965323	四川一汽丰田	0	交商全保	家庭自用车	200800.00	2
6	PDAA201965322	一汽大众	0	交商全保	企业非营业用车	191800.00	1
7	PDAA201965334	北京现代	0	单交强	家庭自用车	120800.00	9
8	PDAA201965330	上海通用雪佛兰	0	单交强	家庭自用车	116900.00	3
9	PDAA201965331	长安福特	0	单商业	家庭自用车	102900.00	8
10	PDAA201965321	上汽通用别克	0	交商全保	家庭自用车	100900.00	1
11	PDAA201965325	北京现代	0	单交强	家庭自用车	81600.00	14
12	PDAA201965324	长安	0	单商业	家庭自用车	56900.00	4
13	PDAA201965327	力帆(乘用车)	0	交商全保	家庭自用车	32500.00	5
14	PDAA201965328	夏利	0	单交强	家庭自用车	29800.00	7
15	PDAA201965332	上汽通用五菱	0	单交强	家庭自用车	29000.00	7

图 6.11 按“新车购置价”降序排序后的数据清单

2. 按多个关键字排序

在实际应用中，往往会出现按多列排序的情况。若排序不局限于单列，而是对两列以上的数据排序，则必须使用“排序”按钮。例如对图 6.10 所示的车险信息表按“新车购置价”降序排序后，再按照“车龄”降序排序，具体操作步骤如下：

(1) 选中数据清单中的任一单元格。

(2) 在功能区单击“数据”选项卡，在“排序和筛选”选项组中单击“排序”按钮，此时弹出“排序”对话框，如图 6.12 所示。

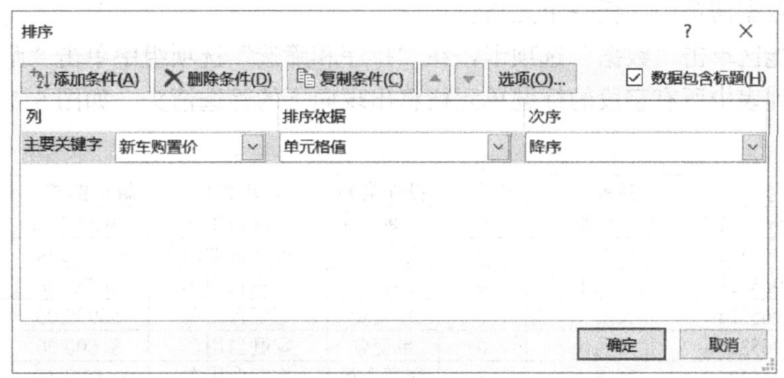

图 6.12　“排序”对话框

(3) 在“排序”对话框中选择“主要关键字”为“新车购置价”，排序依据为“单元格值”，次序为“降序”。

(4) 单击“添加条件”按钮，可以添加排序的条件。

(5) 将“次要关键字”设置为“车龄”，排序依据为“单元格值”，次序为“降序”，如图 6.13 所示。

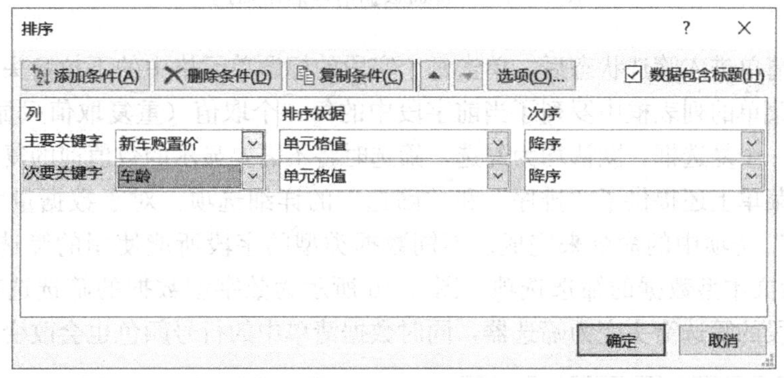

图 6.13　利用“排序”对话框设置多关键字排序

(6) 为避免字段名也成为排序对象，可选中“数据包含标题”复选框，再单击“确定”按钮即可完成多关键字的排序设置，排序结果如图 6.11 所示。

若需要多个排序条件，则需要多次单击“添加条件”按钮，添加足够的排序关键字，然后根据需要进行设置。

Excel 2019 允许对全部数据区域或部分数据区域进行排序。如果选定的数据区域包含所有的列，则对所有数据区域进行排序；如果所选的数据区域没有包含所有的列，则仅对已选定的数据区域排序，未选定的数据区域不变（此种情况有可能引起数据错误）。

6.2.4　数据筛选

当数据列表中记录非常多，而用户仅对其中一部分数据感兴趣时，需要只显示感兴趣的数据，将不感兴趣的数据暂时隐藏起来，这时可以使用 Excel 的数据筛选功能。

1. 筛选

如图 6.10 所示，如果只想看“投保类别”为“交商全保”的信息，则需要把相关数据筛选出来，单独查看，操作步骤如下：

（1）选中数据清单中的任一单元格。

（2）在功能区单击“数据”选项卡，在“排序和筛选”选项组中单击“筛选”按钮。

（3）数据列表中所有字段的标题单元格将出现向下的筛选箭头，如图 6.14 所示。

	A	B	C	D	E	F	G	H
1	保单号	品牌	续保年	投保类别	使用性质	新车购置价	车龄	险种
2	PDAA201965321	上汽通用别克	0	交商全保	家庭自用车	100900.00	1	商业险
3	PDAA201965322	一汽大众	0	交商全保	企业非营业用车	191800.00	1	交强险
4	PDAA201965323	四川一汽丰田	0	交商全保	家庭自用车	200800.00	2	交强险
5	PDAA201965324	长安	0	单商业	家庭自用车	56900.00	4	商业险
6	PDAA201965325	北京现代	0	单交强	家庭自用车	81600.00	14	交强险
7	PDAA201965326	宝马	8	交商全保	家庭自用车	665000.00	11	商业险
8	PDAA201965327	力帆(乘用车)	0	交商全保	家庭自用车	32500.00	5	商业险
9	PDAA201965328	夏利	0	单交强	家庭自用车	29800.00	7	交强险
10	PDAA201965329	别克	0	交商全保	企业非营业用车	429000.00	6	交强险
11	PDAA201965330	上海通用雪佛兰	0	单交强	家庭自用车	116900.00	3	交强险
12	PDAA201965331	长安福特	0	单商业	家庭自用车	102900.00	8	商业险
13	PDAA201965332	上汽通用五菱	0	单交强	家庭自用车	29000.00	7	交强险
14	PDAA201965333	一汽奥迪	0	交商全保	家庭自用车	345240.00	5	商业险
15	PDAA201965334	北京现代	0	单交强	家庭自用车	120800.00	9	交强险

图 6.14 对普通数据清单启用筛选

（4）数据清单进入筛选状态后，单击每个字段的标题单元格中的下拉箭头，将弹出下拉菜单，在下拉菜单的列表框中罗列了当前字段中的每一个取值（重复取值只显示一次），每个数值前都有一个复选框，默认均为勾选，筛选时将不需要显示的数值前的复选框中的勾去掉即可。同时菜单上还提供了“排序”和“筛选”的详细选项，对于数据量大的筛选，可以使用“筛选”选项中的命令来完成。不同数据类型的字段所能使用的筛选选项也不同。图 6.15 所示为文本型数据的筛选选项，图 6.16 所示为数字型数据的筛选选项。完成筛选后，被筛选字段的筛选箭头变为筛选器，同时数据清单中的行号颜色也会改变。

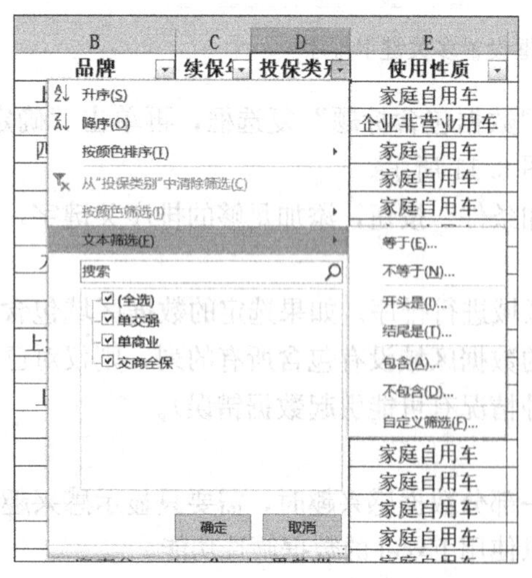

图 6.15 文本型数据字段筛选选项

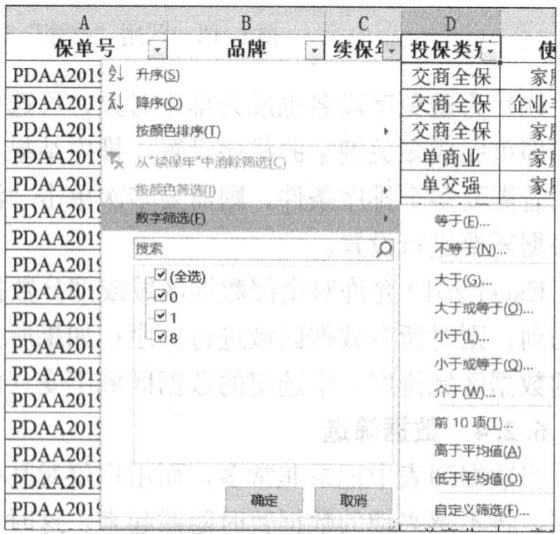

图 6.16 数字型数据字段筛选选项

用户可以对数据清单中的任意多列同时指定“筛选”条件。也就是说，先以数据清单中某一列为条件进行筛选，然后在筛选出的记录中以另一列为条件进行筛选，依次类推。在对多列同时应用筛选时，筛选条件之间是“与”的关系。

如果要取消对指定列的筛选，可以单击该列的下拉按钮，在弹出的下拉列表框中勾选“（全选）”前的复选框即可。

如果要取消数据清单中的所有筛选，则可以在功能区的“数据”选项卡中的“排序和筛选”选项组中单击“清除”按钮，即可取消数据清单中的所有筛选。

如果要取消所有“筛选”下拉按钮，则可以再次在功能区的“数据”选项卡中的“排序和筛选”选项组中单击“筛选”按钮。

2. 高级筛选

高级筛选不仅包含了筛选的所有功能，还可以设置更多、更复杂的筛选条件。

高级筛选要求在一个工作表区域内单独指定筛选条件，并与数据清单的数据分开，通常将这些条件区域放置在数据清单的上面或下面。

一个高级筛选的条件区域至少包含两行，第一行是列标题，必须和数据清单中的标题一致，第二行必须由筛选条件值构成。“与”关系的条件必须出现在同一行内，“或”关系的条件不能出现在同一行。

【例 6.2】 以如图 6.10 所示的数据清单为例。运用高级筛选功能将“投保类别”为“交商全保”并且“险种”为“商业险”的信息筛选出来。具体操作步骤如下：

（1）在数据清单的下方空白区域建立一个条件区域，写入用于描述条件的文本和表达式。

（2）单击数据清单中的任一单元格，单击“数据”选项卡中“排序和筛选”选项组中“高级”按钮，弹出如图 6.17 所示的“高级筛选”对话框，在“方式”区域选择“将筛选结果复制到其他位置”单选项（若要通过隐藏不符合条件的行来筛选区域，请选择“在原有区域显示筛选结果”，系统会在原有区域显示符合条件的记录）；在“列表区域”中进行单元格区域选取；在“条件区域”中选取输入的筛选条件单元格区域；在“复制到”区域中设置显示筛选结果的单元格区域。

（3）单击“确定”按钮，系统会自动将符合条件的记录筛选出来并复制到指定的单元格区域，如图 6.18 所示。

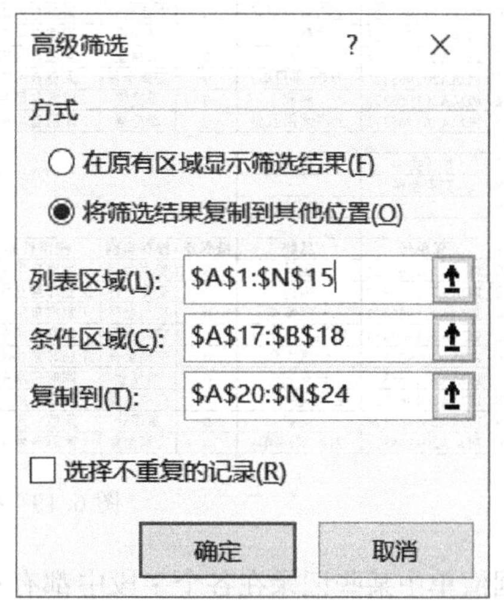

图 6.17　“高级筛选”对话框

【例 6.3】 以如图 6.10 所示的数据清单为例。运用高级筛选功能将“投保类别”为“交商全保”或“险种”为“商业险”的信息筛选出来。

高级筛选操作步骤与上例类似，只需将筛选条件放在不同行即可，筛选结果如图 6.19 所示。

6.2.5　删除重复值

在对数据清单进行数据整理时，有时需要剔除其中一些重复值。重复值，通常是指在数

	A	B	C	D	E	F	G	H	I	J	K	L	M	N
1	保单号	品牌	续保年	投保类别	使用性质	新车购置价	车龄	险种	客户类别	是否投保车损	是否投保盗抢	签单保费	立案件数	已决赔款
2	PDAA201965326	宝马	8	交商全保	家庭自用车	665000.00	11	商业险	个人	未投保车损	未投保盗抢	1190.29	0	
3	PDAA201965329	别克	0	交商全保	企业非营业用车	429000.00	6	交强险	机构	未投保车损	未投保盗抢	1066.04	0	
4	PDAA201965333	一汽奥迪	0	交商全保	家庭自用车	345240.00	5	商业险	个人	未投保车损	未投保盗抢	1487.86	0	
5	PDAA201965323	四川一汽丰田	0	交商全保	家庭自用车	200800.00	2	交强险	个人	未投保车损	未投保盗抢	716.98	0	
6	PDAA201965322	一汽大众	0	交商全保	企业非营业用车	191800.00	1	交强险	个人	未投保车损	未投保盗抢	849.06	0	
7	PDAA201965334	北京现代	0	单交强	家庭自用车	120800.00	9	交强险	个人	未投保车损	未投保盗抢	627.36	0	
8	PDAA201965330	上海通用雪佛兰	0	单交强	家庭自用车	116900.00	3	交强险	个人	未投保车损	未投保盗抢	950	1	744
9	PDAA201965331	长安福特	0	单商业	家庭自用车	102900.00	8	商业险	个人	未投保车损	未投保盗抢	1190.29	0	
10	PDAA201965321	上汽通用别克	0	交商全保	家庭自用车	100900.00	1	商业险	个人	投保车损	未投保盗抢	2264.6	0	
11	PDAA201965325	北京现代	0	单交强	家庭自用车	81600.00	14	交强险	个人	未投保车损	未投保盗抢	716.98	0	
12	PDAA201965324	长安	0	单商业	家庭自用车	56900.00	4	商业险	个人	未投保车损	未投保盗抢	1011.75	1	
13	PDAA201965327	力帆(乘用车)	0	交商全保	家庭自用车	32500.00	5	商业险	个人	未投保车损	未投保盗抢	833.21	0	
14	PDAA201965328	夏利	0	单交强	家庭自用车	29800.00	7	交强险	个人	未投保车损	未投保盗抢	627.36	0	
15	PDAA201965332	上汽通用五菱	0	单交强	家庭自用车	29000.00	7	交强险	个人	未投保车损	未投保盗抢	726.42	0	
16														
17	投保类别	险种												
18	交商全保	商业险												
19														
20	保单号	品牌	续保年	投保类别	使用性质	新车购置价	车龄	险种	客户类别	是否投保车损	是否投保盗抢	签单保费	立案件数	已决赔款
21	PDAA201965326	宝马	8	交商全保	家庭自用车	665000.00	11	商业险	个人	未投保车损	未投保盗抢	1190.29	0	
22	PDAA201965333	一汽奥迪	0	交商全保	家庭自用车	345240.00	5	商业险	个人	未投保车损	未投保盗抢	1487.86	0	
23	PDAA201965321	上汽通用别克	0	交商全保	家庭自用车	100900.00	1	商业险	个人	投保车损	未投保盗抢	2264.6	0	
24	PDAA201965327	力帆(乘用车)	0	交商全保	家庭自用车	32500.00	5	商业险	个人	未投保车损	未投保盗抢	833.21	0	

图 6.18 按“关系与”条件筛选的数据

	A	B	C	D	E	F	G	H	I	J	K	L	M	N
1	保单号	品牌	续保年	投保类别	使用性质	新车购置价	车龄	险种	客户类别	是否投保车损	是否投保盗抢	签单保费	立案件数	已决赔款
2	PDAA201965326	宝马	8	交商全保	家庭自用车	665000.00	11	商业险	个人	未投保车损	未投保盗抢	1190.29	0	
3	PDAA201965329	别克	0	交商全保	企业非营业用车	429000.00	6	交强险	机构	未投保车损	未投保盗抢	1066.04	0	
4	PDAA201965333	一汽奥迪	0	交商全保	家庭自用车	345240.00	5	商业险	个人	未投保车损	未投保盗抢	1487.86	0	
5	PDAA201965323	四川一汽丰田	0	交商全保	家庭自用车	200800.00	2	交强险	个人	未投保车损	未投保盗抢	716.98	0	
6	PDAA201965322	一汽大众	0	交商全保	企业非营业用车	191800.00	1	交强险	个人	未投保车损	未投保盗抢	849.06	0	
7	PDAA201965334	北京现代	0	单交强	家庭自用车	120800.00	9	交强险	个人	未投保车损	未投保盗抢	627.36	0	
8	PDAA201965330	上海通用雪佛兰	0	单交强	家庭自用车	116900.00	3	交强险	个人	未投保车损	未投保盗抢	950	1	744
9	PDAA201965331	长安福特	0	单商业	家庭自用车	102900.00	8	商业险	个人	未投保车损	未投保盗抢	1190.29	0	
10	PDAA201965321	上汽通用别克	0	交商全保	家庭自用车	100900.00	1	商业险	个人	投保车损	未投保盗抢	2264.6	0	
11	PDAA201965325	北京现代	0	单交强	家庭自用车	81600.00	14	交强险	个人	未投保车损	未投保盗抢	716.98	0	
12	PDAA201965324	长安	0	单商业	家庭自用车	56900.00	4	商业险	个人	未投保车损	未投保盗抢	1011.75	1	
13	PDAA201965327	力帆(乘用车)	0	交商全保	家庭自用车	32500.00	5	商业险	个人	未投保车损	未投保盗抢	833.21	0	
14	PDAA201965328	夏利	0	单交强	家庭自用车	29800.00	7	交强险	个人	未投保车损	未投保盗抢	627.36	0	
15	PDAA201965332	上汽通用五菱	0	单交强	家庭自用车	29000.00	7	交强险	个人	未投保车损	未投保盗抢	726.42	0	
16														
17	投保类别	险种												
18	交商全保													
19		商业险												
20														
21	保单号	品牌	续保年	投保类别	使用性质	新车购置价	车龄	险种	客户类别	是否投保车损	是否投保盗抢	签单保费	立案件数	已决赔款
22	PDAA201965326	宝马	8	交商全保	家庭自用车	665000.00	11	商业险	个人	未投保车损	未投保盗抢	1190.29	0	
23	PDAA201965329	别克	0	交商全保	企业非营业用车	429000.00	6	交强险	机构	未投保车损	未投保盗抢	1066.04	0	
24	PDAA201965333	一汽奥迪	0	交商全保	家庭自用车	345240.00	5	商业险	个人	未投保车损	未投保盗抢	1487.86	0	
25	PDAA201965323	四川一汽丰田	0	交商全保	家庭自用车	200800.00	2	交强险	个人	未投保车损	未投保盗抢	716.98	0	
26	PDAA201965322	一汽大众	0	交商全保	企业非营业用车	191800.00	1	交强险	个人	未投保车损	未投保盗抢	849.06	0	
27	PDAA201965331	长安福特	0	单商业	家庭自用车	102900.00	8	商业险	个人	未投保车损	未投保盗抢	1190.29	0	
28	PDAA201965321	上汽通用别克	0	交商全保	家庭自用车	100900.00	1	商业险	个人	投保车损	未投保盗抢	2264.6	0	
29	PDAA201965324	长安	0	单商业	家庭自用车	56900.00	4	商业险	个人	未投保车损	未投保盗抢	1011.75	1	
30	PDAA201965327	力帆(乘用车)	0	交商全保	家庭自用车	32500.00	5	商业险	个人	未投保车损	未投保盗抢	833.21	0	

图 6.19 按“关系或”条件筛选的数据

据清单中某些记录在各个字段中都有相同的内容，例如图 6.20 中的第 3 行数据记录和第 5 行数据记录就是完全相同的两条记录。

在另外一些场景下，用户也许会希望找出并剔除某几个字段相同的但并不完全重复的“重复值”，例如图 6.21 中的第 5 行记录和第 9 行记录中的“品牌”“投保类别”字段内容相同，但“险种”字段的内容则不同。

以上这两种重复值的类型有所不同，在删除操作的实现上也略有区别，但本质上并无太大差别，具体操作步骤如下：

	A	B	C
1	品牌	投保类别	险种
2	上汽通用别克	交商全保	商业险
3	一汽大众	交商全保	交强险
4	四川一汽丰田	交商全保	交强险
5	一汽大众	交商全保	交强险
6	长安	单商业	商业险
7	北京现代	单交强	交强险
8	宝马	交商全保	商业险
9	力帆(乘用车)	交商全保	商业险
10	长安	单商业	交强险

图 6.20　数据清单中完全相同的两条记录

	A	B	C
1	品牌	投保类别	险种
2	上汽通用别克	交商全保	商业险
3	一汽大众	交商全保	交强险
4	四川一汽丰田	交商全保	交强险
5	长安	单商业	商业险
6	北京现代	单交强	交强险
7	宝马	交商全保	商业险
8	力帆(乘用车)	交商全保	商业险
9	长安	单商业	交强险

图 6.21　数据清单中部分相同的两条记录

(1) 单击数据清单中的任一单元格，单击“数据”选项卡中“数据工具”选项组中“删除重复值”按钮，弹出“删除重复值”对话框，如图 6.22 所示。

(2) 在“删除重复值”对话框中选择重复数据所在的列（字段）。如果将“重复值”定义为所有字段的内容都完全相同的记录，则单击“全选”按钮或勾选所有列。如果只把某几列相同的记录定义为重复值，如上述第二种场景，则只需勾选“品牌”“投保类别”列即可。

(3) 单击“确定”按钮，自动得到删除重复值之后的数据清单，剔除的空白行会自动由下方的数据行填补，但不会影响数据表以外的其他区域，如图 6.23 和图 6.24 所示。

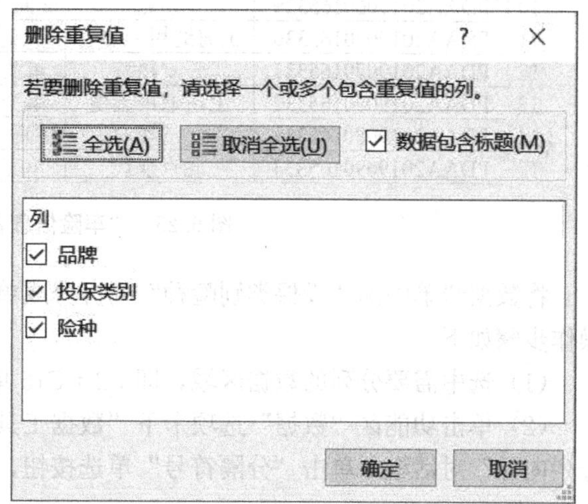

图 6.22　“删除重复值”对话框

	A	B	C
1	品牌	投保类别	险种
2	上汽通用别克	交商全保	商业险
3	一汽大众	交商全保	交强险
4	四川一汽丰田	交商全保	交强险
5	长安	单商业	商业险
6	北京现代	单交强	交强险
7	宝马	交商全保	商业险
8	力帆(乘用车)	交商全保	商业险
9	长安	单商业	交强险

图 6.23　删除完全相同的记录后的数据清单

	A	B	C
1	品牌	投保类别	险种
2	上汽通用别克	交商全保	商业险
3	一汽大众	交商全保	交强险
4	四川一汽丰田	交商全保	交强险
5	长安	单商业	商业险
6	北京现代	单交强	交强险
7	宝马	交商全保	商业险
8	力帆(乘用车)	交商全保	商业险

图 6.24　删除部分相同的记录后的数据清单

6.2.6　分列

Excel 中的分列功能可以将单列文本拆分为多列，同时用户还可以选择拆分方式：固定宽度或者在各个逗号、句点或其他字符处拆分。

【例 6.4】 如图 6.25 所示，将数据清单中的“投保类别险种”列拆分成单独的“投保类别”列和“险种”列，同时从保单号中拆分出投保日期。

	A	B	C	D	E	F
1	保单号	品牌	投保类别 险种	投保类别	险种	投保日期
2	PDAA2019050165321	上汽通用别克	交商全保 商业险			
3	PDAA2019050165322	一汽大众	交商全保 交强险			
4	PDAA2019090165323	四川一汽丰田	交商全保 交强险			
5	PDAA2019030165324	长安	单商业 商业险			
6	PDAA2019030165325	北京现代	单交强 交强险			
7	PDAA2019040165326	宝马	交商全保 商业险			
8	PDAA2019110165327	力帆(乘用车)	交商全保 商业险			
9	PDAA2019110165328	夏利	单交强 交强险			
10	PDAA2019060165329	别克	交商全保 交强险			
11	PDAA2019070165330	上海通用雪佛兰	单交强 交强险			
12	PDAA2019070165331	长安福特	单商业 商业险			
13	PDAA2019080165332	上汽通用五菱	单交强 交强险			
14	PDAA2019080165333	一汽奥迪	交商全保 商业险			
15	PDAA2019090165334	北京现代	单交强 交强险			

图 6.25　“车险信息表”数据清单

将数据清单中的“投保类别险种”列拆分成单独的“投保类别”列和“险种”列，具体操作步骤如下：

（1）选中需要分列的数据区域，即 C2：C15 单元格区域。

（2）单击功能区“数据”选项卡下“数据工具”选项组中的“分列”按钮，弹出“文本分列向导”对话框，单击“分隔符号”单选按钮，如图 6.26 所示。

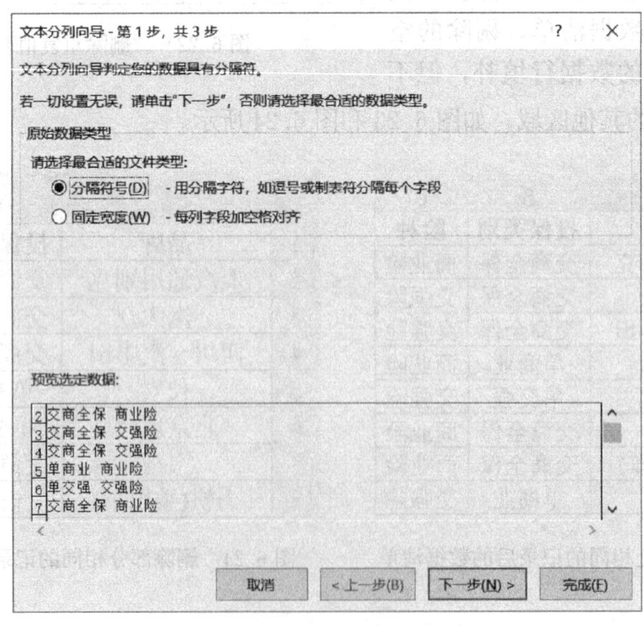

图 6.26　“文本分列向导”对话框选择“分隔符号”

(3) 单击“下一步”按钮，在弹出的对话框中的“分隔符号”中选择“空格”(因为要拆分的“投保类别险种”列单元格中的数据是使用空格隔开的)，可在“数据预览”中查看拆分效果，如图 6.27 所示。

文本分列向导 - 第 2 步，共 3 步

请设置分列数据所包含的分隔符号。在预览窗口内可看到分列的效果。

分隔符号

☑ Tab 键(T)

☐ 分号(M)

☐ 逗号(C)

☑ 空格(S)

☐ 其他(O):

☑ 连续分隔符号视为单个处理(R)

文本识别符号(Q): "

数据预览(P)

交商全保	商业险
交商全保	交强险
交商全保	交强险
单商业	商业险
单交强	交强险
交商全保	商业险

取消　< 上一步(B)　下一步(N) >　完成(F)

图 6.27　“文本分列向导”对话框选择“空格”

(4) 单击“下一步”按钮，在弹出的对话框中，“列数据格式”选择“常规”，“目标区域”是指将拆分出来的数据要放置的区域，即选择 D2 : E15 区域，如图 6.28 所示。

图 6.28　“文本分列向导”选择列数据格式“常规”和目标区域

(5) 单击“完成”按钮，即可将“投保类别险种”列分别拆分成单独的“投保类别”列和“险种”列，如图 6.29 所示。

	A	B	C	D	E	F
1	保单号	品牌	投保类别 险种	投保类别	险种	投保日期
2	PDAA2019050165321	上汽通用别克	交商全保 商业险	交商全保	商业险	
3	PDAA2019050165322	一汽大众	交商全保 交强险	交商全保	交强险	
4	PDAA2019090165323	四川一汽丰田	交商全保 交强险	交商全保	交强险	
5	PDAA2019030165324	长安	单商业 商业险	单商业	商业险	
6	PDAA2019030165325	北京现代	单交强 交强险	单交强	交强险	
7	PDAA2019040165326	宝马	交商全保 商业险	交商全保	商业险	
8	PDAA2019110165327	力帆(乘用车)	交商全保 商业险	交商全保	商业险	
9	PDAA2019110165328	夏利	单交强 交强险	单交强	交强险	
10	PDAA2019060165329	别克	交商全保 交强险	交商全保	交强险	
11	PDAA2019070165330	上海通用雪佛兰	单交强 交强险	单交强	交强险	
12	PDAA2019070165331	长安福特	单商业 商业险	单商业	商业险	
13	PDAA2019080165332	上汽通用五菱	单交强 交强险	单交强	交强险	
14	PDAA2019080165333	一汽奥迪	交商全保 商业险	交商全保	商业险	
15	PDAA2019090165334	北京现代	单交强 交强险	单交强	交强险	

图 6.29 分列后的结果

从保单号中拆分出投保日期，具体操作步骤如下：

(1) 选中需要分列的数据区域，即 A2：A15 单元格区域。

(2) 单击功能区“数据”选项卡下“数据工具”选项组中的“分列”按钮，弹出“文本分列向导”对话框，单击“固定列宽”单选按钮，如图 6.30 所示。

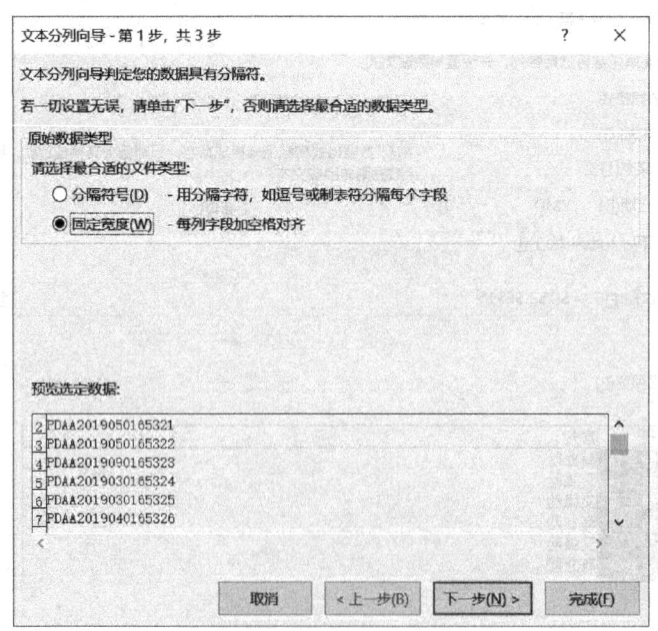

图 6.30 “文本分列向导”对话框选择“固定宽度”

（3）单击“下一步”按钮，在弹出的对话框“数据预览”中，在要建立分列的位置单击鼠标建立分列线，如图 6.31 所示。

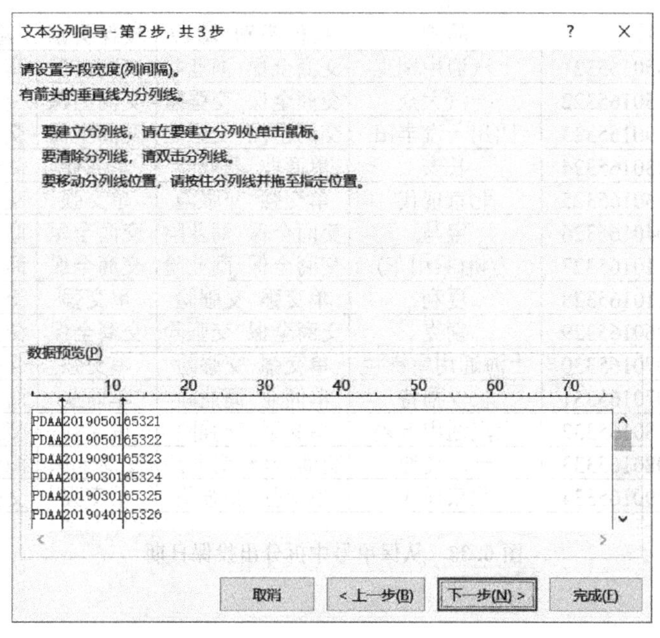

图 6.31　“文本分列向导”建立分列线

（4）单击“下一步”按钮，日期列两边的值选择“列数据格式”中的“不导入此列”，日期列选择“列数据格式”中的“日期”，选择“目标区域”为 F2：F15 区域，如图 6.32 所示。

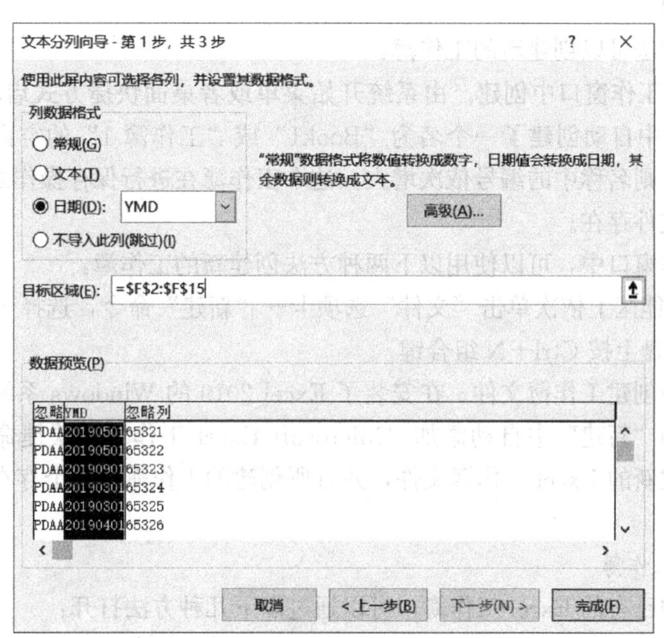

图 6.32　“文本分列向导”对话框选择列数据格式“日期”和目标区域

(5) 单击"完成"按钮，即可从保单号中拆分出投保日期，如图 6.33 所示。

	A	B	C	D	E	F
1	保单号	品牌	投保类别 险种	投保类别	险种	投保日期
2	PDAA2019050165321	上汽通用别克	交商全保 商业险	交商全保	商业险	2019/5/1
3	PDAA2019050165322	一汽大众	交商全保 交强险	交商全保	交强险	2019/5/1
4	PDAA2019090165323	四川一汽丰田	交商全保 交强险	交商全保	交强险	2019/9/1
5	PDAA2019030165324	长安	单商业 商业险	单商业	商业险	2019/3/1
6	PDAA2019030165325	北京现代	单交强 交强险	单交强	交强险	2019/3/1
7	PDAA2019040165326	宝马	交商全保 商业险	交商全保	商业险	2019/4/1
8	PDAA2019110165327	力帆(乘用车)	交商全保 商业险	交商全保	商业险	2019/11/1
9	PDAA2019110165328	夏利	单交强 交强险	单交强	交强险	2019/11/1
10	PDAA2019060165329	别克	交商全保 交强险	交商全保	交强险	2019/6/1
11	PDAA2019070165330	上海通用雪佛兰	单交强 交强险	单交强	交强险	2019/7/1
12	PDAA2019070165331	长安福特	单商业 商业险	单商业	商业险	2019/7/1
13	PDAA2019080165332	上汽通用五菱	单交强 交强险	单交强	交强险	2019/8/1
14	PDAA2019080165333	一汽奥迪	交商全保 商业险	交商全保	商业险	2019/8/1
15	PDAA2019090165334	北京现代	单交强 交强险	单交强	交强险	2019/9/1

图 6.33 从保单号中拆分出投保日期

6.3 数据的管理

6.3.1 工作簿与工作表

6.3.1.1 工作簿的基本操作

1. 创建工作簿

有以下两种方法可以创建新的工作簿：

(1) 在 Excel 工作窗口中创建。由系统开始菜单或者桌面快捷方式启动 Excel，启动后的 Excel 工作窗口中自动创建了一个名为"Book1"或"工作簿 1"的空白工作簿，如果多次重复启动动作，则名称中的编号依次增大。这个工作簿在进行保存操作之前都只存在于内存中，没有实体文件存在。

在现有的工作窗口中，可以使用以下两种方法创建新的工作簿：

方法 1：在功能区上依次单击"文件"选项卡→"新建"命令，选择"空白工作簿"。

方法 2：在键盘上按 Ctrl+N 组合键。

(2) 在系统中创建工作簿文件。在安装了 Excel 2019 的 Windows 系统中，会在鼠标右键的快捷菜单中的"新建"中自动添加"Microsoft Excel 工作表"快捷命令，通过这一快捷命令也可以创建新的 Excel 工作簿文件，并且所创建的工作簿是一个存在于磁盘空间的真实文件。

2. 打开现有工作簿

对于计算机中已有的 Excel 工作簿，可以通过以下几种方法打开：

(1) 直接通过文件打开。如果知道 Excel 工作簿文件所保存的位置，可以利用 Windows 的资源管理器找到该文件后，直接双击文件图标即可打开。或是将 Excel 工作簿文件直接拖到桌面上的 Excel 快捷启动图标上也可以打开此工作簿。

(2) 使用“打开”对话框。如果用户已经启动了 Excel 程序，那么可以通过执行“文件”→“打开”命令或使用 Ctrl+O 组合键，选择要打开的工作簿。

(3) 通过历史记录打开。用户近期曾打开过的工作簿文件，通常情况下都会在 Excel 程序中留有历史记录，如果用户需要打开最近曾经操作过的工作簿文件，可以通过执行“文件”→“打开”→“最近”命令或在任务栏上的 Excel 程序图标上单击鼠标右键，在弹出的快捷菜单上选择最近所用文件，选择要打开的工作簿。

3. 显示和隐藏工作簿

在 Excel 程序中可以同时打开多个工作簿，如需隐藏其中某个工作簿，可在当前工作簿程序窗口的功能区单击“视图”选项卡“窗口”选项组中的“隐藏”按钮，则可以将该工作簿隐藏。

隐藏后的工作簿并没有退出或关闭，而是继续驻留在 Excel 程序中，但无法通过正常的窗口切换方法来显示。

如需取消隐藏，恢复显示工作簿，则可在功能区中单击“视图”选项卡“窗口”选项组中的“取消隐藏”按钮，在弹出的“取消隐藏”对话框中选择需要取消隐藏的工作簿名称，最后单击“确定”按钮完成。

6.3.1.2 工作表的基本操作

1. 创建工作表

工作表的创建通常有两种情况，一种是随着工作簿的创建而一同创建，另一种是从现有的工作簿中创建新的工作表。

(1) 随着工作簿一同创建。在默认情况下，Excel 在创建工作簿时，自动包含了名为“Sheet1”的 1 张工作表。用户可以通过设置来改变新建工作簿时默认包含的工作表数量。

在功能区上依次单击“文件”→“选项”命令，打开“Excel 选项”对话框，选择“常规”选项卡，在“包含的工作表数”中可以设置新工作簿默认所包含的工作表数量，数值范围为 1～255，单击“确定”按钮保存设置并退出“Excel 选项”对话框。

(2) 从现有工作簿中创建。从现有工作簿中创建新的工作表有以下几种方式：

1) 在功能区单击“开始”选项卡，在“单元格”选项组中单击“插入”下拉按钮，在扩展菜单中单击“插入工作表”命令，在当前工作表之前插入一个新的工作表。

2) 在当前工作表标签上单击鼠标右键，在弹出的快捷菜单上选择“插入”选项，在弹出的“插入”对话框中选择“工作表”，再单击“确定”按钮，在当前工作表之前插入一个新的工作表。

3) 单击工作表标签右侧的“插入工作表”按钮，在工作表末尾快速插入一个新的工作表。

4) 使用 Shift+F11 组合键，在当前工作表前插入一个新的工作表。

2. 设置当前工作表

在 Excel 的操作过程中，始终有一个“当前工作表”作为用户输入和编辑等操作的对象和目标，用户的大部分操作都是在“当前工作表”中完成的。在工作表标签上，“当前工作表”的标签会反白显示。要切换其他工作表为“当前工作表”，可以直接单击目标工作表标签。

如果工作簿内包含的工作表较多，标签栏上不一定能够全部显示所有工作表标签，用户可以拖动工作窗口上的水平滚动条边框，改变标签的显示宽度以方便显示更多的工作表标签。若还是不能完成显示所有工作表标签，则可以通过单击标签栏左侧的工作表“导航”按钮来滚动显示工作表标签。

若工作簿中的工作表实在太多，需要滚动很久才能看到目标工作表，则可以在工作表“导航”按钮上单击鼠标右键，此时会弹出“活动文档”对话框并显示出所有工作表标签，双击其中的工作表名称或选中后单击“确定”按钮，可以将“当前工作表”切换为选中的工作表。

3. 同时选定多张工作表

除了选定某个工作表作为“当前工作表”外，用户还可以同时选中多个工作表形成“工作组”。在工作组模式下，用户可以方便地同时对多个工作表对象进行复制、删除等操作。

同时选定多张工作表形成工作组有如下几种方式：

（1）按住 Ctrl 键，同时鼠标依次单击需要的工作表标签就可以同时选定多个工作表。

（2）如果需要选定的工作表是连续的工作表，则可以先单击其中的第一个工作表标签，然后按住 Shift 键，再单击连续工作表中最后一个工作表标签，即可同时选定。

（3）如果要选定当前工作簿中所有工作表，则可以在任意工作表标签上单击鼠标右键，在弹出的快捷菜单上选择“选定全部工作表”。

多个工作表被同时选中后，Excel 窗口标题栏上会显示“[组]”字样。被选定的工作表标签都会反白显示。

若要取消工作组模式，可以单击工作组外的任一工作表标签，或者在工作表标签上单击鼠标右键，在弹出的快捷菜单上选择“取消组合工作表”。若工作表都在工作组内，则单击任意工作表标签即可取消工作组模式。

4. 工作表的复制和移动

通过复制操作，可以把工作表在当前工作簿或不同工作簿中创建一个副本。通过移动操作，可以在同一工作簿中改变排列顺序，也可以在不同的工作簿之间转移。工作表的复制和移动主要有以下两种方式。

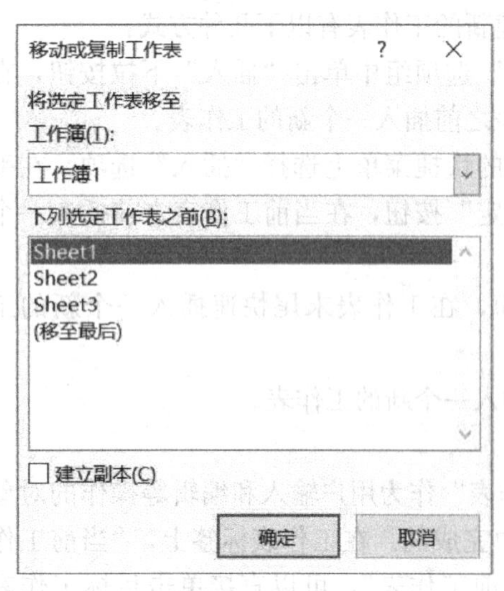

图 6.34 “移动或复制工作表”对话框

（1）启动“移动或复制工作表”对话框，如图 6.34 所示。启动“移动或复制工作表”又有两种方式：

1）在工作表标签上单击鼠标右键，在弹出的快捷菜单上选择“移动或复制”。

2）在 Excel 窗口功能区单击“开始”选项卡，在“单元格”选项组中单击“格式”下拉按钮，在其扩展菜单中选择“移动或复制工作表”命令。

在“移动或复制工作表”对话框中，“工作簿”下拉列表中可选择复制或移动的目标工作簿。可以选择当前 Excel 程序中所有打开的工作簿或新建工作簿，默认为当前工作簿。下面的列表框中显示了指定工作簿中所包含的全部工作表，可以选择复制或移动工作表的目标排列位置。

勾选“建立副本”复选框则为“复制”方式，会创建一个“当前工作表”的副本，若取消勾选则为“移动”方式。在复制和移动操作方式中，如果“当前工作表”与目标工作簿中的工作表名称相同，则会被自动重命名。

设置完成后，单击“确定”按钮退出“移动或复制工作表”对话框，完成工作表的复制和移动工作。

(2) 拖动工作表标签。在当前工作簿中直接拖动工作表标签也可以实现工作表的移动和复制。

将光标移至需要移动的工作表标签上，按下鼠标左键不放，鼠标指针会显示出文档的图标，此时就可以拖动鼠标将工作表移动至其他位置，标签前出现的黑色三角箭头图标标识了工作表的插入位置。此时松开鼠标按键即可完成移动。

移动过程中若按住 Ctrl 键，则执行“复制”操作。

5. 工作表的删除

用户可以选择将当前工作簿中的一个或多个工作表删除，有以下两种方法：

(1) 选中要删除的工作表，在工作表标签上单击鼠标右键，在弹出的快捷菜单中选择“删除”命令。

(2) 选中要删除的工作表，在 Excel 窗口功能区，单击“开始”选项卡，在“单元格”选项组中单击“删除”下拉按钮，在其扩展菜单中选择“删除工作表”命令。

工作簿中至少包含一张可视工作表，所以当工作窗口只剩下一张工作表时无法删除此工作表。

6. 重命名工作表

用户可以修改当前工作簿中的工作表名称，选定待修改名称的工作表后，有以下几种方式可以为工作表重命名：

(1) 在 Excel 窗口功能区单击“开始”选项卡，在“单元格”选项组中单击“格式”下拉按钮，在其扩展菜单中选择“重命名工作表”命令。

(2) 在工作表标签上单击鼠标右键，在弹出的快捷菜单中选择“重命名”命令。

(3) 在工作表标签上双击鼠标左键，进入编辑状态后直接进行修改。

7. 显示和隐藏工作表

用户可以通过以下两种方式将选定的工作表隐藏不显示出来：

(1) 在 Excel 窗口功能区单击“开始”选项卡，在“单元格”选项组中单击“格式”下拉按钮，在其扩展菜单中依次选择“隐藏和取消隐藏”→“隐藏工作表”命令。

(2) 在工作表标签上单击鼠标右键，在弹出的快捷菜单中选择“隐藏”命令。

如果要取消隐藏的工作表，可以使用以下两种方式进行取消隐藏：

(1) 在 Excel 窗口功能区单击“开始”选项卡，在“单元格”选项组中单击“格式”下拉按钮，在其扩展菜单中依次选择“隐藏和取消隐藏”→“取消隐藏工作表”命令，在弹出的“取消隐藏”对话框中选择需要取消隐藏的工作表。

(2) 在任一工作表标签上单击鼠标右键，在弹出的快捷菜单中选择“取消隐藏”命令，在弹出的“取消隐藏”对话框中选择需要取消隐藏的工作表。

6.3.2 行、列和单元格

6.3.2.1 行与列的基本操作

1. 选择行与列

鼠标单击某个行号标签或列标签即可选中相应的整行或整列。当选中某行/列后，此行/列的行号/列标标签会改变颜色，所有的行标签/列标签会加亮显示，此行/列的所有单元格也会加亮显示，以此来表示此行/列当前处于选中状态。

选定连续的多行/列可先用鼠标左键单击第一行/列，按住左键不放向上或向下/向左或向右拖动，即可选中此行/列相邻的多行/多列。拖动鼠标时，行或者列标签旁会出现一个带数字和字母内容的提示框，显示当前选中区域有多少行或者多少列。如提示框显示“3C”即表示选中了 3 列。或者先用鼠标左键单击第一行/列，然后将鼠标移动到最后一行/列的标签上，按住 Shift 键后再单击鼠标左键也可同时选择连续的行/列。

要选定不相邻的多行/列，可以先选中单行/列后，按住 Ctrl 键不放，继续使用鼠标左键单击多个行/列标签，直至选择完所有需要选择的行/列，然后松开 Ctrl 键，即可完成不相邻的多行/列的选择。

2. 插入行或列

有时需要在表格中新增一些内容，并且这些内容不是添加在现有表格的末尾，而是插入到现有表格的中间，这就需要使用到插入行或列的功能。插入行或列同样有以下 2 种方式来实现：

(1) 选中某行/列（或某个单元格），在 Excel 功能区单击“开始”选项卡，在“单元格”选项组中单击“插入”下拉按钮，在其扩展菜单中单击“插入工作表行”/“插入工作表列”命令，则会在当前选中的行/列（或单元格）的上方/左侧插入一行/一列。

(2) 选中某行/列，单击鼠标右键，在弹出的快捷菜单中选择“插入”命令，则会在当前选中的行/列的上方/左侧插入一行/一列。

在以上操作中，若选中多行/多列进行操作，则会在选中行/列的上方/左侧插入选中数量的行/列。

3. 移动和复制行或列

(1) 移动行或列有以下两种方式：

1) 选中需要移动的行/列，在 Excel 功能区单击“开始”选项卡，在“剪贴板”选项组中单击“剪切”按钮（或者使用鼠标右键快捷菜单上的“剪切”命令，或者使用 Ctrl+X 组合键），此时当前选中的行/列会显示出虚线框，再选定需要移动的目标位置的下一行/列，在 Excel 功能区单击“开始”选项卡，在“单元格”选项组中单击“插入”下拉按钮，在其扩展菜单中单击“插入剪切的单元格”命令（或者使用鼠标右键快捷菜单上的“插入剪切的单元格”命令，或者使用 Ctrl+V 组合键），完成行/列的移动操作。

2) 选中需要移动的行/列，将鼠标移动选定行/列的黑色边框上，当鼠标指针显示为黑色十字箭头图标时，按住鼠标左键不放，并按住键盘的 Shift 键，此时拖动鼠标直到工字形虚线位于需要移动的目标位置，松开鼠标左键完成移动操作。

(2) 复制行或列的操作与移动非常类似，也有以下两种方式：

1) 选中需要移动的行/列，在 Excel 功能区单击“开始”选项卡，在“剪贴板”选项组中单击“复制”按钮（或者使用鼠标右键快捷菜单上的“复制”命令，或者使用 Ctrl+C 组合键），此时当前选中的行/列会显示出虚线框，再选定需要复制的目标位置的下一行/列，在Excel功能区单击“开始”选项卡，在“单元格”选项组中单击“插入”下拉按钮，在其扩展菜单中单击“插入复制的单元格”命令（或者使用鼠标右键快捷菜单上的“插入复制的单元格”命令，或者使用Ctrl＋V组合键），完成行/列的复制操作。

2）选中需要移动的行/列，将鼠标移动选定行/列的黑色边框上，当鼠标指针显示为黑色十字箭头图标时，按住鼠标左键不放，并按住Ctrl键，鼠标指针旁显示“＋”图标，此时拖动鼠标直到虚线框位于需要移动到的目标位置，松开鼠标左键完成复制操作。此时，复制的数据将覆盖原来区域中的数据。若是想以“插入”的方式进行复制，则在拖动鼠标时同时按住Ctrl＋Shift组合键进行移动，鼠标指针旁显示“＋”图标，目标位置出现“工”字形虚线条，表示复制的数据将插入虚线所示的位置，此时松开鼠标即可完成复制并插入行的操作。

以上对行/列的移动和复制操作也可以同时对多行/列进行操作，但这些多行/列必须是连续的多行/列。

4. 删除行或列

对于一些不再需要的行列内容，可以选择删除整行或整列来进行删除。

（1）选中需要删除的行/列或行/列中的单元格，在Excel功能区单击“开始”选项卡，在“单元格”选项组中单击“删除”下拉按钮，在其扩展菜单中单击“删除工作表行”/“删除工作表列”命令。

（2）选中需要删除的行/列，单击鼠标右键，在弹出的快捷菜单中选择“删除”命令，则会删除选中的行/列。如果删除时选中的不是整行/整列而是选中的单元格，则在执行“删除”命令时会弹出“删除”对话框，选中“整行”/“整列”后单击“确定”按钮完成删除操作，如图6.35所示。

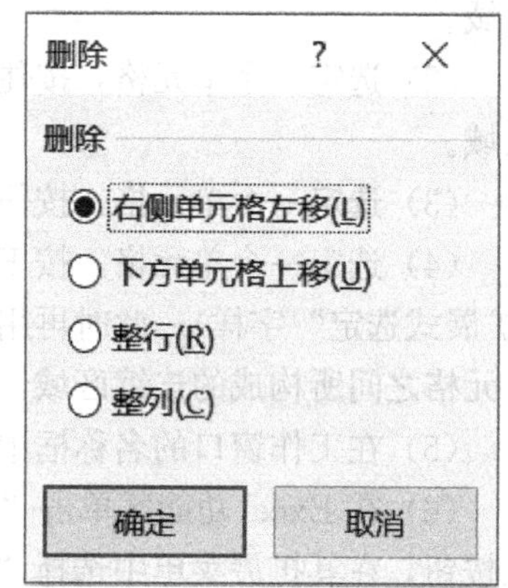

图6.35　“删除”对话框

以上操作可以对多行/列进行操作，操作前先选中多行/列即可。

5. 隐藏和显示行或列

（1）隐藏行或列。对于暂时不需要显示或不想让其他用户看到的行/列的内容，在Excel中可以执行隐藏行/列的操作。隐藏行/列操作可以通过以下两种方式实现：

1）选中需要隐藏的整行/列或行/列中的单元格，在Excel功能区单击“开始”选项卡，在“单元格”选项组中单击“格式”下拉按钮，在其扩展菜单中依次选择“隐藏和取消隐藏”，在其子菜单中选择“隐藏行”/“隐藏列”命令。

2）选中需要隐藏的整行/列，单击鼠标右键，在弹出的对话框中选择“隐藏”命令。

（2）显示被隐藏的行或列。在行/列被隐藏后，行/列的标签也会被隐藏，此时工作表的行号/列标标签不再连续，因此若发现行号/列标不连续时即可知道此处有行/列被隐藏。取消被隐藏的行/列可以通过以下几种方式实现：

1）选中包含被隐藏行/列的区域（即选中被隐藏行/列的前后两行/列），在Excel功能区单击“开始”选项卡，在“单元格”选项组中单击“格式”下拉按钮，在其扩展菜单中依次选择“隐藏和取消隐藏”，在其子菜单中选择“取消隐藏行”/“取消隐藏列”命令。

2）选中包含被隐藏行/列的区域（即选中被隐藏行/列的前后两行/列），单击鼠标右键，在弹出的快捷菜单中选择“取消隐藏”命令。

3）选中包含被隐藏行/列的区域（即选中被隐藏行/列的前后两行/列），通过设置行高/列宽的方法显示被隐藏的行/列。

6.3.2.2 单元格的基本操作

1. 单元格的选取

在“当前工作表”中，无论是否曾经用鼠标单击过工作表区域，工作表中都存在一个被激活的“活动单元格”。

要选取某个单元格成为“活动单元格”有以下几种方法：

(1) 使用鼠标左键单击目标单元格即可。

(2) 使用方向键移动选取“活动单元格”。

(3) 直接在 Excel 工作窗口的名称框中输入目标单元格的地址。

(4) 在 Excel 功能区单击“开始”选项卡，在“编辑”选项组中单击“查找和选择”下拉按钮，在其扩展菜单中选择“转到”命令，在弹出的“定位”对话框“引用位置”中直接输入目标单元格地址，然后单击“确定”按钮。

(5) 在键盘上单击 F5 功能键或使用 Ctrl＋G 组合键，在弹出的“定位”对话框的“引用位置”中直接输入目标单元格地址，然后单击“确定”按钮。

2. 区域选取

对于连续区域的选取，有以下几种方法可以实现：

(1) 选定一个单元格，按住鼠标左键不放，直接在工作表中拖动来选取相邻的连续区域。

(2) 选定一个单元格，按住 Shift 键，使用键盘上的方向键在工作表中选择相邻的连续区域。

(3) 选定一个单元格，按住 Shift 键，再在目标区域的右下角单元格单击鼠标左键。

(4) 选定一个单元格，按 F8 功能键，进入“扩展”模式（Excel 窗口状态栏上会显示“扩展式选定”字样），此时再用鼠标单击另一个单元格，则会自动选中此单元格与前面选中单元格之间所构成的连续区域，再按一次 F8（或 Esc）键，退出“扩展”模式。

(5) 在工作窗口的名称框中直接输入区域地址。

(6) 在 Excel 功能区单击“开始”选项卡，在“编辑”选项组中单击“查找和选择”下拉按钮，在其扩展菜单中选择“转到”命令（或按 F5 功能键，或按 Ctrl＋G 组合键），在弹出的“定位”对话框中的“引用位置”中直接输入区域地址，然后单击“确定”按钮。

对于不连续区域的选取，也有以下几种方法可以实现：

(1) 选定一个单元格，按住 Ctrl 键，然后使用鼠标左键单击或者拖拉选择多个单元格或者连续区域来选择不连续区域。

(2) 在工作表窗口的名称框中直接输入多个单元格或者区域地址，地址之间使用半角英文逗号隔开，例如“D2，E5：F9，H11”，按 Enter 键确认后即可选取并定位到目标区域。

(3) 与选择连续区域类似，在“定位”对话框“引用位置”中直接输入区域地址，地址之间同样使用半角英文逗号隔开，然后单击“确定”按钮。

3. 单元格的插入和删除

单元格的插入和删除与工作表的行/列的插入和删除类似，主要有以下两种方式：

(1) 选中单元格或区域，在 Excel 功能区单击“开始”选项卡，在“单元格”选项组中单击“插入”/“删除”下拉按钮，在其扩展菜单中单击“插入单元格”/“删除单元格”命令，在弹出的“插入”/“删除”对话框中进行操作，即可完成单元格的插入/删除。

(2) 选中单元格区域，单击鼠标右键，在弹出的快捷菜单上选择“插入”/“删除”命令，在弹出的“插入”/“删除”对话框中进行操作，即可完成单元格的插入/删除。

6.3.3　数据验证

数据验证可以控制单元格可接受数据的类型和范围，防止用户输入无效数据。具体操作如下：

(1) 选中需要设置数据验证的单元格区域。

(2) 在 Excel 功能区单击“数据”选项卡，在“数据工具”选项组中单击“数据验证”下拉按钮，在其扩展菜单中单击“数据验证”命令，在弹出的“数据验证”对话框的“设置”选项卡中的“验证条件”中进行设置。

(3) 在“允许”下拉列表框中选择允许输入的数据类型。默认允许输入“任何值”，可设置允许输入“整数”“小数”“序列”“日期”“时间”“文本长度”“自定义”的限制。

(4) 在“数据”下拉列表框中选择所需的操作符，如介于、不等于等，然后在数值栏中根据需要填入上下限，如图 6.36 所示。

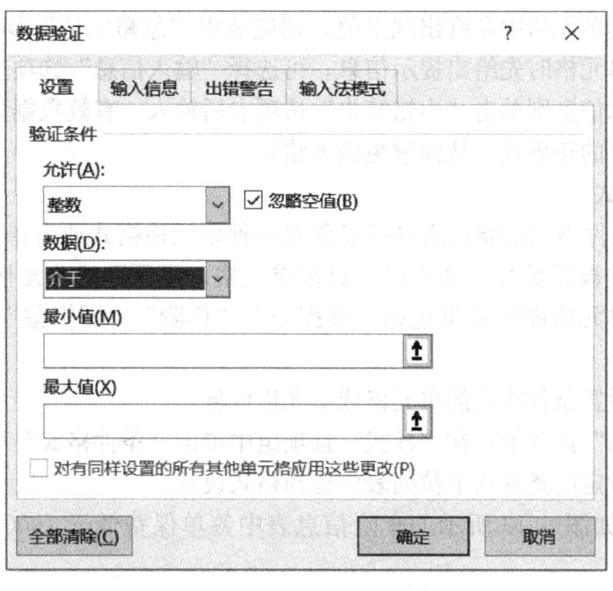

图 6.36　“数据验证”对话框

在某些情况下，单元格中输入的数据只能是某个序列中的一个内容项，例如性别只能是“男，女”这个序列中的某一项，此时可以使用“数据验证”中允许输入“序列”来进行限制。在“来源”编辑框中手动输入“男”和“女”，使用半角英文逗号进行间隔，如图 6.37 所示。

图 6.37 设置数据的有效性

此时选中的单元格被限定了只能输入“男”或“女”。系统默认勾选了“提供下拉箭头”，也可以通过单击单元格右侧的箭头，从弹出的下拉菜单中选择“男”或“女”来完成输入。

如果在有效数据单元格中允许出现空值，则应选中“忽略空值”复选框，否则不选中。为了在用户选定该单元格时先给出提示信息，可选择“输入信息”选项卡，然后在其中输入提示信息。错误提示信息则单击“出错警告”选项卡后输入。有效数据设置后，输入数据时可以判断所输入数据的正确性，从而避免输入错误。

6.3.4 条件格式

使用 Excel 的条件格式功能，用户可以预置一种单元格格式或者单元格内的图形效果，并在指定的某种条件被满足时自动应用于目标单元格。可预置的单元格格式包括边框、底纹、字体颜色等，单元格图形效果包括“数据条”“色阶”“图标集”等。具体操作步骤如下：

(1) 选定需要设置条件格式的单元格或单元格区域。

(2) 单击“开始”选项卡，在“样式”选项组中单击“条件格式”下拉按钮。

(3) 根据所需设定的条件从下拉列表中选择格式设置。

【例 6.5】 将如图 6.10 所示的车险信息表中签单保费低于 1000 元的单元格设置为“浅红色填充”。

操作方法如下：

(1) 选中 L2：L15 单元格区域，在 Excel 功能区单击“开始”选项卡，在“样式”选项组中单击“条件格式”下拉按钮，在其扩展菜单中选择“突出显示单元格规则”命令，在其子菜单中单击“小于”命令，弹出“小于”对话框。

(2) 在“小于”对话框中左侧的文本框中输入“1000”，“设置为”下拉菜单选择“浅红色填充”，单击“确定”按钮即可完成条件格式的设置，如图 6.38 所示。

	A	B	C	D	E	F	G	H	I	J	K	L	M	N
1	保单号	品牌	续保年	投保类别	使用性质	新车购置价	车龄	险种	客户类别	是否投保车损	是否投保盗抢	签单保费	立案件数	已决赔款
2	PDAA201965321	上汽通用别克	0	交商全保	家庭自用车	100900.00	1	商业险	个人	投保车损	未投保盗抢	2264.6	0	
3	PDAA201965322	一汽大众	0	交商全保	企业非营业用车	191800.00	1	交强险	个人	未投保车损	未投保盗抢	849.06	0	
4	PDAA201965323	四川一汽丰田	0	交商全保	家庭自用车	200800.00	2	交强险	个人	未投保车损	未投保盗抢	716.98	0	
5	PDAA201965324	长安	0	单商业	家庭自用车	56900.00	4	商业险	个人	未投保车损	未投保盗抢	1011.75	1	
6	PDAA201965325	北京现代	0	单交强	家庭自用车	81600.00	14	交强险	个人	未投保车损	未投保盗抢	716.98	0	
7	PDAA201965326	宝马	8	交商全保	家庭自用车	665000.00	11	商业险	个人	未投保车损	未投保盗抢	1190.29	0	
8	PDAA201965327	力帆(乘用车)	0	交商全保	家庭自用车	32500.00	5	商业险	个人	未投保车损	未投保盗抢	833.21	0	
9	PDAA201965328	夏利	0	单交强	家庭自用车	29800.00	7	交强险	个人	未投保车损	未投保盗抢	627.36	0	
10	PDAA201965329	别克	0	交商全保	企业非营业用车	429000.0						1066.04	0	
11	PDAA201965330	上海通用雪佛兰	0	单交强	家庭自用车	116900.0						950	1	744
12	PDAA201965331	长安福特	0	单商业	家庭自用车	102900.0						1190.29	0	
13	PDAA201965332	上汽通用五菱	0	单交强	家庭自用车	29000.0						726.42	0	
14	PDAA201965333	一汽奥迪	0	交商全保	家庭自用车	345240.0						1487.86	0	
15	PDAA201965334	北京现代	0	单交强	家庭自用车	120800.0						627.36	0	

小于　?　×
为小于以下值的单元格设置格式:
1000　设置为　浅红色填充
确定　取消

图 6.38　设置“条件格式”后的车险信息表及“条件格式”设置对话框

6.3.5　保护工作表和工作簿

在 Excel 中，可以通过设置保护工作表和保护工作簿来限制其他用户对 Excel 进行编辑和修改。

1. 保护工作表

保护工作表通过限制其他用户的编辑能力来防止其他用户进行不需要的更改，例如，可以防止用户编辑锁定的单元格或更改格式。具体操作步骤如下：

(1) 选择要保护的工作表。

(2) 在 Excel 功能区单击“审阅”选项卡，在“保护”选项组中单击“保护工作表”按钮，弹出“保护工作表”对话框，如图 6.39 所示。

(3) 在“保护工作表”对话框中“取消工作表保护时使用的密码”选项框中输入密码，在“允许此工作表的所有用户进行”列表中，勾选允许的操作前面的复选框。

(4) 单击“确定”按钮，弹出“确认密码”对话框，输入在“保护工作表”对话框中设定的密码，然后单击“确定”按钮，如图 6.40 所示。

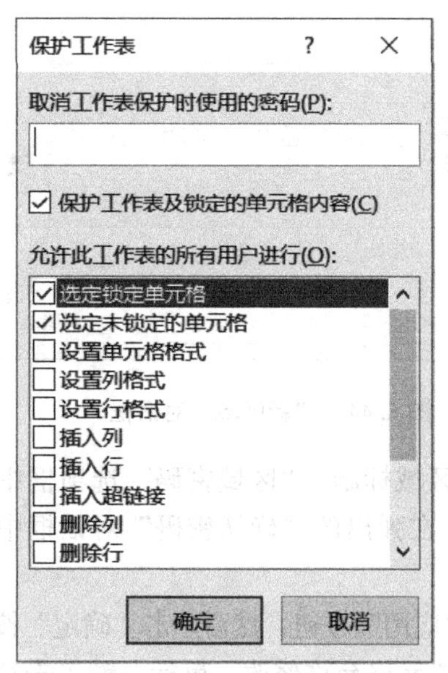

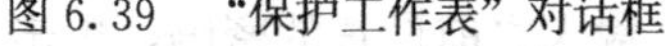
图 6.39　“保护工作表”对话框

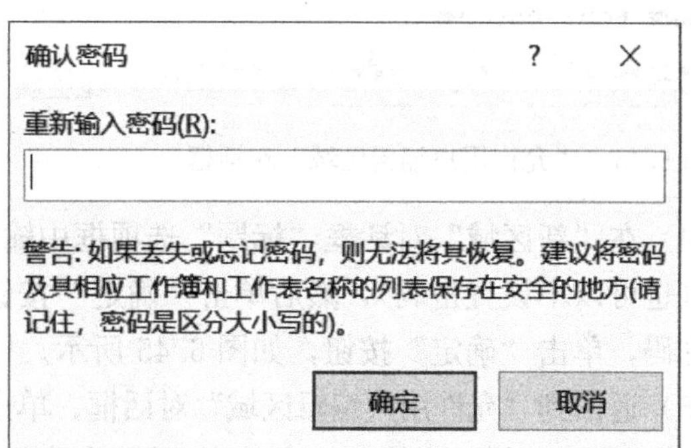

图 6.40　“确认密码”对话框

此时，如果再在工作表页面中输入数据或修改数据时，会弹出该工作表被保护的提示信息，如图 6.41 所示。

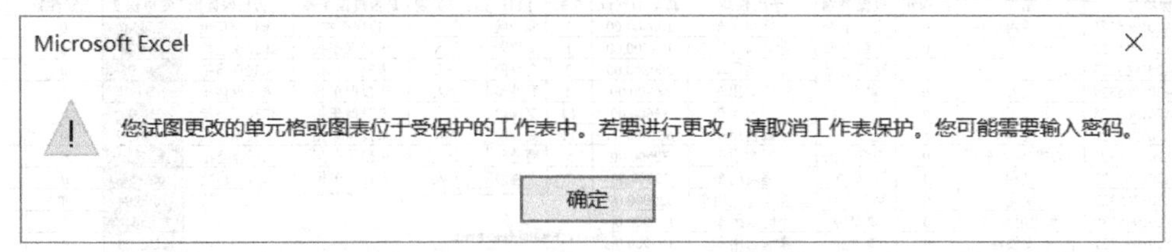

图 6.41　受保护的工作表提示信息

当想编辑该文档时，执行取消保护工作表操作即可。和设定保护工作表的操作类似，打开要编辑的 Excel 工作表，在 Excel 功能区单击“审阅”选项卡，在“保护”选项组中单击“撤销工作表保护”按钮，弹出“撤销工作表保护”对话框，在对话框中输入设定“保护工作表”时的密码，然后单击“确定”按钮，如图 6.42 所示。

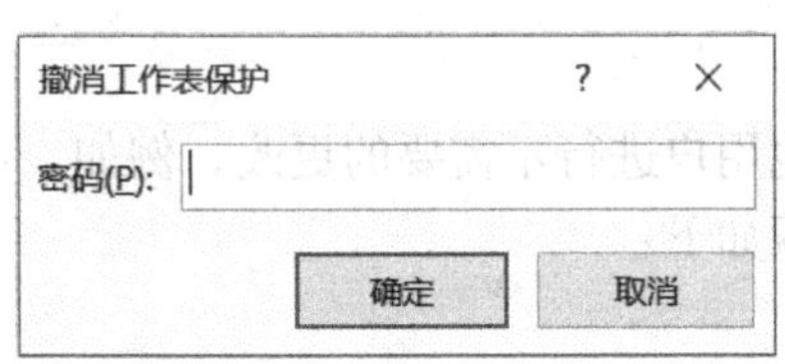

图 6.42　“撤销工作表保护”对话框

2. 允许编辑区域

如果允许其他用户修改指定的部分单元格，可通过“允许编辑区域”设置，具体操作步骤如下：

(1) 选中允许其他用户修改的单元格或区域。

(2) 在 Excel 功能区单击“审阅”选项卡，在“保护”选项组中单击“允许编辑区域”按钮，弹出“允许用户编辑区域”对话框，如图 6.43 所示。

(3) 在“允许用户编辑区域”对话框中单击“新建”按钮，弹出“新区域”对话框，如图 6.44 所示。

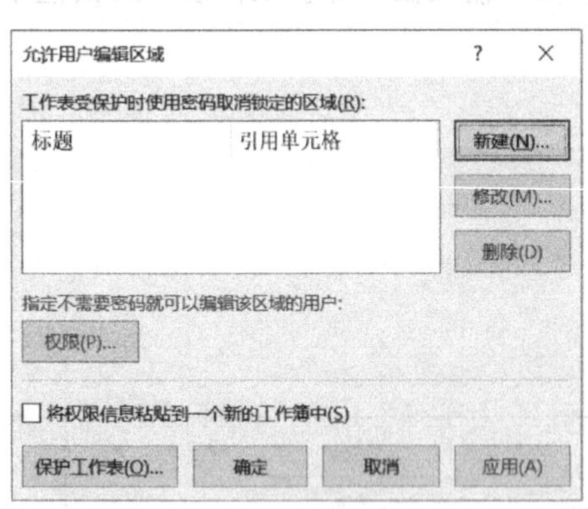

图 6.43　“允许用户编辑区域”对话框

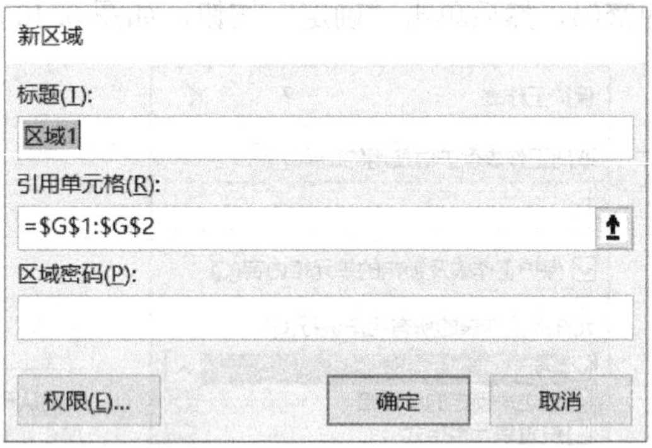

图 6.44　“新区域”对话框

(4) 在“新区域”对话框“标题”选项框中输入区域标题，“区域密码”选项框中输入密码（也可以不设置密码），然后单击“确定”按钮。在弹出的“确认密码”对话框中重新输入密码，单击“确定”按钮，如图 6.45 所示。

(5) 返回到“允许用户编辑区域”对话框，单击“应用”按钮，然后单击“确定”按钮。

这样之后，再设置“保护工作表”，就只有这部分单元格允许修改。鼠标左键单击这部分单元格，弹出如图 6.46 所示的“取消锁定区域”对话框，输入之前设置的密码，单击“确定”按钮即可对单元格进行编辑，而单击其他单元格则会弹出该工作表被保护的提示信息。

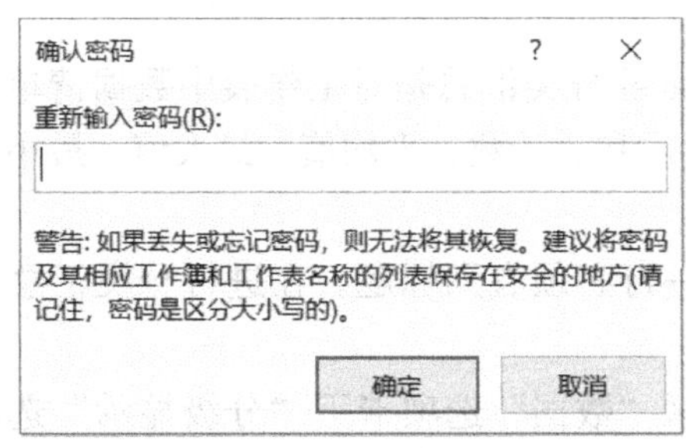

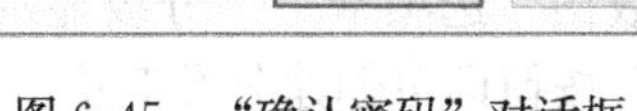

图 6.45　“确认密码”对话框

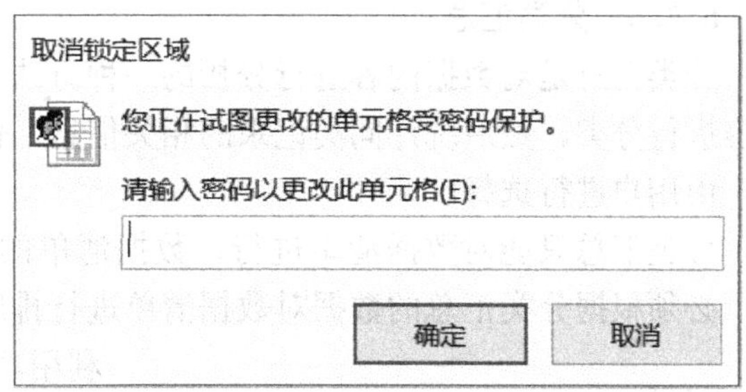

图 6.46　“取消锁定区域”对话框

3. 保护工作簿

保护工作簿可以防止其他用户对工作簿结构进行更改，如移动、删除或添加工作表。具体操作步骤如下：

（1）选择要保护的 Excel 工作簿。

（2）在 Excel 功能区单击“审阅”选项卡，在“保护”选项组中单击“保护工作簿”按钮，弹出“保护结构和窗口”对话框，如图 6.47 所示。

（3）在“保护结构和窗口”对话框中输入密码，然后单击“确定”按钮。

如图 6.48 所示，鼠标右键单击工作表标签，在弹出的快捷菜单中可以看到插入、删除、重命名、移动或复制、隐藏等命令为灰色显示，即不允许用户进行这些操作。

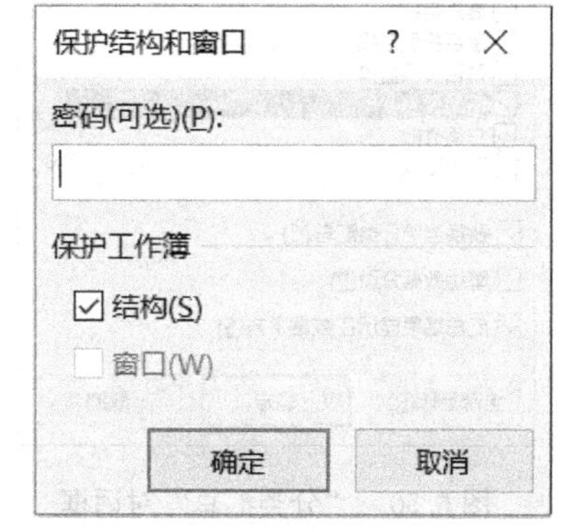

图 6.47　“保护结构和窗口”对话框

图 6.48　“保护工作簿”后的工作表快捷菜单

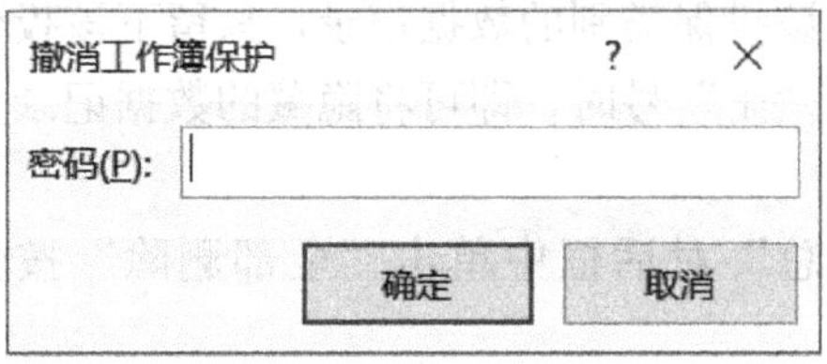

图 6.49　“撤销工作簿保护”对话框

和设定保护工作簿的操作类似，在 Excel 功能区单击“审阅”选项卡，在“保护”选项组中单击“保护工作簿”按钮，弹出如图 6.49 所示的“撤销工作簿保护”对话框，在对话框中输入设定“保护工作簿”时的密码，然后单击“确定”按钮，即可取消保护工作簿。

6.3.6　分类汇总

分类汇总是对数据内容进行分析的一种方法。Excel 分类汇总是对工作表中数据清单的内容进行分类，然后统计同类记录的相关信息，包括求和、计数、平均值、最大值、最小值等，由用户进行选择。

分类汇总只能对数据清单进行，数据清单的第一行必须有列标题。在进行分类汇总之前，必须根据分类汇总的数据对数据清单进行排序。

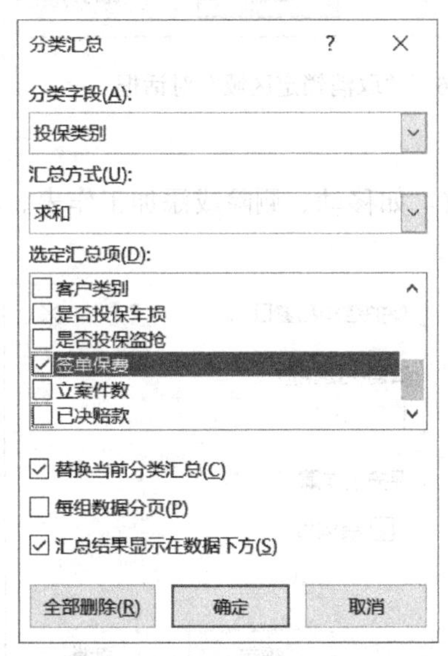

图 6.50　“分类汇总”对话框

利用功能区“数据”选项卡下“分级显示”选项组中的“分类汇总”按钮即可创建分类汇总。

【例 6.6】　对如图 6.10 所示的车险信息表进行分类汇总，分别计算不同投保类别“签单保费”的总和（分类字段为“投保类别”，汇总方式为“求和”，汇总项为“签单保费”），汇总结果显示在数据下方。

（1）按主要关键字“投保类别”的递增或递减对数据清单进行排序。

（2）在功能区“数据”选项卡的“分级显示”选项组中，单击“分类汇总”按钮，在弹出的“分类汇总”对话框中，选择分类字段为“投保类别”，汇总方式为“求和”，选定汇总项中勾选“签单保费”，勾选“汇总结果显示在数据下方”复选框，如图 6.50 所示。

（3）单击“确定”按钮即可完成分类汇总，对数据清单的数据进行分类汇总的结果如图 6.51 所示。

	A	B	C	D	E	F	G	H	I	J	K	L	M	N
1	保单号	品牌	续保年	投保类别	使用性质	新车购置价	车龄	险种	客户类别	是否投保车损	是否投保盗抢	签单保费	立案件数	已决赔款
2	PDAA201965325	北京现代	0	单交强	家庭自用车	81600.00	14	交强险	个人	未投保车损	未投保盗抢	716.98	0	
3	PDAA201965328	夏利	0	单交强	家庭自用车	29800.00	7	交强险	个人	未投保车损	未投保盗抢	627.36	0	
4	PDAA201965330	上海通用雪佛兰	0	单交强	家庭自用车	116900.00	3	交强险	个人	未投保车损	未投保盗抢	950	1	744
5	PDAA201965332	上汽通用五菱	0	单交强	家庭自用车	29000.00	7	交强险	个人	未投保车损	未投保盗抢	726.42	0	
6	PDAA201965334	北京现代	0	单交强	家庭自用车	120800.00	9	交强险	个人	未投保车损	未投保盗抢	627.36	0	
7				单交强 汇总								3648.12		
8	PDAA201965324	长安	0	单商业	家庭自用车	56900.00	4	商业险	个人	未投保车损	未投保盗抢	1011.75	1	
9	PDAA201965331	长安福特	0	单商业	家庭自用车	102900.00	8	商业险	个人	未投保车损	未投保盗抢	1190.29	0	
10				单商业 汇总								2202.04		
11	PDAA201965321	上汽通用别克	0	交商全保	家庭自用车	100900.00	1	商业险	个人	投保车损	未投保盗抢	2264.6	0	
12	PDAA201965322	一汽大众	0	交商全保	企业非营业用车	191800.00	1	交强险	个人	未投保车损	未投保盗抢	849.06	0	
13	PDAA201965323	四川一汽丰田	0	交商全保	家庭自用车	200800.00	2	交强险	个人	未投保车损	未投保盗抢	716.98	0	
14	PDAA201965326	宝马	8	交商全保	家庭自用车	665000.00	11	商业险	个人	未投保车损	未投保盗抢	1190.29	0	
15	PDAA201965327	力帆(乘用车)	0	交商全保	家庭自用车	32500.00	5	商业险	个人	未投保车损	未投保盗抢	833.21	0	
16	PDAA201965329	别克	0	交商全保	企业非营业用车	429000.00	6	交强险	机构	未投保车损	未投保盗抢	1066.04	0	
17	PDAA201965333	一汽奥迪	0	交商全保	家庭自用车	345240.00	5	商业险	个人	未投保车损	未投保盗抢	1487.86	0	
18				交商全保 汇总								8408.04		
19				总计								14258.2		

图 6.51　进行分类汇总后的工作表

为了方便查看数据，可以将分类汇总后暂时不需要的数据隐藏起来，当需要查看时再显示出来。单击工作表左边列表树的“－”号可以隐藏该投保类别的数据记录，只留下该投保类别的汇总信息，此时“－”号变为“＋”号；单击“＋”号时，即可将隐藏的数据记录信息显示出来，如图 6.52 所示。

如果要删除已经创建的分类汇总，在“分类汇总”对话框中单击“全部删除”按钮即可。

	A	B	C	D	E	F	G	H	I	J	K	L	M	N
1	保单号	品牌	续保年	投保类别	使用性质	新车购置价	车龄	险种	客户类别	是否投保车损	是否投保盗抢	签单保费	立案件数	已决赔款
7				单交强 汇总								3648.12		
10				单商业 汇总								2202.04		
18				交商全保 汇总								8408.04		
19				总计								14258.2		

图 6.52　隐藏分类汇总后的工作表

6.3.7　数据合并

数据合并可以把来自不同源数据区域的数据进行汇总，并进行合并计算。不同数据源区域包括同一个工作表中、同一个工作簿的不同工作表中、不同工作簿中的数据区域。数据合并时是通过建立表的方式来进行的。其中，合并表可以建立在某源数据区域所在的工作表中，也可以建在同一个工作簿或不同的工作簿中。利用功能区“数据”选项卡下的“数据工具”选项组中的“合并计算”按钮可以完成数据的合并。

【例 6.7】　同一工作簿中有“2018 年签单保费”和“2019 年签单保费”两个工作表，如图 6.53 所示。现需新建工作表，计算出 2018 年和 2019 年总的签单保费。

	A	B	C
1	保单号	品牌	2018签单保费
2	PDAA201965321	上汽通用别克	2264.6
3	PDAA201965322	一汽大众	849.06
4	PDAA201965323	四川一汽丰田	716.98
5	PDAA201965324	长安	1011.75
6	PDAA201965325	北京现代	716.98
7	PDAA201965326	宝马	1190.29
8	PDAA201965327	力帆(乘用车)	833.21
9	PDAA201965328	夏利	627.36
10	PDAA201965329	别克	1066.04

	A	B	C
1	保单号	品牌	2019年签单保费
2	PDAA201965321	上汽通用别克	1190.29
3	PDAA201965322	一汽大众	950
4	PDAA201965323	四川一汽丰田	726.42
5	PDAA201965324	长安	1487.86
6	PDAA201965325	北京现代	627.36
7	PDAA201965326	宝马	1830.19
8	PDAA201965327	力帆(乘用车)	716.98
9	PDAA201965328	夏利	896.23
10	PDAA201965329	别克	1428.97

图 6.53　“2018 年签单保费”工作表和“2019 年签单保费”工作表

(1) 在本工作簿中新建工作表“总签单保费”，选定用于存放合并计算结果的单元格区域 C2∶C10，如图 6.54 所示。

	A	B	C
1	保单号	品牌	总签单保费
2	PDAA201965321	上汽通用别克	
3	PDAA201965322	一汽大众	
4	PDAA201965323	四川一汽丰田	
5	PDAA201965324	长安	
6	PDAA201965325	北京现代	
7	PDAA201965326	宝马	
8	PDAA201965327	力帆(乘用车)	
9	PDAA201965328	夏利	
10	PDAA201965329	别克	

图 6.54　选定合并后的工作表的数据区域

(2) 单击功能区“数据”选项卡下“数据工具”选项组中的“合并计算”按钮，在弹出的“合并计算”对话框中，在“函数”下拉列表框中选择“求和”，在“引用位置”下拉列表中选取“2018 年签单保费”的 C2∶C10 单元格区域，单击“添加”按钮，再选取“2019 年签单保费”的 C2∶C10 单元格区域，勾选“创建指向源数据的链接”复选框（当源数据变化时，合并计算结果也随之变化），如图 6.55 所示，计算结果如图 6.56 所示。合并计算的结果以分类汇总的方式显示。单击左侧的“+”号，可以显示源数据信息。

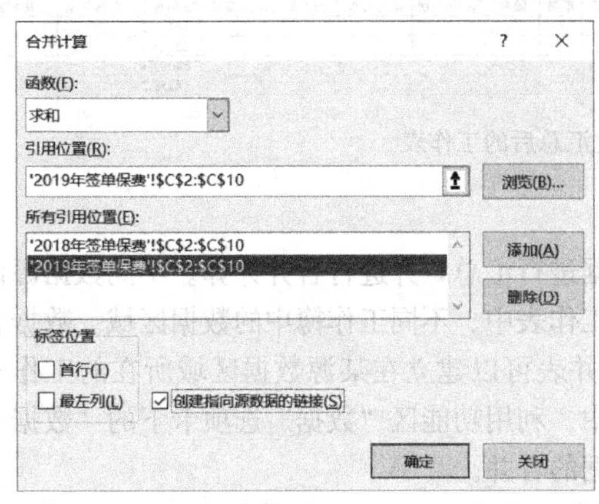

图 6.55 “合并计算”对话框

	A	B	C
1	保单号	品牌	总签单保费
4	PDAA201965321	上汽通用别克	3454.89
7	PDAA201965322	一汽大众	1799.06
10	PDAA201965323	四川一汽丰田	1443.4
13	PDAA201965324	长安	2499.61
16	PDAA201965325	北京现代	1344.34
19	PDAA201965326	宝马	3020.48
22	PDAA201965327	力帆(乘用车)	1550.19
25	PDAA201965328	夏利	1523.59
28	PDAA201965329	别克	2495.01
29			
30			
31			
32			
33			
34			

2018年签单保费 | 2019年签单保费 | 总签单保费 | Sheet3

图 6.56 合并计算后的工作表

6.3.8 批注

1. 为单元格添加批注

在 Excel 中允许向单元格中的数据输入批注信息。有以下几种方法可以为单元格添加批注。

(1) 选定单元格，在 Excel 功能区单击“审阅”选项卡，在“批注”选项组中单击“新建批注”按钮。

(2) 选定单元格，单击鼠标右键，在弹出的快捷菜单中选择“插入批注”命令。

(3) 选定单元格，按 Shift+F2 组合键。

插入批注后，在目标单元格的右上角出现红色三角符号，表示当前单元格包含批注。右侧矩形文本框通过引导箭头与红色标识符相连，此矩形文本框即为批注内容的显示区域，用户可以在此输入文本内容作为当前单元格的批注，如图 6.57 所示。

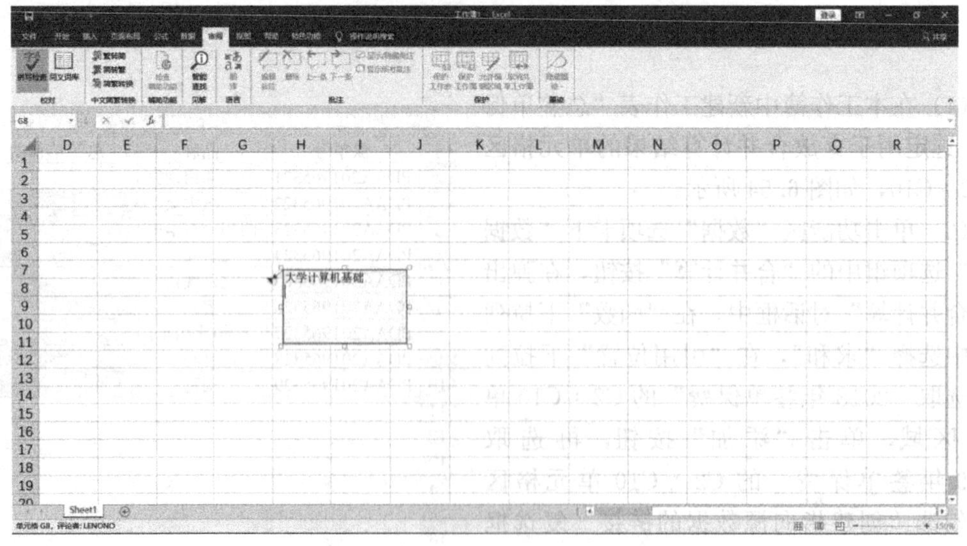

图 6.57 插入批注

完成批注内容的输入后，用鼠标单击其他单元格即可完成添加批注的操作，此时批注内容呈现隐藏状态，只显示出红色标识符。当用户将鼠标移至包含标识符的目标单元格上时，批注内容会自动显示出来。用户可以通过在含有批注的单元格上单击鼠标右键，在弹出的快捷菜单上选中“显示/隐藏批注”命令来取消隐藏状态，使批注文本框固定显示在单元格上方。或者在 Excel 功能区单击“审阅”选项卡，在“批注”选项组中单击“显示/隐藏批注”按钮来切换批注的“显示”和“隐藏”状态。

2. 编辑修改批注

要对现有单元格的批注内容进行编辑修改，可以使用以下几种方法：

(1) 选定含有批注的单元格，在 Excel 功能区单击“审阅”选项卡，在“批注”选项组中单击“编辑批注”按钮。

(2) 选定含有批注的单元格，单击鼠标右键，在弹出的快捷菜单中选择“编辑批注”命令。

(3) 选定单元格，按 Shift+F2 组合键。

3. 删除批注

要删除一个现有的批注，可以先选中包含批注的目标单元格，然后单击鼠标右键，在弹出的快捷菜单中选择“删除批注”命令。或者在 Excel 功能区单击“审阅”选项卡，在“批注”选项组中单击“删除”按钮。

如果要一次性删除当前工作表中的所有批注，可以按如下方法进行操作：

(1) 在 Excel 功能区单击“开始”选项卡，在“编辑”选项组中单击“查找和选择”下拉按钮，在其扩展菜单中单击“转到”命令（或在键盘上按 F5 功能键，或使用 Ctrl+G 组合键），在弹出的“定位”对话框中单击“定位条件”命令按钮，在弹出的“定位条件”对话框中选择“批注”单选按钮，然后单击“确定”按钮。

(2) 在 Excel 功能区单击“审阅”选项卡，在“批注”选项组中单击“删除”按钮。

此外，若用户需要删除某个区域中的所有批注，则可按如下方法进行操作：

1) 选中需要删除批注的区域。

2) 在 Excel 功能区单击“开始”选项卡，在“编辑”选项组中单击“清除”下拉按钮，在其扩展菜单中单击“清除批注”命令。

6.3.9　工作表窗口的拆分与冻结

1. 工作表窗口的拆分

由于受屏幕大小的限制，当工作表很大时，工作表中的数据不能完全显示在屏幕上，若要把相距甚远的数据同时显示在屏幕上，可以通过窗口拆分来实现。工作表窗口的拆分是指将工作表窗口分为几个窗口，每个窗口均独立显示或编辑工作表。工作表窗口的拆分可分为水平拆分、垂直拆分、水平和垂直同时拆分三种。

拆分窗口可通过菜单命令实现，具体操作步骤：选中拆分处单元格，在“视图”选项卡的“窗口”选项组，单击“拆分”按钮。此时，以选中单元格的上方和左方为分界线，拆分成四个窗口。拆分后底部和右部形成各自的滚动条，每个“水平滚动条”“垂直滚动条”控制对应的两个窗口，如图 6.58 所示。窗口分割条是可以移动的，按住可拖动到相应位置。

选中某列或某行，可按列或行拆分为两个窗口。当需要取消拆分窗口时，可直接双击窗口分割条或单击“视图”选项卡“窗口”选项组中的“拆分”按钮。

保单号	品牌	续保年	投保类别	使用性质	新车购置价	车龄	险种	客户类别	是否投保车损	是否投保盗抢	签单保费	立案件数	已决赔款
PDAA201965321	上汽通用别克	0	交商全保	家庭自用车	100900.00	1	商业险	个人	投保车损	未投保盗抢	2264.6	0	
PDAA201965322	一汽大众	0	交商全保	企业非营业用车	191800.00	1	交强险	个人	未投保车损	未投保盗抢	849.06	0	
PDAA201965323	四川一汽丰田	0	交商全保	家庭自用车	200800.00	2	交强险	个人	未投保车损	未投保盗抢	716.98	0	
PDAA201965324	长安	0	单商业	家庭自用车	56900.00	4	商业险	个人	未投保车损	未投保盗抢	1011.75	1	
PDAA201965325	北京现代	0	单交强	家庭自用车	81600.00	14	交强险	个人	未投保车损	未投保盗抢	716.98	0	
PDAA201965326	宝马	8	交商全保	家庭自用车	665000.00	11	商业险	个人	未投保车损	未投保盗抢	1190.29	0	
PDAA201965327	力帆(乘用车)	0	交商全保	家庭自用车	32500.00	5	商业险	个人	未投保车损	未投保盗抢	833.21	0	
PDAA201965328	夏利	0	单交强	家庭自用车	29800.00	7	交强险	个人	未投保车损	未投保盗抢	627.36	0	
PDAA201965329	别克	0	交商全保	企业非营业用车	429000.00	6	交强险	机构	未投保车损	未投保盗抢	1066.04	0	
PDAA201965330	上海通用雪佛兰	0	单交强	家庭自用车	116900.00	3	交强险	个人	未投保车损	未投保盗抢	950	1	744
PDAA201965331	长安福特	0	单商业	家庭自用车	102900.00	8	商业险	个人	未投保车损	未投保盗抢	1190.29	0	
PDAA201965332	上汽通用五菱	0	单交强	家庭自用车	29000.00	7	交强险	个人	未投保车损	未投保盗抢	726.42	0	
PDAA201965333	一汽奥迪	0	交商全保	家庭自用车	345240.00	5	商业险	个人	未投保车损	未投保盗抢	1487.86	0	
PDAA201965334	北京现代	0	单交强	家庭自用车	120800.00	9	交强险	个人	未投保车损	未投保盗抢	627.36	0	

图 6.58 工作表窗口的拆分

2. 工作表窗口的冻结

工作表的冻结，是指将工作表窗口的上部或左部固定，使它不随滚动条而移动。当工作表太大时，由于受屏幕大小的限制，移动滚动条时行列标题常常发生移动而不能识别工作表中的数据，因此行列标题通常不希望跟随滚动条移动，可以通过工作表窗口的冻结来实现。窗口的冻结也分为水平冻结、垂直冻结和水平垂直同时冻结三种。

工作表窗口冻结的操作方法与拆分十分类似，具体操作步骤：选择冻结位置，在“视图”选项卡的“窗口”选项组，单击“冻结窗格”按钮，在弹出的下拉列表中选择“冻结窗格”命令，如图 6.59 所示。冻结后，在选中的单元格的上方和左方出现一条冻结线。

保单号	品牌	续保年	投保类别	使用性质	新车购置价	车龄	险种	客户类别	是否投保车损	是否投保盗抢	签单保费	立案件数	已决赔款
PDAA201965321	上汽通用别克	0	交商全保	家庭自用车	100900.00	1	商业险	个人	投保车损	未投保盗抢	2264.6	0	
PDAA201965322	一汽大众	0	交商全保	企业非营业用车	191800.00	1	交强险	个人	未投保车损	未投保盗抢	849.06	0	
PDAA201965323	四川一汽丰田	0	交商全保	家庭自用车	200800.00	2	交强险	个人	未投保车损	未投保盗抢	716.98	0	
PDAA201965324	长安	0	单商业	家庭自用车	56900.00	4	商业险	个人	未投保车损	未投保盗抢	1011.75	1	
PDAA201965325	北京现代	0	单交强	家庭自用车	81600.00	14	交强险	个人	未投保车损	未投保盗抢	716.98	0	
PDAA201965326	宝马	8	交商全保	家庭自用车	665000.00	11	商业险	个人	未投保车损	未投保盗抢	1190.29	0	
PDAA201965327	力帆(乘用车)	0	交商全保	家庭自用车	32500.00	5	商业险	个人	未投保车损	未投保盗抢	833.21	0	
PDAA201965328	夏利	0	单交强	家庭自用车	29800.00	7	交强险	个人	未投保车损	未投保盗抢	627.36	0	
PDAA201965329	别克	0	交商全保	企业非营业用车	429000.00	6	交强险	机构	未投保车损	未投保盗抢	1066.04	0	
PDAA201965330	上海通用雪佛兰	0	单交强	家庭自用车	116900.00	3	交强险	个人	未投保车损	未投保盗抢	950	1	744
PDAA201965331	长安福特	0	单商业	家庭自用车	102900.00	8	商业险	个人	未投保车损	未投保盗抢	1190.29	0	
PDAA201965332	上汽通用五菱	0	单交强	家庭自用车	29000.00	7	交强险	个人	未投保车损	未投保盗抢	726.42	0	
PDAA201965333	一汽奥迪	0	交商全保	家庭自用车	345240.00	5	商业险	个人	未投保车损	未投保盗抢	1487.86	0	
PDAA201965334	北京现代	0	单交强	家庭自用车	120800.00	9	交强险	个人	未投保车损	未投保盗抢	627.36	0	

图 6.59 “冻结窗格”功能

若要冻结首行或首列，则在下拉列表中选择“冻结首行”或“冻结首列”选项。

撤销冻结只能通过单击“视图”选项卡“窗口”选项组中的“冻结窗格”按钮，在弹出的下拉列表中选择“取消冻结窗格”命令实现。

6.3.10　定位条件

在 Excel 中，通过“定位条件”功能可以帮助我们快速定位到数据表格中的批注、常量、公式、空值、对象，还可以定位到行/列内容差异单元格、可见单元格等，极大地提高工作效率。

【例 6.8】　在如图 6.10 所示的车险信息表中定位“投保类别”中的差异单元格。

（1）选中 D2：D15 单元格区域。

（2）在 Excel 功能区单击“开始”选项卡，在“编辑”选项组中单击“查找和选择”下拉按钮，在其扩展菜单中选择“定位条件”命令，或直接按下 Ctrl＋G 组合键或 F5 按键，弹出“定位条件”对话框，如图 6.60 所示。

（3）在“定位条件”对话框中，选择“列内容差异单元格”单选按钮，然后单击“确定”按钮，定位到差异数据，如图 6.61 所示。

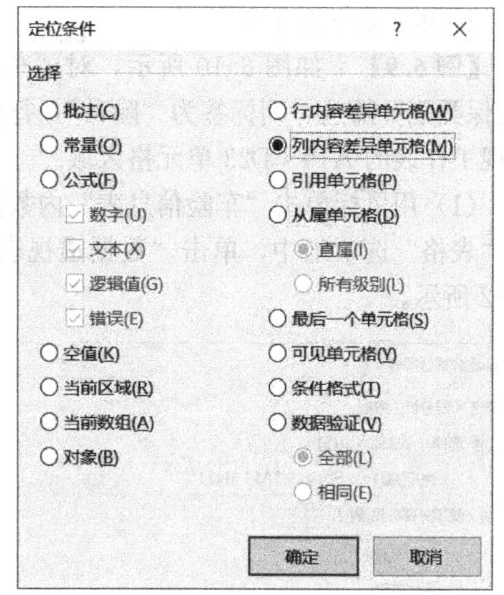

图 6.60　“定位条件”对话框

	A	B	C	D	E	F	G	H
1	保单号	品牌	续保年	投保类别	使用性质	新车购置价	车龄	险种
2	PDAA201965321	上汽通用别克	0	交商全保	家庭自用车	100900.00	1	商业险
3	PDAA201965322	一汽大众	0	交商全保	企业非营业用车	191800.00	1	交强险
4	PDAA201965323	四川一汽丰田	0	交商全保	家庭自用车	200800.00	2	交强险
5	PDAA201965324	长安	0	单商业	家庭自用车	56900.00	4	商业险
6	PDAA201965325	北京现代	0	单交强	家庭自用车	81600.00	14	交强险
7	PDAA201965326	宝马	8	交商全保	家庭自用车	665000.00	11	商业险
8	PDAA201965327	力帆(乘用车)	0	交商全保	家庭自用车	32500.00	5	商业险
9	PDAA201965328	夏利	0	单交强	家庭自用车	29800.00	7	交强险
10	PDAA201965329	别克	0	交商全保	企业非营业用车	429000.00	6	交强险
11	PDAA201965330	上海通用雪佛兰	0	单交强	家庭自用车	116900.00	3	交强险
12	PDAA201965331	长安福特	0	单商业	家庭自用车	102900.00	8	商业险
13	PDAA201965332	上汽通用五菱	0	单交强	家庭自用车	29000.00	7	交强险
14	PDAA201965333	一汽奥迪	0	交商全保	家庭自用车	345240.00	5	商业险
15	PDAA201965334	北京现代	0	单交强	家庭自用车	120800.00	9	交强险

图 6.61　使用“定位条件”比较数据差异

6.4　数据分析利器——数据透视表

数据透视表是用来从 Excel 数据清单中总结信息的分析工具，它是一种交互式报表，可以快速分类汇总、比较大量的数据，并可以随时选择其中页、行和列中的不同元素，以达到快速查看源数据的不同统计结果，同时还可以随意显示和打印出感兴趣的明细数据。

分类汇总只适合于按单个字段进行分类，然后对一个或多个字段进行汇总。在实际应用中常常需要按多个字段进行分类并汇总，如果用分类汇总方式进行处理则比较困难。而数据透视表有机地综合了数据排序、筛选、分类汇总等数据分析的优点，可方便地调整分类汇总的方式，灵活地以不同方式展示数据的特征，可以轻松实现。

1. 建立数据透视表

【例 6.9】 如图 6.10 所示，对“车险信息表”数据清单的内容建立数据透视表，按“投保类别”筛选，列标签为“险种”，行标签为“使用性质”，求和项为“签单保费”，并置于现工作表的 A19：D23 单元格区域。

(1) 用鼠标单击“车险信息表”内数据清单的任一单元格。在功能区“插入”选项卡下的“表格”选项组中，单击“数据透视表”按钮，弹出“创建数据透视表”对话框，如图 6.62 所示。

图 6.62 “创建数据透视表”对话框

(2) 选择数据源。数据透视表的数据源是透视表的数据来源。数据源可以是 Excel 的数据表格，也可以是外部数据表和 Internet 上的数据源，还可以是经过合并计算的多个数据区域或另一个数据透视表。

本例中，在“创建数据透视表”对话框的“请选择要分析的数据”选项区域下单击“选择一个表或区域”单选按钮，在“表/区域”后面的文本框中选择“产品销售情况表”区域 A1：N15，此时系统自动使用绝对引用的单元格地址“Sheet1! $A $1 ： $N $15”。

(3) 在“选择放置数据透视表的位置”区域中选定数据透视表的放置位置，有“新工作表”和“现有工作表”两种方式。选择前者数据透视表放置在同一工作簿内新建的工作表中，选择后者时还必须指定数据透视表在现有工作表中放置的位置。

本例中，在“创建数据透视表”对话框的“选择放置数据透视表的位置”下单击“现有工作表”单选按钮，在“位置”后面的文本框中选择将放置数据透视表的单元格区域 A19：D23，此时系统自动将其更换为绝对引用的单元格地址“Sheet1! $A$19：$D$23”，单击“确定”按钮，弹出“数据透视表字段”任务窗格，如图 6.63 所示。

(4) “数据透视表字段”任务窗格中显示出了全部字段，将筛选的字段添加到“筛选”区中。将分类的字段添加到“行”和“列”区中，并成为透视表的行、列标题。将要汇总的字段添加到“值”区。

本例中，在弹出的“数据透视表字段”任务窗格中，将“投保类别”拖至“筛选”区，即按“投保类别”筛选；然后将“险种”拖至“列”区，即按“险种”进行分类汇总；将“使用性质”拖至“行”区，即按“使用性质”进行分类汇总；再将“签单保费”拖至“值”区，即按签单保费计数。此时，在所选择放置数据透视表的位置处显示出完整的数据透视表，如图 6.64 所示。

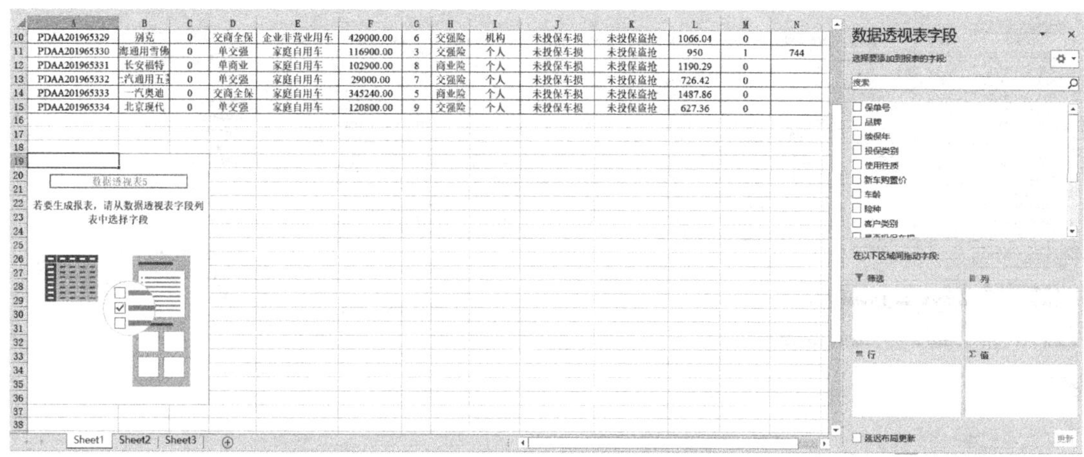

图 6.63　“数据透视表字段”对话框

保单号	品牌	续保年	投保类别	使用性质	新车购置价	车龄	险种	客户类别	是否投保车损	是否投保盗抢	签单保费	立案件数	已决赔款
PDAA201965321	上汽通用别克	0	交商全保	家庭自用车	100900.00	1	商业险	个人	投保车损	未投保盗抢	2264.6	0	
PDAA201965322	一汽大众	0	交商全保	企业非营业用车	191800.00	1	交强险	个人	未投保车损	未投保盗抢	849.06	0	
PDAA201965323	四川一汽丰田	0	交商全保	家庭自用车	200800.00	2	交强险	个人	未投保车损	未投保盗抢	716.98	0	
PDAA201965324	长安	0	单商业	家庭自用车	56900.00	4	商业险	个人	未投保车损	未投保盗抢	1011.75	1	
PDAA201965325	北京现代	0	单交强	家庭自用车	81600.00	14	交强险	个人	未投保车损	未投保盗抢	716.98	0	
PDAA201965326	宝马	8	交商全保	家庭自用车	665000.00	11	商业险	个人	未投保车损	未投保盗抢	1190.29	0	
PDAA201965327	力帆(乘用车	0	交商全保	家庭自用车	32500.00	5	商业险	个人	未投保车损	未投保盗抢	833.21	0	
PDAA201965328	夏利	0	单交强	家庭自用车	29800.00	7	交强险	个人	未投保车损	未投保盗抢	627.36	0	
PDAA201965329	别克	0	交商全保	企业非营业用车	429000.00	6	交强险	机构	未投保车损	未投保盗抢	1066.04	0	
PDAA201965330	海通用雪佛	0	单交强	家庭自用车	116900.00	3	交强险	个人	未投保车损	未投保盗抢	950	1	744
PDAA201965331	长安福特	0	单商业	家庭自用车	102900.00	8	商业险	个人	未投保车损	未投保盗抢	1190.29	0	
PDAA201965332	上汽通用五	0	单交强	家庭自用车	29000.00	7	交强险	个人	未投保车损	未投保盗抢	726.42	0	
PDAA201965333	一汽奥迪	0	交商全保	家庭自用车	345240.00	5	商业险	个人	未投保车损	未投保盗抢	1487.86	0	
PDAA201965334	北京现代	0	单交强	家庭自用车	120800.00	9	交强险	个人	未投保车损	未投保盗抢	627.36	0	

投保类别　(全部)

求和项:签单保费	列标签		
行标签	交强险	商业险	总计
家庭自用车	4365.1	7978	12343.1
企业非营业用车	1915.1		1915.1
总计	6280.2	7978	14258.2

图 6.64　完成的数据透视表

2. 修改数据透视表

在创建数据透视表时，Excel 打开了“数据透视表分析”和“设计”选项卡，可对数据透视表进行修改。

在实际应用中，常常需要更改数据透视表的布局或对字段进行设置。例如：想修改图 6.64 中列标签为“使用性质”，行标签为“险种”，且签单保费保留 2 位小数，具体操作步骤如下：

(1) 选择数据透视表中任一单元格。在“数据透视表字段”任务窗格中将“险种”从“列”区拖入“行”区，然后将“使用性质”从“行”区拖入“列”区，如图 6.65 所示。

(2) 单击“数据透视表字段”任务窗格“值”区中“求和项：签单保费”右侧的倒三角箭头，在展开的列表中选择“值字段设置”选项，弹出“值字段设置”对话框，如图 6.66 所示。

(3) 在“值汇总方式”选项卡的“计算类型”列表框中可更改汇总方式。单击“数字格式”按钮，在弹出的对话框中可以设置数字显示格式。

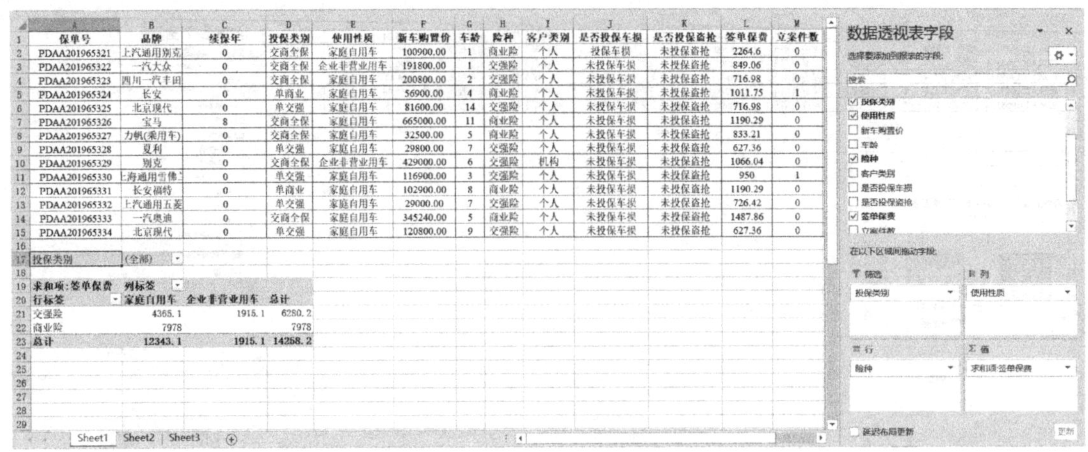

图 6.65 修改数据透视表字段

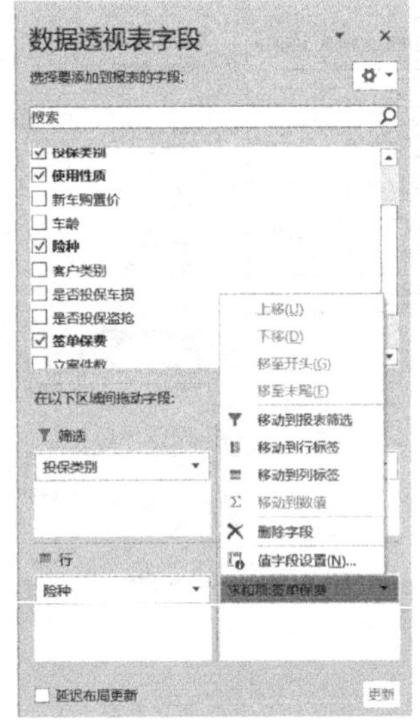

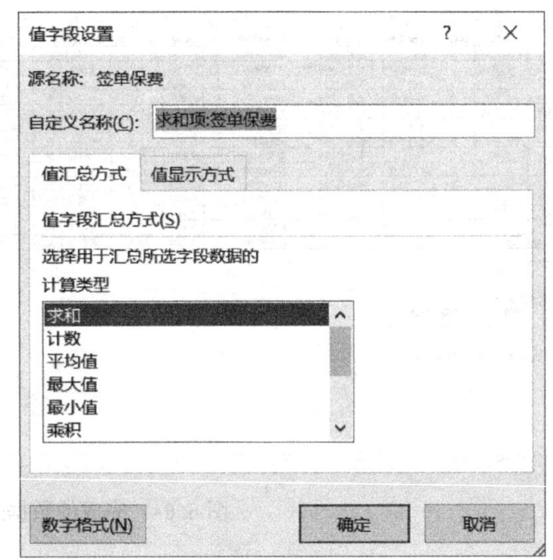

图 6.66 “值字段设置”对话框

本例中“数字格式”设置为“数值”，保留 2 位小数，如图 6.67 所示。

(4) 单击“确定”按钮，得到如图 6.68 所示的数据透视表。

3. 创建和编辑数据透视图

数据透视图是对数据透视表显示的汇总数据的一种图解表示法，它是基于数据透视表的。虽然 Excel 允许同时创建数据透视表和数据透视图，但不能在没有数据透视表的情况下创建数据透视图。

创建数据透视图的方法如下：

(1) 选择数据透视表的任一单元格。

(2) 在“数据透视表分析”选项卡下的“工具”选项组中，单击“数据透视图”按钮，弹出“插入图表”对话框，如图 6.69 所示。

(3) 在其中选择一种图表类型，单击“确定”按钮返回工作表，如图 6.70 所示。

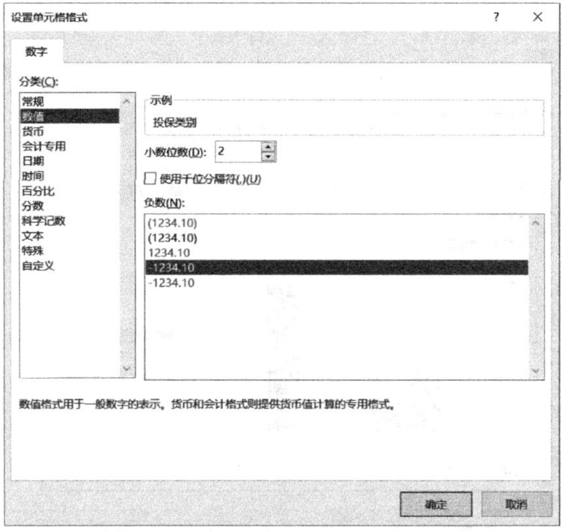

图 6.67　“设置单元格格式”对话框

	A	B	C	D	E	F	G	H	I	J	
4	PDAA201965323	四川一汽丰田	0	交商全保	家庭自用车	200800.00	2	交强险	个人	未投保车损	未投
5	PDAA201965324	长安	0	单商业	家庭自用车	56900.00	4	商业险	个人	未投保车损	未投
6	PDAA201965325	北京现代	0	单交强	家庭自用车	81600.00	14	交强险	个人	未投保车损	未投
7	PDAA201965326	宝马	8	交商全保	家庭自用车	665000.00	11	商业险	个人	未投保车损	未投
8	PDAA201965327	力帆(乘用车)	0	交商全保	家庭自用车	32500.00	5	商业险	个人	未投保车损	未投
9	PDAA201965328	夏利	0	单交强	家庭自用车	29800.00	7	交强险	个人	未投保车损	未投
10	PDAA201965329	别克	0	交商全保	企业非营业用车	429000.00	6	交强险	机构	未投保车损	未投
11	PDAA201965330	上海通用雪佛兰	0	单交强	家庭自用车	116900.00	3	交强险	个人	未投保车损	未投
12	PDAA201965331	长安福特	0	单商业	家庭自用车	102900.00	8	商业险	个人	未投保车损	未投
13	PDAA201965332	上汽通用五菱	0	单交强	家庭自用车	29000.00	7	交强险	个人	未投保车损	未投
14	PDAA201965333	一汽奥迪	0	交商全保	家庭自用车	345240.00	5	商业险	个人	未投保车损	未投
15	PDAA201965334	北京现代	0	单交强	家庭自用车	120800.00	9	交强险	个人	未投保车损	未投
16											
17	投保类别	(全部)									
18											
19	求和项:签单保费	列标签									
20	行标签	家庭自用车	企业非营业用车	总计							
21	交强险	4365.10	1915.10	6280.20							
22	商业险	7978.00		7978.00							
23	总计	12343.10	1915.10	14258.20							

图 6.68　修改后的数据透视表

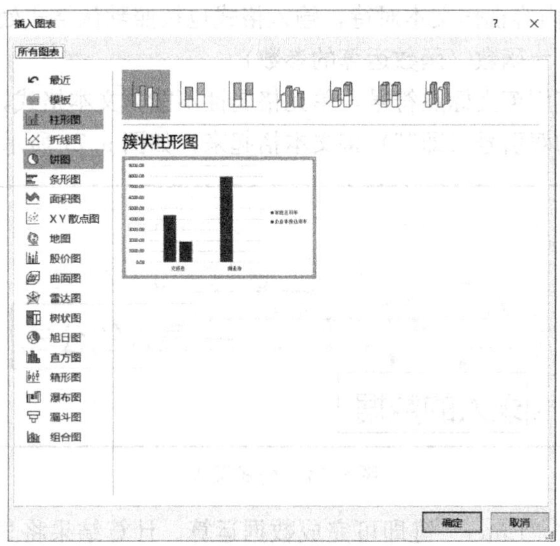

图 6.69　“插入图表”对话框

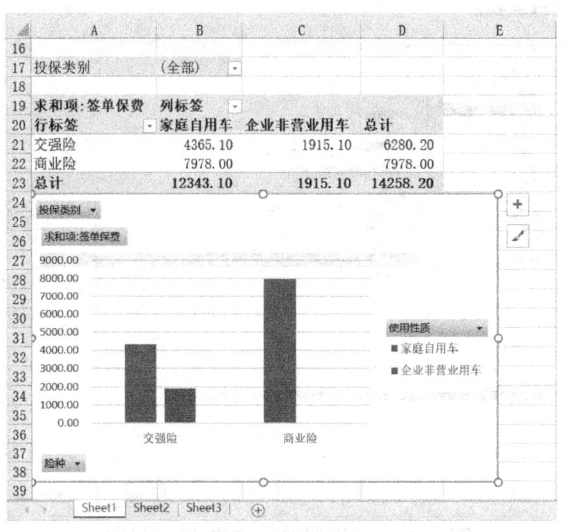

图 6.70　创建数据透视图

单击数据透视图将显示“数据透视图分析”“设计”和“格式”选项卡，利用这三个选项卡可以对数据透视图进行分析、设计和修改。

6.5　公式和函数

Excel 不仅可以对数据进行录入，更主要的功能是对录入的数据进行分析计算和解决问题，通过录入公式，再使用 Excel 内置的各种功能的函数，即可帮助使用者轻松完成计算、统计和判断等工作。每个函数都有自己唯一的名称和能够实现的特定功能，并且通过输入的参数进行计算，如 sin30°、cos60°等三角函数，其中 sin、cos 就是函数名，30°和 60°即为参数。

6.5.1　公式录入

Excel 中要录入公式，首先必须输入“=”，如果不输入等于号，直接输入算式或其他内容，Excel 将把输入内容视作文本对待，输入格式也按照默认格式处理。

公式标准格式为：=函数（函数运算的参数）

在公式中，必须使用英文标点符号，单元格属性不能为文本格式，对于需要直接显示的文本，需要使用英文的双引号（即""）将文本括起来，如图 6.71 所示。

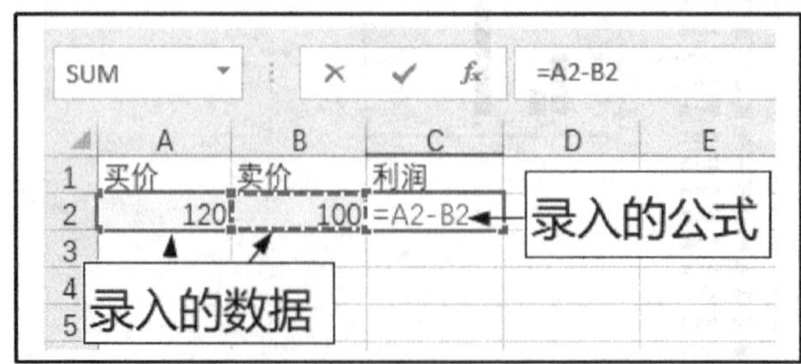

图 6.71　公式录入

在输入完公式后按“Enter”键即可完成数据运算。计算结果将显示在包含公式的单元格中。如果要查看某单元格的公式，选择该单元格，该单元格的公式就会出现在编辑栏中，如图 6.72 所示。

公式一般由函数、引用、运算符和常量中的几种或其中之一构成，如图 6.73 所示。

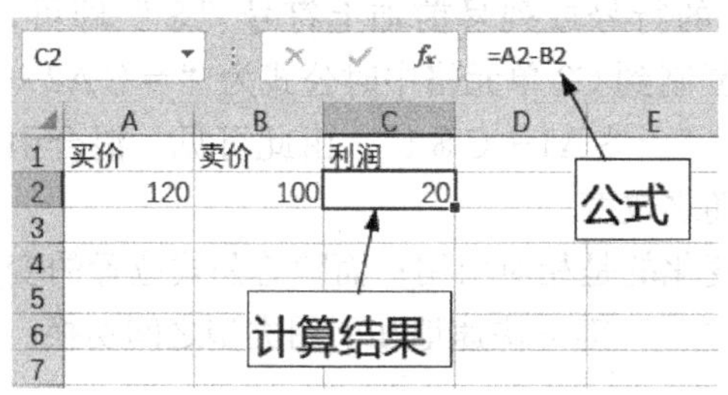

图 6.72　公式显示

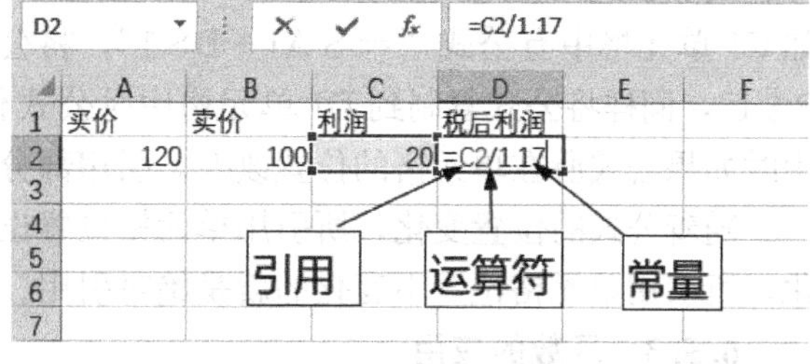

图 6.73　公式的构成

6.5.2　Excel 公式中使用引用

Excel 中引用是用于获取某单元格或某单元格区域的值，并告知 Excel 在何处查找要在公式中使用的值或数据。引用可以引用同一工作表中单元格的值，也可以引用同一工作簿其他工作表中单元格的值，还可以跨工作簿引用。

对单元格或单元格区域进行引用的表示方法见表 6.2。

表 6.2　　引 用 的 表 示 方 法

需引用的单元格或单元格区域	引用的表示方法
列 A 和行 1 交叉处的单元格	A1
在列 A 和行 1 到行 15 之间的单元格区域	A1：A15
在行 10 和列 C 到列 G 之间的单元格区域	C15：G15
行 6 中的全部单元格	6：6
行 1 到行 10 之间的全部单元格	1：10
列 G 中的全部单元格	G：G
列 A 到列 E 之间的全部单元格	A：E
列 A 到列 E 和行 8 到行 15 之间的单元格区域	A8：E15

Excel 中常见的引用有相对引用、绝对引用和混合引用三种。这三种引用是指公式中使用单元格或单元格区域的地址，将公式进行复制后，粘贴到另外的单元格中，地址如何发生变化。

1. 相对引用

复制公式时地址随之发生变化，如 C1 单元格中有公式“＝A1＋B1”，将公式复制到 C2 单元格中时公式自动变为“＝A2＋B2”，将公式复制到 D1 单元格中时公式自动变为“＝B1＋C1”，由此可见，相对引用时如果公式所在单元格的位置改变，引用也随之改变。

2. 绝对引用

复制公式时地址不会随之发生变化。绝对引用会使用到符号“＄”，对于需要固定的行号和列号，只需要在其前加上符号“＄”即可，如 C1 单元格中有公式“＝＄A＄1＋＄B＄1”，将公式复制到 C2 单元格中时公式为“＝＄A＄1＋＄B＄1”，同样将公式复制到 D1 单元格中时公式仍为“＝＄A＄1＋＄B＄1”，由此可见，绝对引用时如果公式所在单元格的位置改变，引用不会随之改变。

3. 混合引用

复制公式时地址部分发生变化，同理需要固定的行号或列号前加上符号“＄”即可，如C1单元格中有公式“＝＄A1＋B＄1”，将公式复制到C2单元格中时公式为“＝＄A2＋B＄1”，同样将公式复制到D1单元格中时公式仍为“＝＄A1＋C＄1”，由此可见，混合引用时如果公式所在单元格的位置改变，引用部分将随之改变。

随着公式的位置变化，所引用单元格位置也在变化的是相对引用；而随着公式位置的变化，所引用单元格位置不变化的就是绝对引用。按“F4”键可快速地在引用类型之间切换。

6.5.3 函数的应用

函数是Excel中最为常用也是最为重要的功能，Excel中按类别分可以将函数分为财务函数、日期与时间函数、数学和三角函数、统计函数、查询和引用函数、数据库函数、文本函数、逻辑函数、信息函数、工程函数、多维数据集函数、兼容性函数和Web函数，总共13种函数。

下面通过一个案例来了解Excel中的常用函数，如图6.74所示。

	A	B	C	D	E	F	G	H	I	J
1						成绩表				
2	学号	姓名	班级	性别	高等数学	计算机文化基础	总成绩	平均成绩	等级	排名
3	SD19001	张华华	DY191	女	85	65				
4	SD19002	李大平	DY191	男	78	92				
5	SD19003	钟培	DY192	男	69	86				
6	SD19004	赵四	DY191	男	89	97				
7	SD19005	郭天	DY192	男	90	65				
8	SD19006	李金	DY192	男	56	91				
9	SD19007	刘海	DY192	女	75	86				
10	SD19008	张婷婷	DY191	女	96	93				
11	SD19009	李思思	DY191	女	65	78				
12	SD19010	陈海华	DY192	男	93	69				
13	SD19011	陈慧慧	DY191	女	84	81				
14	SD19012	赵欢欢	DY192	男	51	55				
15	SD19013	钟菲菲	DY192	女	73	76				
16										
17										
18										
19	统计	男生人数		女生人数		查找学号为SD19006学生的排名				
20										
21		高数男生总成绩		191班女生计算机文化基础总成绩						
22										
23										
24										
25										

图6.74 成绩表

在成绩表中录入基本数据后，需要计算每位同学的总成绩和平均成绩，然后通过平均成绩进行等级和排名，并统计男女生人数、“高等数学”男生平均成绩和191班“计算机文化基础”平均成绩，最后按学号对学生的排名进行查找。

1. 求和函数SUM()

求和函数的功能是：对给定的值或指定的区域进行求和。如果参数中有错误值或为不能转换成数字的文本，则会出现错误，无法计算。语法：“＝SUM（值或单元格引用）”。例如，将鼠标定位到“G3”单元格内，输入“＝SUM（E3：F3）”后单击“Enter”键，这时可以看到 G3 单元格内自动计算出结果，选中单元格向下拉动，右下角句柄进行自动填充，每个同学的总成绩均自动计算出来。

2. 平均函数 AVERAGE ()

平均函数的功能是：对给定的值或指定的区域计算平均值。例如，将鼠标定位到“H3”单元格内，输入“＝AVERAGE（E3，F3）”后类似求和的操作，每个同学的平均成绩会自动计算出来。

3. 逻辑判断函数 IF ()

这个函数既可以进行数据判断，也可以进行数据分层。IF 函数的整体函数结构是 IF（Logical _ test，[Value _ if _ true]，[Value _ if _ false]），该函数意思如下：

Logical _ test：指进行 if 判断的逻辑条件，如＞80，＜＝60 等判断条件。

Value _ if _ true：指满足 logical _ test 所限定的条件时返回的值。

Value _ if _ false：指不满足 logical _ test 所限定的条件时返回的值。

我们可以使用 Excel 提供的函数管理工具进行该函数的填充，例如，将鼠标定位到“I3”单元格内，在公式栏旁边单击插入函数 *fx*，Excel 会自动插入“＝”，如图 6.75 所示。

成绩表

班级	性别	高等数学	计算机文化基础	总成绩	平均成绩	等级	排名
191	女	85	65	150	75	=	
191	男	78	92	170	85		
192	男	69	86	155	77.5		
191	男	89	97	186	93		
192	男	90	65	155	77.5		
192	男	56	91	147	73.5		
192	女	75	86	161	80.5		

图 6.75　如何插入函数

此时会弹出图 6.76 所示对话框。

选中 IF 函数，单击“确定”按钮后，会弹出“函数参数”对话框，这里我们根据等级划分要求来进行设置，成绩＜60 分为不及格，成绩＞＝60 分为及格，以此类推进行划分，先在“Logical _ test”文本框中输入第一个判断条件，单击“H3”，可见在文本框中自动引用了“H3”，然后输入“＞＝90”，这时文本框中为“H3＞＝90”，这是判断的条件，在“Value _ if _ true”文本框中输入“"优"”（注意：此处引号为英文的双引号），在“Value _ if _ false”文本框中输入“if ()”，如图 6.77 所示。

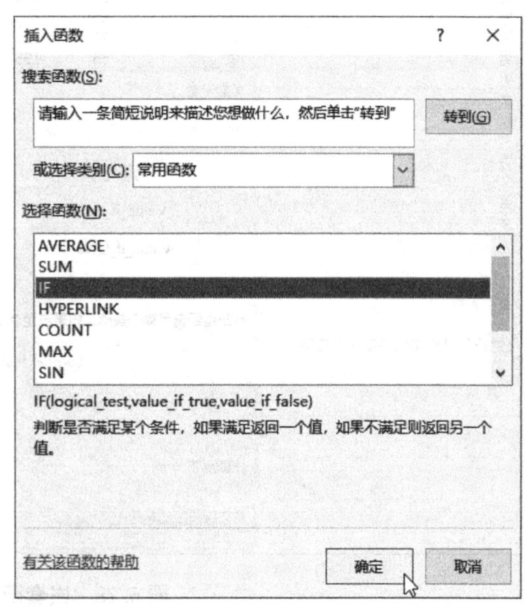

图 6.76　插入函数对话框

再在公式栏中将鼠标定位在“()”

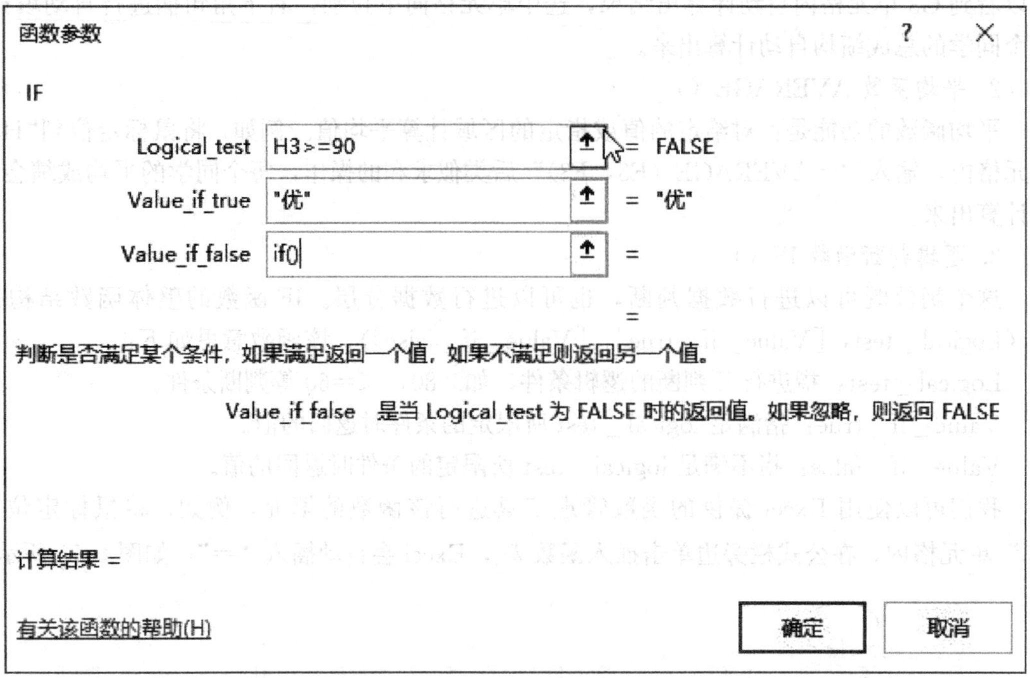

函数参数
IF
Logical_test
H3>=90
= FALSE
Value_if_true
"优"
= "优"
Value_if_false
if()
=
=
判断是否满足某个条件，如果满足返回一个值，如果不满足则返回另一个值。
Value_if_false 是当 Logical_test 为 FALSE 时的返回值。如果忽略，则返回 FALSE
计算结果 =
有关该函数的帮助(H)
确定
取消

图 6.77 输入参数

中，会自动弹出需要嵌套函数的参数对话框，如图 6.78 所示。

=IF(H3>=90,"优",if())
IF(logical_test, [value_if_true], [value_if_false])
性别
高等数学
计算机文化基础
总成绩
平均成绩
等级
排名
女生人数
191班计算机文化基础平均成绩
函数参数
IF
Logical_test
= 逻辑值
Value_if_true
= 任意
Value_if_false
= 任意
判断是否满足某个条件，如果满足返回一个值，如果不满足则返回另一个值。
Logical_test 是任何可能被计算为 TRUE 或 FALSE 的数值或表达式。
计算结果 =
有关该函数的帮助(H)
确定
取消

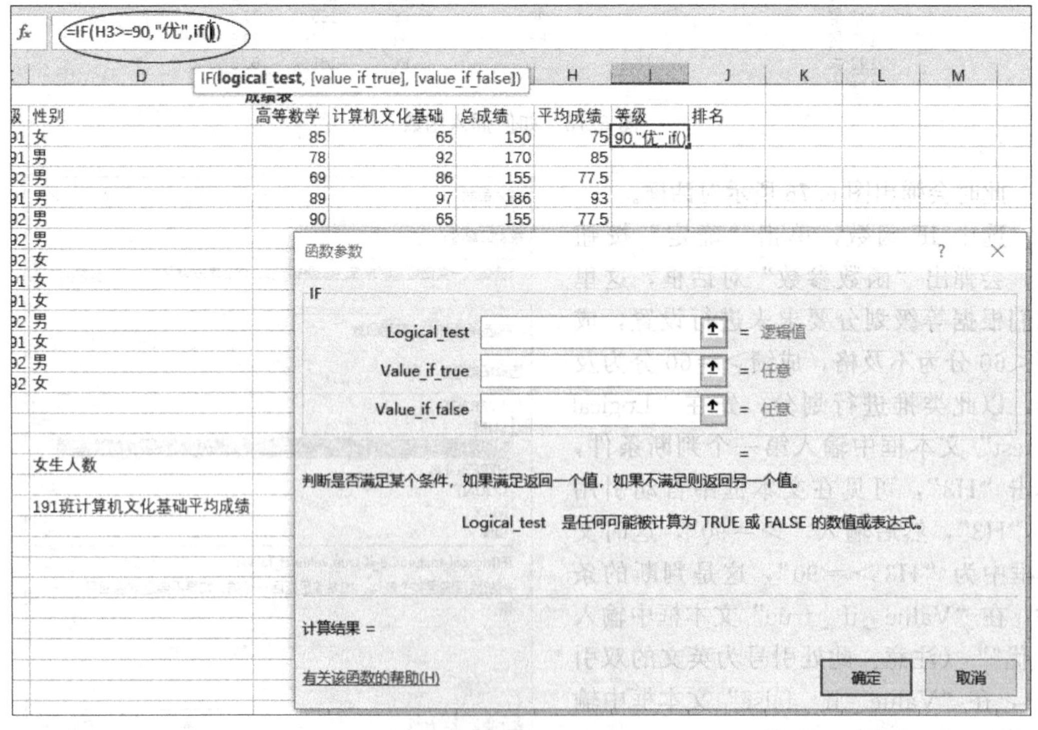

图 6.78 嵌套函数插入方法

用同样的方法设置剩下的等级，注意在最后“不及格”的等级设置时，在“Value _ if _ true”文本框中输入“不及格”单击“确定”即可，最后公式如下：

=IF（H3>=90,"优"，IF（H3>=80,"良"，IF（H3>=70,"中"，IF（H3>=60,"及格"，IF（H3<60,"不及格")))))

【提示】在录入嵌套函数时一定要注意括号（）必须一一对应。

4. 排名函数 RANK（）

使用 RANK 函数返回一列数字的数字排位。数字的排位是其相对于列表中其他值的大小。

RANK 函数的语法是：RANK（Number，Ref，[Order]）

Number：指需要求排名的那个数值或者单元格名称（单元格内必须为数字）。

Ref：指排名的参照数值区域。

Order：取 0 和 1，默认不用输入，得到的就是从大到小的排名，若是想求倒数第几，order 的值请使用 1。

将鼠标定位到“J3”单元格内，输入“=RANK（H3，$H$3：$H$15，0)”，“H3”代表要被排名的值，“$H$3：$H$15”代表比较的区域，“0”代表使用降序方法进行排序。然后同上一样操作，每个同学的排名也自动计算出来。

【问题】为什么此处使用的是绝对引用？

5. 判断计数函数 COUNTIF（）

该函数是一个统计函数，用于统计满足某个条件的单元格的数量。

COUNTIF 函数的语法是=COUNTIF（Range，Criteria)

Range：指计算其中非空单元格数目的区域。

Criteria：以数字、表达式或文本形式定义的条件。

将鼠标定位到“B20”单元格内，输入“=COUNTIF（D3：D15,"男")”，“D3：D15”代表检查的区域，“"男"”代表查找的内容，然后同上一样操作，Excel 会自动统计出男生的数量，用同样的方法统计出女生的数量。

6. 条件求和函数 SUMIF（）

使用该函数可以对区域范围中符合指定条件的值求和。

SUMIF 函数的语法是：=SUMIF（Range，Criteria，Sum _ range)

Range：为条件区域，用于条件判断的单元格区域。

Criteria：为求和条件，是由数字、逻辑表达式等组成的判定条件。

Sum _ range：为实际求和区域，用于需要求和的单元格、区域或引用。

当省略 Sum _ range 参数时，条件区域就是实际求和区域。

将鼠标定位到“B22”单元格内，输入“=SUMIF（D3：D15,"男"，E3：E15)”，“D3：D15”代表检查的区域，“"男"”代表指定的条件，“E3：E15”代表需求和的区域，然后同上一样操作，Excel 会自动统计出“高等数学”男生总成绩。

7. 乘积求和函数 SUMPRODUCT（）

乘积求和函数的功能是：返回相应的数组或区域乘积的和，在给定的几组数组中，将数组间对应的元素相乘，并返回乘积之和。每个数组或区域中不仅可以是数字，也可以是判断条件，逻辑运算后真为 1，假为 0。

SUMPRODUCT 函数的语法是=SUMPRODUCT（Array1，[Array2]，[Array3]，…）

Array1：其相应元素需要进行相乘并求和的第一个数组参数，这个是一个必须要的参数。

Array2，Array3，…：可任选几个数组与第一个数组进行相乘并求和。

将鼠标定位到“B22”单元格内，输入“=SUMPRODUCT（（C3：C15="DY191"）*（D3：D15="女"）*（F3：F15））”，“C3：C15="DY191"”代表判断 C3：C15 区域中的每一个值是否为"DY191"，是返回 TRUE 即 1 值，否返回 FALSE 即 0 值，见下行：

“{TRUE；TRUE；FALSE；TRUE；FALSE；FALSE；FALSE；TRUE；TRUE；FALSE；TRUE；FALSE；FALSE}”

以上为 C3：C15="DY191" 返回值。

同理“D3：D15="女"”返回值：

{TRUE；FALSE；FALSE；FALSE；FALSE；FALSE；TRUE；TRUE；TRUE；FALSE；TRUE；FALSE；TRUE}

（C3：C15="DY191"）*（D3：D15="女"）*（F3：F15）中 C3：C15="DY191" 的算式见表 6.3。

表 6.3　　　　运 算 表

C3：C15="DY191" 的值	D3：D15="女" 的值	F3：F15 的值	算式	结果
TRUE	TRUE	65	1*1*65	65
TRUE	FALSE	92	1*0*92	0
FALSE	FALSE	86	0*0*86	0
TRUE	FALSE	97	1*0*97	0
FALSE	FALSE	65	0*0*65	0
FALSE	FALSE	91	0*0*91	0
FALSE	TRUE	86	0*1*86	0
TRUE	TRUE	93	1*1*93	93
TRUE	TRUE	78	1*1*78	78
FALSE	FALSE	69	0*0*69	0
TRUE	TRUE	81	1*1*81	81
FALSE	FALSE	55	0*0*55	0
FALSE	TRUE	76	0*1*76	0

由表 6.3 可知，只有当 C3：C15="DY191" 和 D3：D15="女" 的值同时为真时才会返回该同学的成绩，否则均为 0 值。

8. 查找函数 VLOOKUP（）

需要在表格或区域中按行查找内容，可使用 VLOOKUP，它是一个查找和引用函数，可通过输入的条件按行查找到该条件的另外的信息。

VLOOKUP 函数的语法是 VLOOKUP（Lookup_value，Table_array，Col_index_num，Range_lookup）

Lookup_value：指需要在数据表中进行查找的数值。该参数可以为数值、引用或文本字符串。

Table _ array：指需要在哪个区域内进行查找的数值。

Col _ index _ num：为 Table _ array 中查找区域的列序号。

Range _ lookup：为一逻辑值，指明函数 VLOOKUP 查找时是精确匹配，还是近似匹配。

【提示】 Lookup _ value 参数必须放在查找区域的第一列，否则会出错!

将鼠标定位到“F20”单元格内，输入“＝VLOOKUP（" SD19006"，A2：J15，10)”，“" SD19006"”代表要在区域中第一列查找值为 SD19006 的单元格，“A2：J15”代表查找的区域，定义此区域一定要注意两个问题，一是一定要把条件放在此区域的第一列，二是此区域一定包含想得到的值。10 代表返回该区域满足查找条件第十列的值。

通过使用函数完成成绩表的数据统计计算，成绩表最终如图 6.79 所示。

	A	B	C	D	E	F	G	H	I	J	K
1						成绩表					
2	学号	姓名	班级	性别	高等数学	计算机文化基础	总成绩	平均成绩	等级	排名	
3	SD19001	张华华	DY191	女	85	65	150	75	中	9	
4	SD19002	李大平	DY191	男	78	92	170	85	良	3	
5	SD19003	钟培	DY192	男	69	86	155	77.5	中	7	
6	SD19004	赵四	DY191	男	89	97	186	93	优	2	
7	SD19005	郭天	DY192	男	90	65	155	77.5	中	7	
8	SD19006	李金	DY192	男	56	91	147	73.5	中	11	
9	SD19007	刘海	DY192	女	75	86	161	80.5	良	6	
10	SD19008	张婷婷	DY191	女	96	93	189	94.5	优	1	
11	SD19009	李思思	DY191	女	65	78	143	71.5	中	12	
12	SD19010	陈海华	DY192	男	93	69	162	81	良	5	
13	SD19011	陈慧慧	DY191	女	84	81	165	82.5	良	4	
14	SD19012	赵欢欢	DY192	男	51	55	106	53	不及格	13	
15	SD19013	钟菲菲	DY192	女	73	76	149	74.5	中	10	
19	统计	男生人数		女生人数		查找学号为SD19006学生的排名					
20		7		6		11					
21		高数男生总成绩		191班女生计算机文化基础总成绩							
22		526		317							

=COUNTIF(D3:D15,"男")

=SUM(E3:F3)

=AVERAGE(E3,F3)

=RANK(H3,$H$3:$H$15,0)

=VLOOKUP("SD19006",A2:J15,10)

=SUMIF(D3:D15,"男",E3:E15)

=SUMPRODUCT((C3:C15="DY191")*(D3:D15="女")*(F3:F15))

=IF(H3>=90,"优",IF(H3>=80,"良",IF(H3>=70,"中",IF(H3>=60,"及格",IF(H3<60,"不及格")))))

图 6.79　成绩表

本案例中主要使用了三种函数，第一种是求和系列函数，如 SUM、SUMIF 和 SUMPRODUCT，第二种是逻辑判断函数 IF，第三种是查找函数 VLOOKUP。

【总结】 Excel 中函数包括函数名（参数），首先应正确输入函数名，其次参数包括数字、文本和引用区域，当参数是引用区域时应特别注意该区域的变化，根据区域的变化决定是该应用相对引用、绝对引用还是混合引用。

6.6　数据可视化——图表的使用

6.6.1　图表的基本概念

Excel 在提供强大数据处理功能的同时，也提供了丰富使用的图表功能。图表是图形化的数据，图像由点、线、面与数据匹配组合而成。Excel 2019 图表包括 17 种图表类型：柱形图、折线图、饼图、条形图、面积图、XY 散点图、地图、股价图、曲面图、雷达图、树状图、旭日图、直方图、箱形图、瀑布图、漏斗图、组合图。每种图表类型还包括多种子图表类型，如图 6.80 所示。

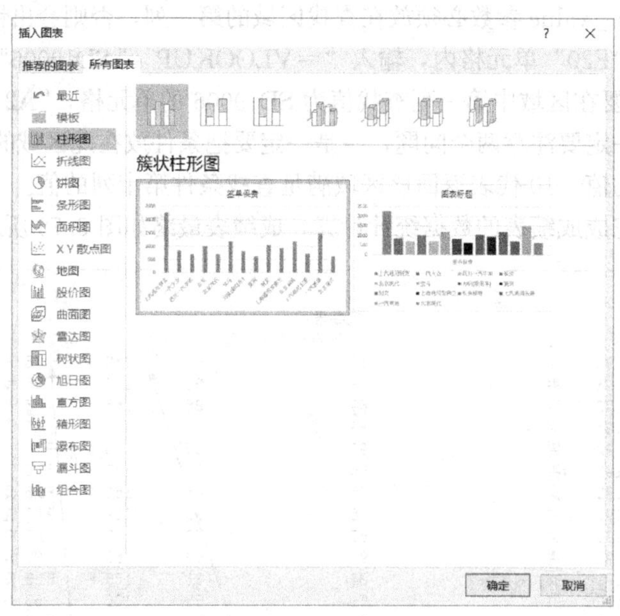

图 6.80　Excel 图表类型

一个图表主要由以下部分构成：

(1) 图表标题。描述图表的名称。

(2) 坐标轴与坐标轴标题。坐标轴标题是 X 轴和 Y 轴的名称，可有可无。

(3) 网格线。从坐标轴刻度延伸出来并贯穿整个“绘图区”的线条，可有可无。

(4) 绘图区。以坐标轴为界的区域。

(5) 数据系列。在图表中绘制的相关数据点，这些数据源自数据表的行或列。

(6) 图例。包含图表中相应的数据系列的名称和数据系列在图中的颜色。

(7) 背景墙与基底。三维图表中会出现背景墙与基底，包围在许多三维图表周围的区域，用于显示图表的维度和边界。

6.6.2　创建图表

在 Excel 中图表分为嵌入式图表和独立图表两种。嵌入式图表，是指图表作为一个对象与其相关的工作表数据存放在同一个工作表中。独立图表是以一个工作表的形式插入在工作簿中。

有两种创建图表的方法：① 利用“插入”选项卡“图表”选项组中的按钮来创建图表；② 直接按快捷键 F11 快速创建图表。

(1) 用“插入”选项卡“图表”选项组中的按钮来创建“嵌入式图表”。选中目标数据区域，在 Excel 功能区单击“插入”选项卡，在“图表”选项组中单击需要创建的图表类型下拉按钮，在其展开的下拉列表中单击需要的图表样式，创建所选图表类型的图表，如图 6.81 所示。

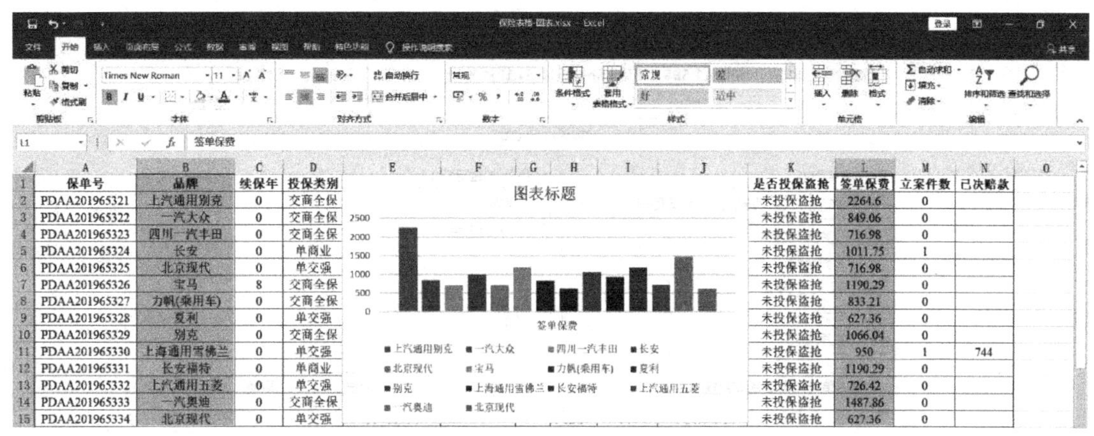

图 6.81　创建嵌入式图表

(2) 快速创建"独立图表"。选中目标数据区域，按快捷键 F11，Excel 会自动创建一个"独立图表"，其默认图表工作表名称为 Chart1，创建的图表样式为簇状柱形图。

6.6.3　编辑和修改图表

图表创建完成后，如果对工作表进行修改，图表的信息也将随之变化。如果工作表没有变化，也可以对图表的"图表类型""图表源数据""图标位置"等进行修改。

1. 修改图表类型

主要有以下两种方法修改图表类型：

(1) 选中图表，单击功能区"图表设计"选项卡，在"类型"选项组单击"更改图表类型"按钮，在弹出的"更改图表类型"对话框中，选择需要修改的图表类型和子类型，单击"确定"按钮完成修改。

(2) 选中图表，在图表绘图区单击鼠标右键，在弹出的快捷菜单中选择"更改图表类型"命令，在弹出的"更改图表类型"对话框中完成修改。

2. 修改图表源数据

有以下两种方法修改图表源数据：

(1) 选中图表，单击功能区"图表设计"选项卡，在"数据"选项组单击"选择数据"按钮，弹出"选择数据源"对话框，在图表数据区域右侧文本框中重新选择源数据，单击"确定"按钮完成修改，如图 6.82 所示。

(2) 选中图表，在图表绘图区单击鼠标右键，在弹出的快捷菜单中选择"选择数据"命令，在弹出的"选择数据源"对话框中完成修改。

在"选择数据源"对话框中可以切换行/列，即将图表中的横坐标和纵坐标进行交换，鼠标左键单击"切换行/列"按钮一次，Excel 将图表的横纵坐标切换一次。在"图例项(系列)"中还可以对数据系列进行添加、编辑和删除。

3. 修改图表位置

一般情况下，图表是以对象方式嵌入在工作表中的，即"嵌入式图表"。移动图表的方式有以下 3 种：

(1) 使用鼠标拖放可以在工作表中移动图表。

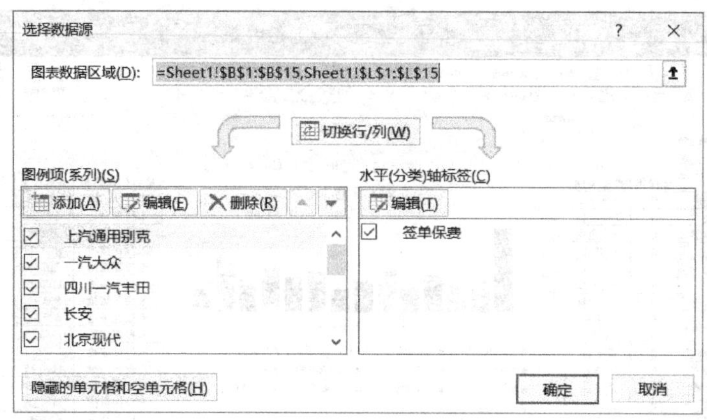

图 6.82 “选择数据源”对话框

(2) 使用“剪切”和“粘贴”命令，可以在不同工作表之间移动图表。

(3) 将“嵌入式图表”移动到一个新的工作表中，使其成为“独立图表”。其方法：选中图表，单击功能区“图表设计”选项卡，在“位置”选项组单击“移动图表”按钮，弹出“移动图表”对话框，如图 6.83 所示。单击“新工作表”单选按钮，可将选中的“嵌入式图表”移动到一个新的工作表中，使其成为“独立图表”，工作表名可以在右侧的文本框中输入。若单击“对象位于”单选按钮，可以通过右侧的下拉菜单，将选中的“嵌入式图表”移动到其他工作表中。

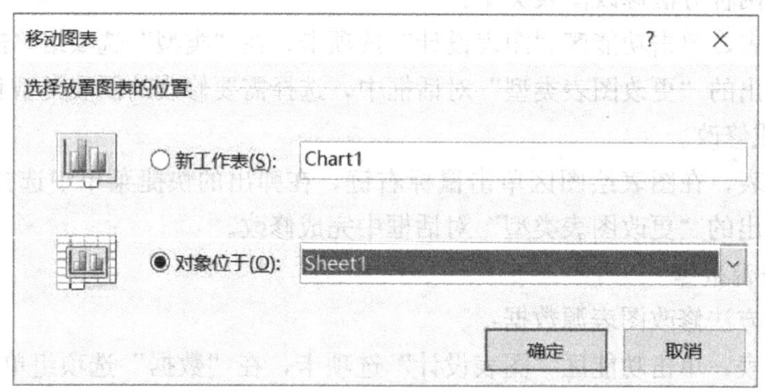

图 6.83 “移动图表”对话框

6.6.4 修饰图表

图表创建后，可以对图表进行修饰，以更好地表现工作表。可以利用功能区“图表设计”和“设计”选项卡中的命令对图表的网格线、数据表、数据标签等进行编辑和设置，可以对图表进行修饰，包括设置图表的颜色、图案、线型、填充效果、边框和图片等，还可以对图表中的图表区、绘图区、坐标轴、背景墙和基底等进行设置。

6.7 表格美化

在 Excel 工作表中实现了所有文本、数据、公式和函数的输入后，为了使创建的 Excel

工作表更加直观和美观，可以对其进行必要的格式编辑，如改变数据的格式和对齐方式、添加边框和底纹等。

6.7.1　设置单元格格式

对于单元格格式的设置和修改，可以通过“功能区选项组”“浮动工具栏”和“设置单元格格式”对话框等多种方式来操作。

打开“设置单元格格式”对话框的方法有以下几种：

(1) 在 Excel 功能区单击“开始”选项卡，鼠标左键单击“字体”“对齐方式”“数字”等选项组右下角的“对话框启动”按钮，即可打开。

(2) 使用 Ctrl+1 组合键。

(3) 对任意单元格单击鼠标右键，在弹出的快捷菜单中，单击“设置单元格格式”命令。

1. 设置数字格式

利用“设置单元格格式”对话框中“数字”标签下的选项卡，可以改变数字（包括日期）在单元格中的显示形式，但是不改变在 Excel 工作窗口中编辑区的显示形式。数字格式的分类主要有：常规、数值、货币、会计专用、日期、时间、百分比、分数、科学记数、文本、特殊和自定义等，如图 6.84 所示。默认情况下，数字格式是“常规”格式，即 Excel 会根据用户输入的数据自动判断数据的类型。

图 6.84　“设置单元格格式”对话框“数字”选项卡

2. 设置对齐格式

利用“设置单元格格式”对话框中“对齐”标签下的选项卡，可以设置单元格中内容的水平对齐、垂直对齐和文本方向，如图 6.85 所示。

在设置文本对齐的同时，还可以对文本进行输出控制，包括“自动换行”“缩小字体填充”“合并单元格”。当文本内容长度超出单元格宽度时，可勾选“自动换行”复选框使文本

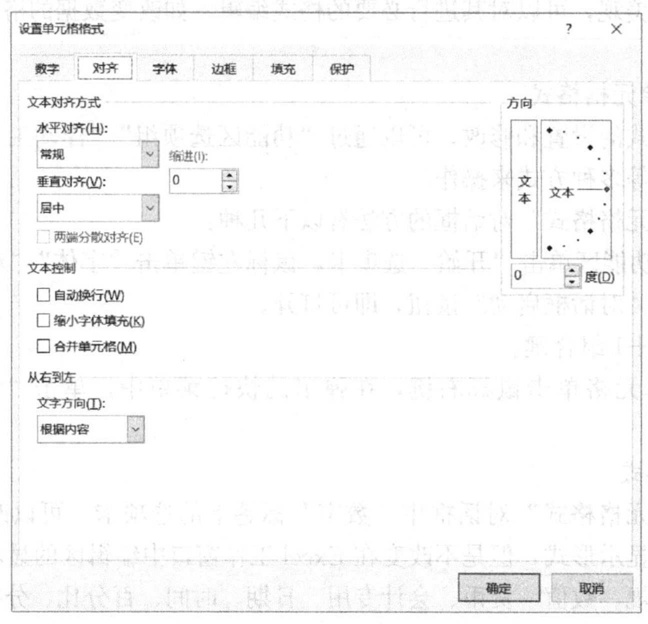

图 6.85 “设置单元格格式”对话框“对齐”选项卡

内容分成多行显示出来，此时若调整单元格宽度，文本内容的换行位置也随之调整。也可以勾选“缩小字体填充”复选框使文本内容自动缩小显示，以适应单元格的宽度大小。

注意：“自动换行”和“缩小字体填充”不能同时使用。

此外，还可以将两个或两个以上的连续单元格区域合并成占有两个或多个单元格空间的“超大”单元格，合并后只有选定区域左上角的内容放到合并后的单元格中。如果要取消合并单元格，选定已合并的单元格后，清除“对齐”标签下的“合并单元格”前方的复选框即可。

3. 设置字体格式

利用“设置单元格格式”对话框中“字体”标签下的选项卡，可以设置单元格内容的字体、字形、字号、颜色、下画线和特殊效果，如图 6.86 所示。

除了可以对整个单元格的内容设置字体格式外，还可以对同一单元格内的文字内容设置多种字体格式。用户只需选中单元格文本中的某一部分，设置相应的字体格式即可。

4. 设置边框格式

边框常用于划分表格区域，增加单元格的视觉效果。

边框的设置可以在 Excel 功能区单击“开始”选项卡，在“字体”选项组中单击设置边框按钮 ，在下拉列表中提供了 13 种边框设置方案，绘制和擦除边框的工具，边框的颜色以及 13 种边框线型等丰富的边框设置选项，如图 6.87 所示。

用户也可以通过“设置单元格格式”对话框中的“边框”选项卡来设置更多的边框效果，如图 6.88 所示。

有时在制作表格时需要用斜线表头，对于单斜线表头，可以通过在单元格中设置斜线来实现，而双斜线表头，则需要通过插入线条的辅助手段来实现。

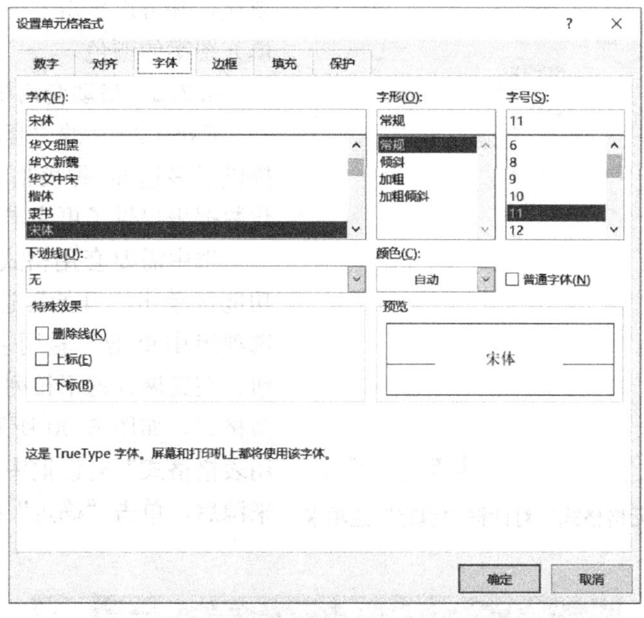

图 6.86　“设置单元格格式”对话框“字体”选项卡

图 6.87　边框设置菜单

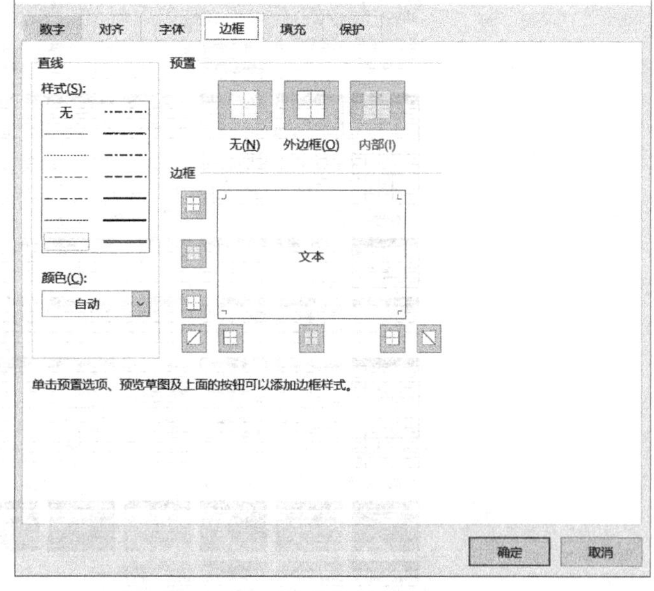

图 6.88　“设置单元格格式”对话框“边框”选项卡

5. 设置填充格式

用户可以通过“设置单元格格式”对话框的“填充”选项卡，对单元格的底色进行填充修饰，如图 6.89 所示。

用户可以在“背景色”区域中选择多种填充颜色，或单击“填充效果”按钮，在“填充效果”对话框中设置渐变色。此外，用户还可以在“图案样式”下拉列表中选择单元格图案

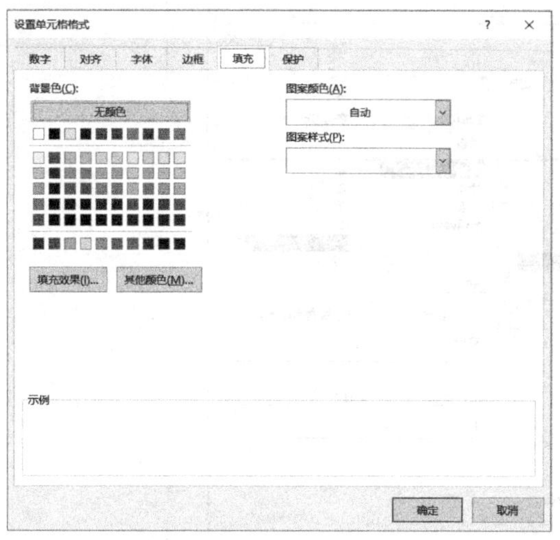

图 6.89 “设置单元格格式”对话框“填充”选项卡

填充，并可以单击“图案颜色”按钮设置填充图案的颜色。

6.7.2 自动套用格式

Excel 2019 的“套用表格格式”功能提供了多达 60 种表格格式，为用户格式化数据表提供了更为丰富的选择。

选中需要套用格式的区域，在 Excel 功能区单击“开始”选项卡，在“样式”选项组中单击“套用表格格式”下拉按钮，在其展开的下拉列表中单击需要的表格格式，如图 6.90 所示，在弹出的“套用表格格式”对话框中，确认好表数据的来源后，单击“确定”按钮，即可完成表格格式的套用。

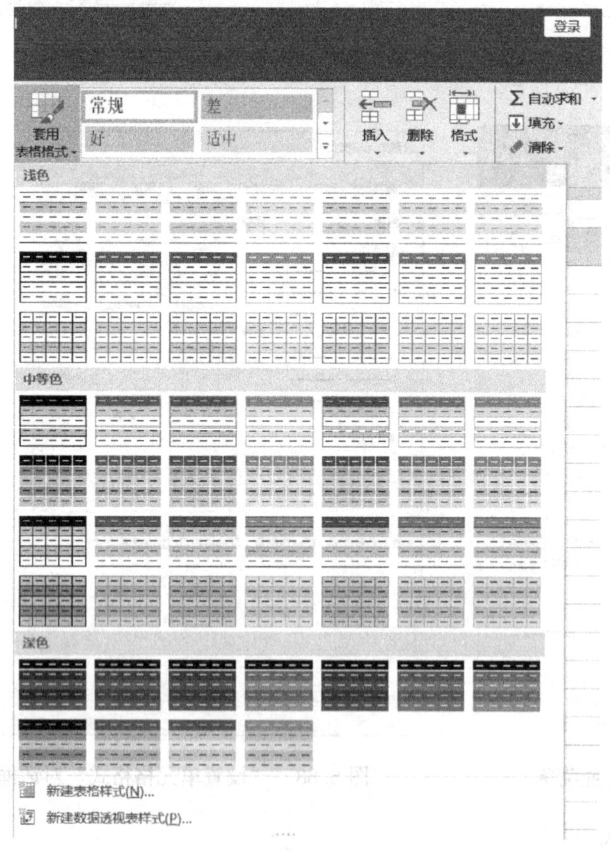

图 6.90 “套用表格格式”对话框

6.7.3 使用单元格样式

单元格样式，是指一组特定单元格格式的组合。使用单元格样式可以快速对应用相同样式的单元格或单元格区域进行格式化，从而提高工作效率并使工作表格式规范、统一。

Excel 预置了一些典型的样式，用户可以直接套用这些样式来快速设置单元格格式。

选中目标单元格或单元格区域，在 Excel 功能区单击“开始”选项卡，在“样式”选项组中单击单元格样式下拉按钮，弹出单元格样式下拉列表，将鼠标移至列表库中某项样式上，目标单元格会立即显示应用此样式的效果，单击所需的样式即可确认应用此样式，如图 6.91 所示。

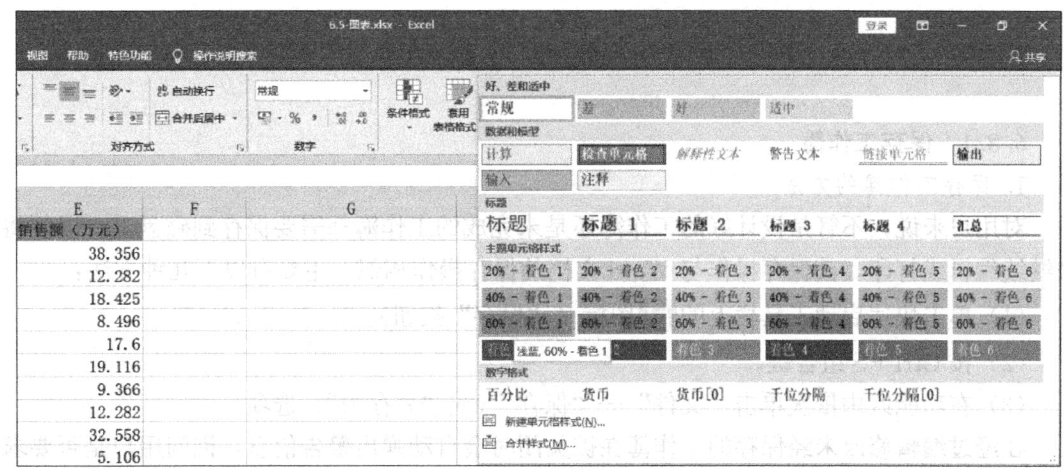

图 6.91　使用“单元格样式”

6.7.4　设置行高和列宽

如果单元格内的内容超过显示范围不能显示时，就需要调整其行高和列宽。

1. 精确设置行高和列宽

设置行高/列宽前先选定需要设置行高/列宽的整行/整列或整行/整列中的单元格，然后在 Excel 功能区单击“开始”选项卡，在“单元格”选项组中单击“格式”下拉按钮，在其扩展菜单中单击“行高”/“列宽”命令，在弹出的“行高”/“列宽”对话框中直接输入所需设定的行高/列宽的具体数值，最后单击“确定”按钮完成操作。

或者选中整行/整列后单击鼠标右键，在弹出的快捷菜单中选择“行高”/“列宽”命令，完成相应的操作。

2. 直接改变行高和列宽

除了精确设置行高和列宽外，还可以直接在工作表中拖动鼠标来改变行高和列宽。

在工作表中选中单列或多列，当鼠标指针放置在列与相邻的列标签之间，此时在列标签之间的中线上鼠标指针显示为一个黑色双向箭头，按住鼠标左键不放，向左或向右拖动鼠标，此时在列标签上方会显示一个提示框，里面显示当前的列宽。调整到所需列宽时，松开鼠标左键即可完成对列宽的设置。

行高的设置方法与此操作类似。

3. 设置最合适的行高和列宽

如果一个表格中设置了多种行高和列宽，或者是表格中的内容长短参差不齐，会使得表格看上去比较凌乱，“自动调整行高（或列宽）”命令可以让用户快速地设置合适的行高或列宽，使得设置后的行高和列宽自动适应于表格中的字符长度。具体有以下两种操作方法：

（1）选中需要调整列宽的多列，然后在 Excel 功能区单击“开始”选项卡，在“单元格”选项组中单击“格式”下拉按钮，在其扩展菜单中单击“自动调整列宽”命令。

（2）同时选中需要调整列宽的多列，将鼠标放置在列标签之间的中线上，此时鼠标箭头显示为一个黑色双向箭头，双击鼠标左键即可完成设置“自动调整列宽”的操作。

“自动调整行高”的方法与此类似。

6.8 保存与打印

6.8.1 保存工作簿

1. 保存工作簿的方法

对用户来说，不管是设计好的工作簿还是未完成的工作簿都需要保存到磁盘上，以便将来继续编辑或打印。其保存操作与 Word 文档的保存操作相似，主要有以下几种方法：

（1）单击快速启动工具栏上的图标（“保存”按钮）。

（2）按 Ctrl+S 组合键。

（3）在功能区中依次单击“文件”→“保存”（或“另存为”）选项。

在经过编辑修改未经保存的工作簿在被关闭时会自动弹出警告信息，询问用户是否要求保存，单击“保存”按钮就可以保存此工作簿。

2. “保存”与“另存为”的区别

Excel 中有两个和保存功能有关的菜单命令，分别是“保存”命令选项和“另存为”命令选项。

对于新创建的工作簿，在第一次执行保存操作时，“保存”和“另存为”命令的功能完全相同，它们都是打开“另存为”对话框，供用户进行路径定位、文件命名和格式选择等一系列设置。“另存为”对话框如图 6.92 所示。

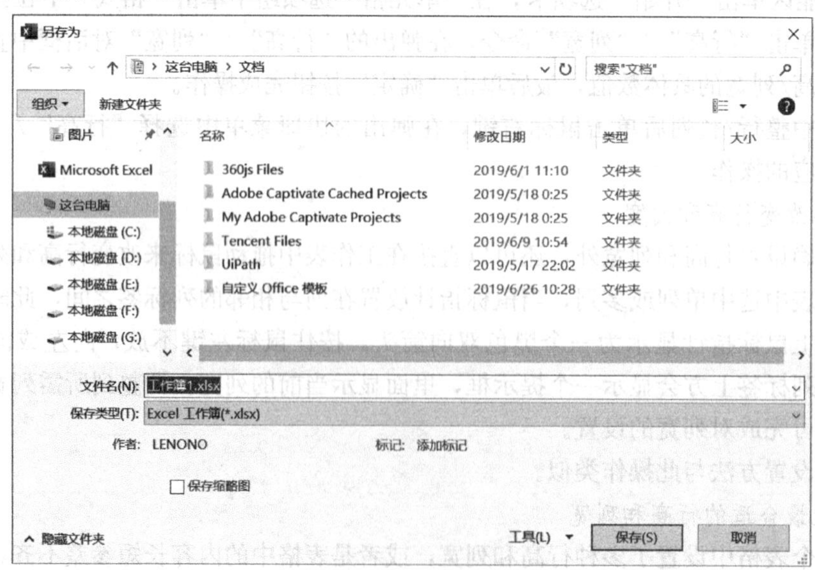

图 6.92　Excel“另存为”对话框

在“另存为”对话框左侧列表框中选择具体的文件存放路径。如果需要新建一个文件夹，可以单击“新建文件夹”按钮，在当前路径中创建一个新的文件夹。用户可以在“文件名”文本框中为工作簿命名，默认名称为“工作簿 1”，文件保存类型默认为“Excel 工作簿(*.xlsx)”。用户可以自定义文件保存的类型。最后单击“保存”按钮关闭“另存为”对话框，完成保存操作。

对于之前已经被保存过的现有工作簿，执行“保存”和“另存为”保存操作时则有一定的区别。执行“保存”命令不会打开“另存为”对话框，而是直接将编辑修改后的内容保存到当前工作簿中。工作簿的文件名、存放路径不会发生任何改变。而执行“另存为”命令将打开“另存为”对话框，允许用户重新设置存放路径、命名和其他保存选项，以得到当前工作簿的一个副本。

3. 保存选项

在“另存为”对话框底部工具栏上依次单击“工具”→“常规选项”命令，将弹出“常规选项”对话框，如图 6.93 所示。

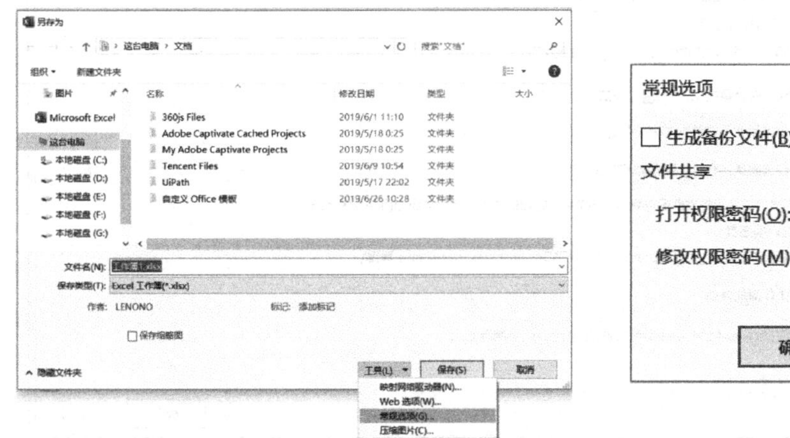

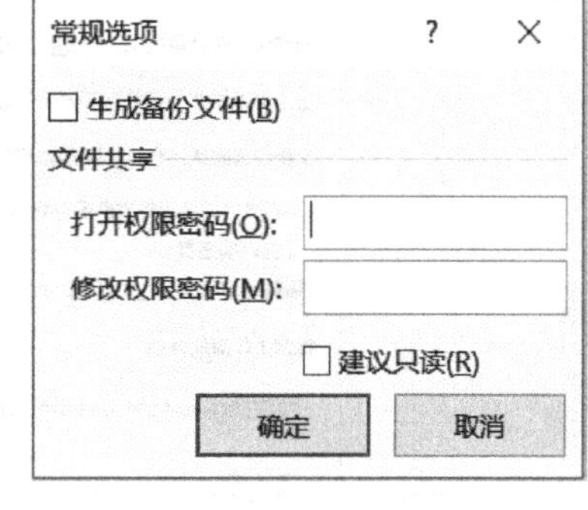

图 6.93 保存“常规选项”对话框

生成备份文件：勾选此复选框，则每次保存工作簿时会自动创建备份文件，Excel 将上次保存过的同名文件重命名为“××的备份”，扩展名为.xlk，同时将当前工作窗口中的工作簿保存为与原文件同名的工作簿文件。备份文件只会在保存时生成，不会自动生成。备份文件只能有一个，再次保存时新的备份文件会自动覆盖以前的备份文件。

打开权限密码：在这个文本框内输入密码，可以为保存的工作簿设置打开文件的密码保护，没有正确地输入密码则无法用常规方法读取所保存的工作簿文件。

修改权限密码：在这个文本框内输入密码，可以保护工作簿不被意外地修改。若没有受保护工作簿的修改权限密码仍可以以只读方式打开工作簿，只是对该工作簿的修改不能直接保存在当前工作簿中，只能以“另存为”的方式保存为其他副本。

建议只读：勾选此复选框并保存工作簿后，再次打开此工作簿时会弹出警示对话框，建议用户以“只读方式”打开工作簿。

4. 自动保存功能

由于突然断电、系统不稳定、Excel 程序本身问题、用户误操作等原因，Excel 程序可能会在用户保存文档之前就意外关闭，使用“自动保存”功能可以减少这些意外情况所造成的损失。

具体设置方法：在功能区中依次单击“文件”→“选项”命令，弹出“Excel 选项”对话框，在弹出的“Excel 选项”对话框中单击“保存”选项卡，显示效果如图 6.94 所示。

图 6.94 自动保存选项设置

在“保存”选项卡中勾选“保存工作簿”选项区域中的“保存自动恢复信息时间间隔”复选框，在右侧的微调框内设置自动保存的间隔时间，默认为 10min，用户可以设置 1～120min 之间的整数，单击“确定”按钮完成设置。

6.8.2 页面设置

在打印工作表之前，使用“页面设置”可以设置工作表的打印方向、纸张大小、页边距、页眉/页脚等。

单击功能区的“页面布局”选项卡，再单击“页面设置”选项组右下角的对话框启动按钮，可以弹出“页面设置”对话框，其中包括“页面”“页边距”“页眉/页脚”和“工作表”4 个选项卡，如图 6.95 所示。

1. 设置页面

如图 6.95 所示，在“页面设置”对话框的“页面”选项卡中，可以进行页面的打印方向、缩放比例、纸张大小、打印质量，以及起始页码的设置。其中，打印方向和纸张大小的设置也可以直接在“页面设置”选项组中单击“纸张方向”和“纸张大小”下拉按钮，在扩展菜单中选择相应的命令即可。

2. 设置页边距

在“页面设置”对话框的“页边距”选项卡中，可以设置打印区域在上、下、左、右 4 个方向上与纸张边界之间的留空距离，也可以设置页眉和页脚至纸张顶端和底端之间的距离。如果在页边距范围之内的打印区域还没有被打印内容填满，还可以在“居中方式”区域选择将打印内容显示为水平居中、垂直居中或水平垂直同时居中的效果，如图 6.96 所示。

图 6.95　“页面设置”对话框“页面”选项卡

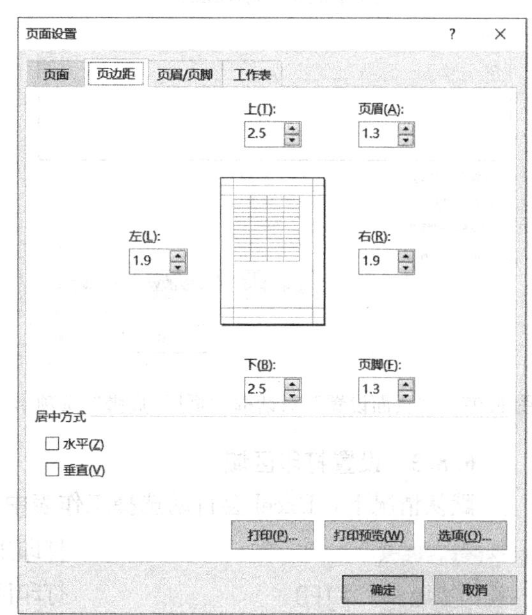

图 6.96　“页面设置”对话框“页边距”选项卡

也可以直接在“页面设置”选项组中单击“页边距”下拉按钮，可以选择已经定义好的页边距，也可以利用“自定义边距”命令弹出如图 6.96 所示的“页面设置”对话框进行设置。

3. 设置页眉/页脚

页眉是打印页顶部出现的文字，而页脚则是打印页底部出现的文字。

在“页面设置”对话框的“页眉/页脚”选项卡，可以在“页眉”和“页脚”的下拉列表框中选择内置的页眉格式和页脚格式。也可以单击“自定义页眉”和“自定义页脚”按钮，在打开的对话框中完成所需的设置，如图 6.97 所示。

如果要删除页眉或页脚，则选定要删除页眉或页脚的工作表，在“页眉/页脚”选项卡“页眉”或“页脚”的下拉列表框中选择“无”，表明不使用页眉或页脚。

4. 设置工作表

在“页面设置”对话框的“工作表”选项卡，可以在“打印区域”中设置需要打印的区域，在“打印标题”区域为每页设置打印行标题或列标题，在“打印”选项区域中设置是否有网格线、行号列标和批注等，当工作表较大，高、宽超过一页时，还可以在“打印顺序”区域设置打印是“先列后行”，还是“先行后列”，如图 6.98 所示。

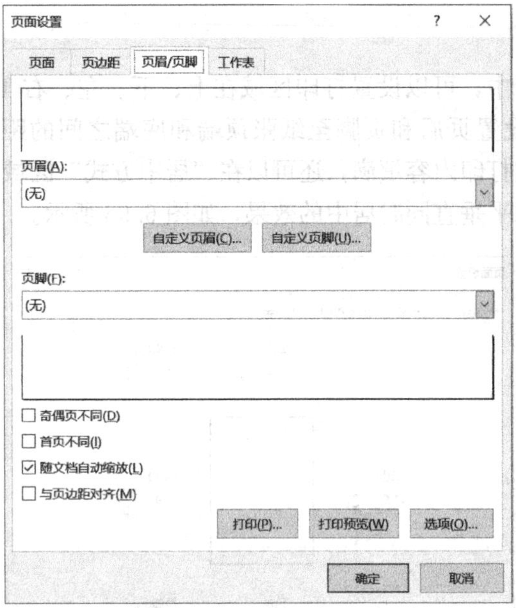

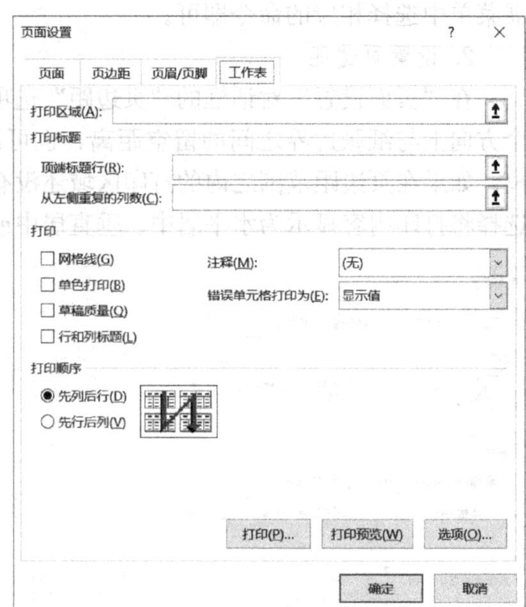

图 6.97 “页面设置”对话框“页眉/页脚”选项卡

图 6.98 “页面设置”对话框“工作表”选项卡

6.8.3 设置打印区域

默认情况下，Excel 会自动选择工作表中有数据的最大行和列作为打印区域。如果只想打印工作表中的部分数据和图表，则可以通过设置打印区域来实现。设置打印区域的方法有以下几种：

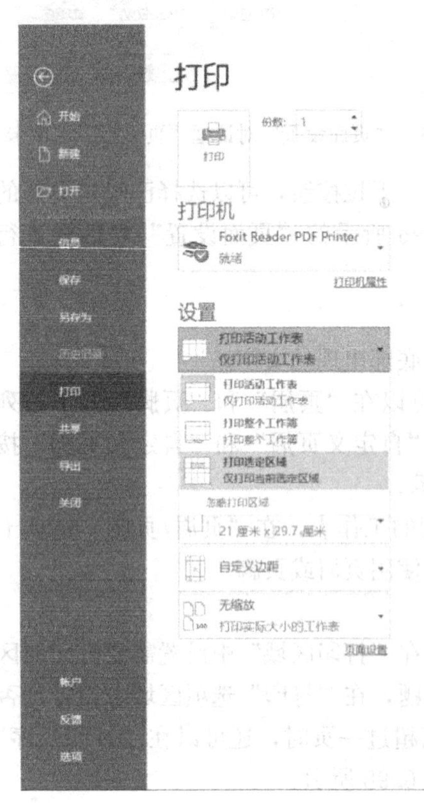

图 6.99 “打印”中的“设置”选项卡

(1) 选定需要打印的区域后，按 Ctrl+P 组合键(或依次单击“文件”选项卡→“打印”命令)，打开打印选项菜单，单击“打印活动工作表”按钮，选择“打印选定区域”命令，单击“打印”按钮即可，如图 6.99 所示。

(2) 选定需要打印的区域后，单击“页面布局”选项卡中“打印区域”按钮，在出现的下拉列表中选择“设置打印区域”命令，即可将当前选定区域设置为打印区域，如图 6.100 所示。

(3) 在“页面设置”对话框中的“工作表”选项卡中，在“打印区域”文本输入框中选择需要打印的区域，单击“确定”按钮，如图 6.98 所示。

说明：采用第 (2) 和第 (3) 种方法设置好打印区域后，保存该工作簿，下次再打开工作簿文件，该工作表中设置好的打印区域仍然有效。如果想要取消打印区域，只需要单击“页面布局”选项卡中“打印区域”按钮，在出现的下拉列表中选择“取消打印区域”命令。

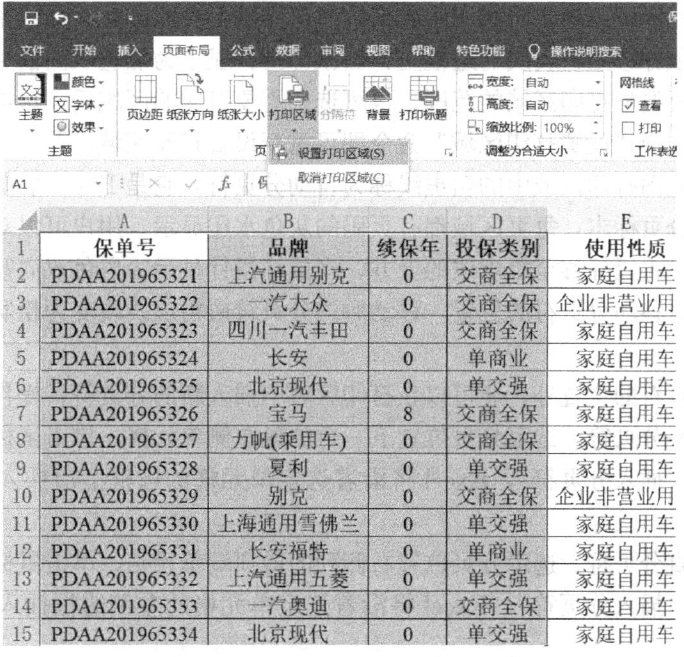

图 6.100　设置打印区域

打印区域可以是连续的单元格区域，也可以是非连续的单元格区域。如果选择非连续区域进行打印，Excel 会将不同的区域各自打印在单独的纸张页面上。

6.8.4　控制分页

单击“视图”选项卡中的“分页预览”按钮，即可进入分页预览模式，如图 6.101 所示。使用分页预览模式可以方便地显示当前工作表的打印区域和分页设置，并且可以直接在视图中调整分页。

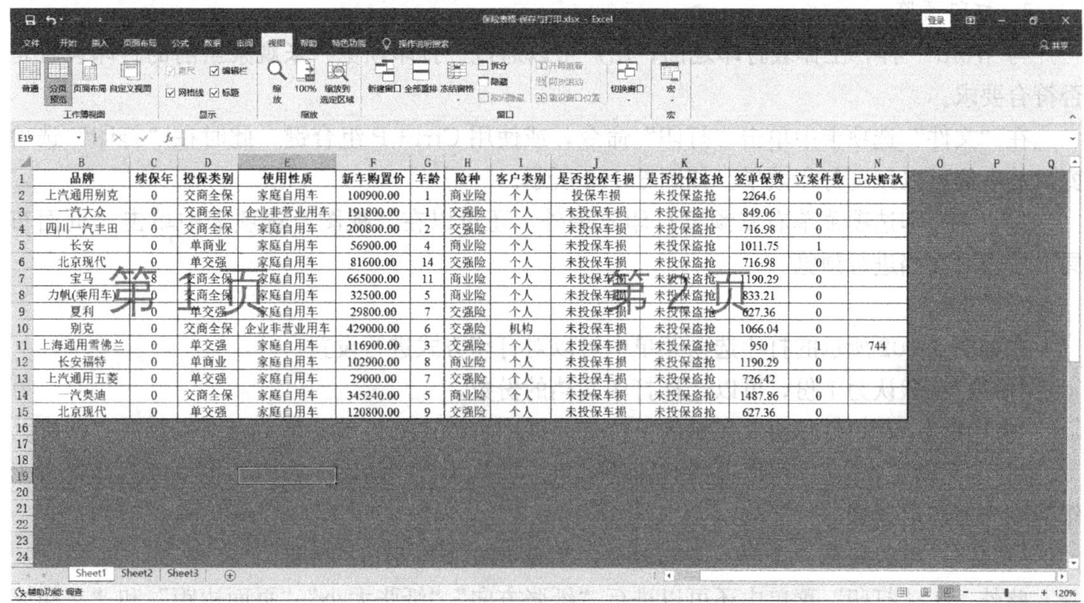

图 6.101　分页预览模式下的视图显示

在分页预览视图中，被粗实线所围起来的白色区域是打印区域，而线框外的灰色区域是非打印区域。将鼠标移至粗实线的边框上，当鼠标指针显示为黑色双向箭头时可按住鼠标左键，拖动鼠标即可调整打印区域的范围。也可选中需要打印的区域后，单击鼠标右键，在弹出的快捷菜单中选择“设置打印区域”命令即可重新设置打印区域。

在分页预览视图打印区域中的粗虚线称为自动分页符，它是Excel根据打印区域和页面范围自动设置的分页标志，每页区域都有页码的灰色水印显示。用户可以对自动产生的分页符位置进行调整，将鼠标移至粗虚线的上方，当鼠标指针显示为黑色双向箭头时可按住鼠标左键，拖动鼠标以移动分页符的位置。移动后的分页符由粗虚线改变为粗实线，此粗实线即为人工分页符。

除了调整分页符的位置外，还可以在打印区域中插入新的分页符，操作方法如下：

(1) 插入水平分页符。选定分页位置下一行的最左侧单元格，单击鼠标右键，在弹出的快捷菜单中选择“插入分页符”，Excel将沿着选定单元格的边框上沿插入一条水平方向的分页符实线。

(2) 插入垂直分页符。选定分页位置右侧列的最顶端单元格，单击鼠标右键，在弹出的快捷菜单中选择“插入分页符”，Excel将沿着选定单元格的左侧边框插入一条垂直方向的分页符实线。

删除人工分页符可以选定需要删除水平分页符下方的单元格或垂直分页符右侧的单元格，单击鼠标右键，在弹出的快捷菜单中选择“删除分页符”即可。

如果需要去除所有的人工分页设置，可以在打印区域中的任一单元格上单击鼠标右键，在弹出的快捷菜单中选择“重置所有分页符”。

以上分页符的插入、删除以及重置操作，也可以通过“页面布局”选项卡“页面设置”选项组中的“分隔符”下拉菜单中的相关命令来实现，操作方法与以上内容类似。

6.8.5 打印预览和打印

1. 打印预览

与Word一样，工作表打印之前，用户可以通过“打印预览”来观察当前的打印设置是否符合要求。

在“文件”选项卡中单击“打印”命令，或使用Ctrl+P组合键，此时在“打印”选项窗口的右侧可以预览打印效果，如图6.102所示。

除了在打印选项菜单右侧预览打印效果外，还可以在“视图”选项卡中单击“页面布局”按钮对文档进行预览。

2. 打印

在如图6.102所示的打印选项菜单中可以对打印方式进行设置。

“份数”：默认为1份，可以选择打印文档的份数。

“打印机”：在“打印机”区域的下拉列表框中可以选择当前计算机上所安装的打印机。

“打印活动工作表”：可以选择打印的对象。默认为打印活动工作表，也可以选择整个工作簿或当前选定区域。

“页数”：可以选择“全部”或部分页，其设定方法与Word相同。

此外，在“打印”菜单中还可以进行“纸张方向”“纸张大小”“页面边距”和“文档缩放”的一些设置。

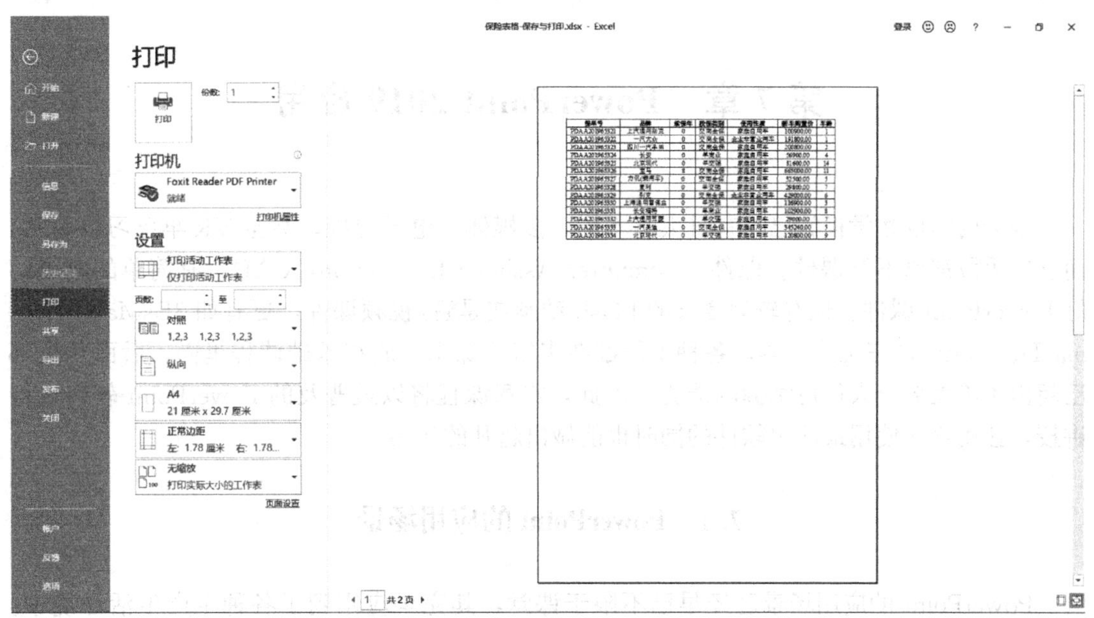

图 6.102　打印选项菜单和打印预览

所有设置完成后，单击“打印”按钮可以按照当前的设置方式进行打印。

如果单击“快速访问工具栏”中的“快速打印”按钮，则不会打开打印选项菜单，而是直接采用默认打印设置进行打印。

第 7 章　PowerPoint 2019 应用

今天的学校教学设施已与昔日大有不同，多媒体、电子白板，甚至 VR 早已习以为常，而这些手段都离不开课件。课件（Computer Assisted Instruction，CAI），有简单的电子幻灯 PowerPoint 课件、也有较为复杂的 Flash 动画或是音/视频课件，更有如 3DsMax、cinema4D、Unity3D 三维课件等，各种手段都在丰富着课堂。放在基础课程里面，后面几类都已超出了绝大部分人员可掌握的能力，因此，本章课程将以最普及的 PowerPoint 软件进行讲授，让用户在使用最简单软件的同时也能做出超凡的作品。

7.1　PowerPoint 的应用场景

PowerPoint 的应用场景已经早已不限于课堂，其完全应用到了各种生产生活环境中。产品的发布会上不能没有它，电视媒体的大屏幕和新闻互动上也不能少了它，户外广告显示屏中它也是刚需，它还穿梭于动画片的制作场景中，更是成为平面设计师的设计利器……可见，一款这么伟大的软件，为各行各业都带来了新的动力，不折不扣地成为生产力工具。

7.2　PowerPoint 怎样才好看

其实说到 PowerPoint，绝大部分人都能做，更多人的理解就是放大版的 Word，无非就是把文字从 Word 粘贴到 PowerPoint 中，然后插入一些图表即可。但 PowerPoint 真的就是这么做的吗？这样做的电子幻灯片真的好看吗？

7.2.1　配色

色彩在生活中无处不在，在引导人们的心情和行为中扮演着不可或缺的角色。比如红色代表热情、蓝色代表沉稳、橙色代表向上等。因此，在电子幻灯片中，如果想要传达特定的感觉，就要选择一种能反映这种感觉的色彩。首先考虑幻灯片的背景色。

7.2.1.1　背景色

1. 白色

白色背景是使用最广、最简单的，如同在白纸上操作，配色和元素摆放组合较为简单、方便。

2. 暖色

暖色背景视觉冲击力大，但容易影响观众眼球，看久了眼睛会有视色错觉现象，更多用在需要强调且停留时间较短的页面。

3. 冷色

冷色背景的视觉带入感更强，比如在产品发布会现场，更注重主体的突出和强调。但冷色调背景对配色要求较高，要注意元素颜色的兼容，色彩的对比度要够大，且又要协调。

4. 图片

画面元素简单的图片可以直接使用，复杂的图片一般要采用模糊、调暗处理或是添加色块，遵循不刺眼、不影响表达信息的原则。

5. 暗纹

暗纹是白色背景的补充，通过在白色背景中增加一些线条或图形，降低白色背景的单一性，让画面更协调、自然。

6. 背景的设置

单击幻灯片右键，选择“设置背景格式”选项，即可设置纯色填充、渐变填充、图片或纹理填充、图案填充等，设置后 PowerPoint 会自动保存配置，也可单击下方“应用到全部”把该演示文稿所有幻灯片背景进行更换设置，如图 7.1 所示。

(1) 纯色填充。即单一色彩填充，单击图标后，可选择 PowerPoint 预设的颜色，也可单击“其他颜色”选项，在“自定义”选项卡中进行其他颜色的选择或是通过输入颜色模式的值进行色彩确定，以 RGB 颜色模式为例，若是要设置“国家电网标准绿色”，R、G、B 分别设置为 0、110、110 即可。另外，还可以通过单击“取色器”选项，吸取 PowerPoint 页面中的色彩。

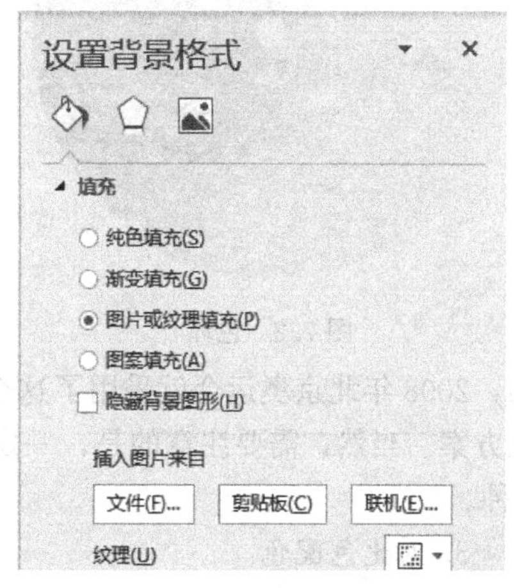

图 7.1　设置背景格式

(2) 渐变填充。渐变类型可设置为“线性、射线、矩形、路径”等，不同的类型会呈现出不同的渐变效果。对于渐变的色彩设置，可通过“渐变光圈”选项进行配置，以“线性”渐变为例，若要设置“黑—白—黑”的渐变效果，只需要在“渐变光圈”选项中双击色彩区域，增加一个颜色句柄，即，其中前后的颜色均设置为“黑色”，中间的句柄设置为“白色”且位置为 0%。另外，还可以通过设置“角度”来调节渐变的方向。

(3) 图片或纹理填充。直接单击“文件”按钮即可选择图片，若要使用纹理，可以单击按钮选择 PowerPoint 预设的纹理图案。图片默认是全画面填充，可通过偏移功能调整图片的位置，可通过“透明度”选项调整图片的透明度。

(4) 图案填充。PowerPoint 默认预设了 48 种不同样式的图案，只需选择图案，并设置“前景”或“背景”色，即可出现不同的背景图案效果。

以上几种填充方式在“形状填充”“文本填充”中均有类似配置，后文不再阐述。

7.2.1.2　主题色

主题色一般只有一种，且会贯穿幻灯片的始终，主题色的选择一般可以从两方面考虑：

1. 企业 VI 主题色

如果是涉及企业的幻灯片，可借用企业 VI 视觉识别系统中涉及的颜色。最简单的做法就是从企业 Logo 中取色，作为主题色。

2. 自定义场景需求

如果想通过色彩使幻灯片表现出一种抽象的感觉，比如活泼、典雅、稳重、气质等，那么该怎么确定匹配的主题色呢？可以通过网络上提供的一些配色工具网站找到配色方案。

7.2.1.3 配色方案

幻灯片的主题色确定下来后，为了避免页面的单调，就需要为其选择配色，从而构成一套配色方案。这里需要用到一个工具——色环。单击任一形状，选择“形状格式”选项卡，在“形状填充”工具中选择“其他填充颜色”，即可看到色环。色环是在彩色光谱中所见的长条形的色彩序列，只是将首尾连接在一起，形成环状，实现色彩循环，如图 7.2 所示。

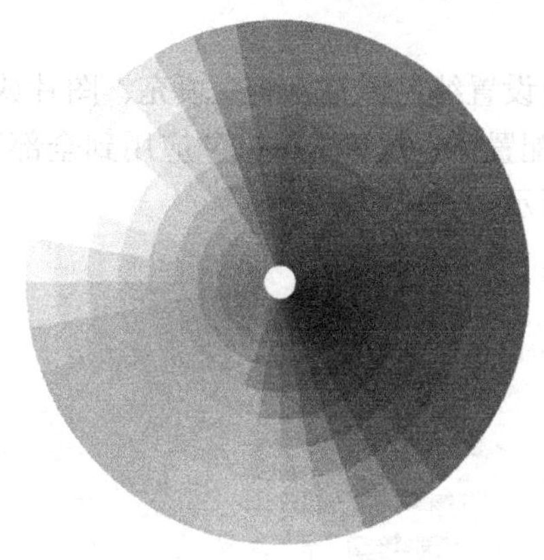

图 7.2 色环

1. 相似色配色

相似色配色其实简单地说就是单色系色调一致。如绿色，根据饱和度、明暗关系变化，会形成墨绿色、浅绿色、草青色、豆绿色等，这一些色彩的色相均为绿色，这些颜色可以在同一幻灯片中相互搭配，构成一套配色方案。

2. 相邻色配色

如果想让幻灯片的色彩方案更多样化，那么可以采用相邻色配色方法。观察色环，比如红色和黄色是相邻的，因此我们的国旗、常见的党政风格的电子幻灯片就是采用的红黄配色；又比如黄色、绿色和蓝色是相邻的，2008 年北京奥运会就采用了这个配色方案，再放大地说，我们的地球也正好是这个配色方案。当然，需要注意的是，一定要记住一个原则，“四不过三”，色彩的选择上别超过 3 种。

3. 对比色配色

在某些特殊情况下，需要采用到对比色配色。观察色环，色环上相距 120°～180°相对的两种颜色，称为对比色，又称为互补色。这两种色彩放在一起，会给人强烈的排斥感。比如红色和绿色。既然对比色配色不好看，那么遇到需要使用对比色作为配色方案时该怎么办呢？有两种办法，第一种方法可以降低两种颜色的饱和度和明暗关系，使其调和；第二种方法就需要使用到辅助色进行调和。

辅助色有五种，即黑色、白色、灰色、金色和银色，将其中一种辅助色放在对比色之间，即可达到色彩调和的目的。需要提醒的是，金色和银色属于金属特有光泽色彩，计算机和油墨均无法准确表达。另外，灰色被誉为万能色，几乎可以和任何颜色搭配。

4. PowerPoint 的设置

在 PowerPoint 中，已经提供了各种参考的配色方案供使用，单击“设计”选项卡，在“变体”中既可选择配色方案，也可以根据实际需要单击“自定义颜色”选项进行主题颜色配置，如图 7.3 所示。

7.2.2 排版布局

在制作幻灯片之前，首先要考虑的一点就是其应用场景：是为了配合演讲使用（如产品发布、毕业答辩、工作总结、方案汇报），还是为了满足阅读需要（如咨询公司的行业分析报告、高校的就业质量报告等）。对于演讲型的幻灯片，最显著的特点就是简约，字少图多甚至动画炫，其核心目的是为了配合演讲汇报，观众的关注点主要是讲。而对于阅读型的幻灯片，美观性上可能比不上演讲型的，但其目的是当作资料发出去提供自行观看，没有人对

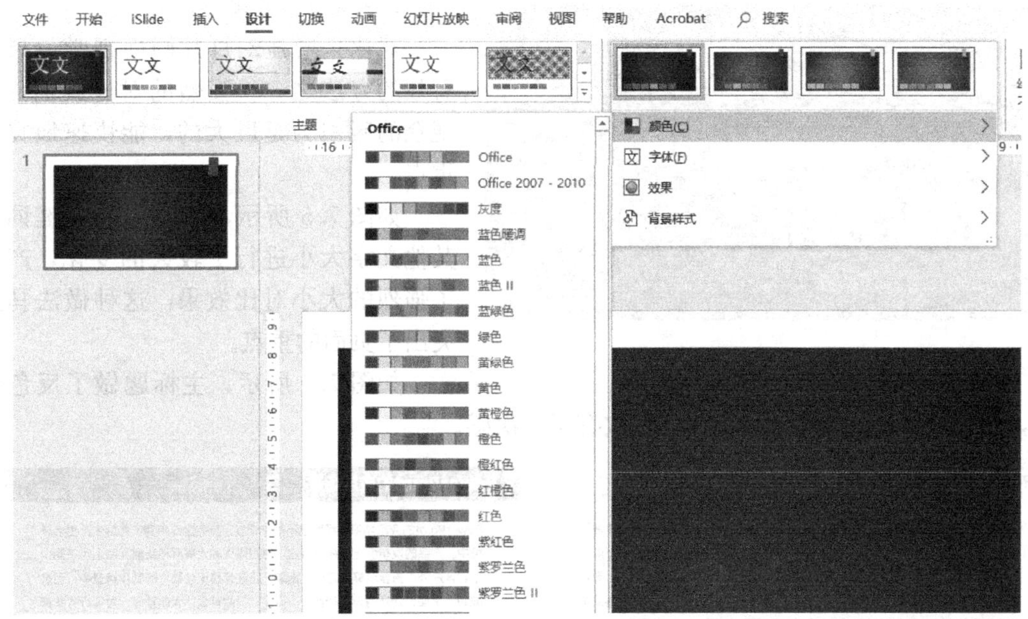

图 7.3　PowerPoint 配色方案

内容进行讲解，所以要求页面内容尽可能写得详细一些，才能满足内容的逻辑性。当然，不管用户制作什么类型的幻灯片，一定要确定适合屏幕的页面尺寸比例。

7.2.2.1　幻灯片的比例

目前，主流幻灯片的尺寸一种是 16∶9 的宽屏比例，一种是 4∶3 近方形的比例。如果用户做的幻灯片尺寸是 16∶9 而屏幕是 4∶3，那么在屏幕画面下方会出现黑边，反之如果幻灯片尺寸是 4∶3，而屏幕是 16∶9，那么屏幕画面左右两边会出现黑边。

当页面与屏幕尺寸等比时，能完全匹配，页面正好铺满整个屏幕，看起来会很舒服，所以在制作幻灯片前，一定要确定演示时的屏幕设备。

当然，从排版的角度说，16∶9 的比例更符合现代美学，因此 PowerPoint 2019 默认的比例即为 16∶9，若要修改比例或是要匹配特殊的屏幕尺寸（如超宽屏幕的 21∶9），可在“设计”选项卡的“幻灯片大小”中修改比例或是自定义大小。

如果用户已经做好了一个 16∶9 的幻灯片，突然要改为 4∶3，在“幻灯片大小”中修改后，软件会给出提示，如图 7.4 所示。

最大化，是指只把幻灯片页面进行修改，而内容的大小不进行改变，即页面缩小，内容保持不变，部分内容可能超出页面边界。确保适合，是指将页面和内容同时、同比例缩小为 4∶3，即页面缩小的同时，页面中大部分内容也按比例进行了缩小，而有些元素的位置发生了些许变化。

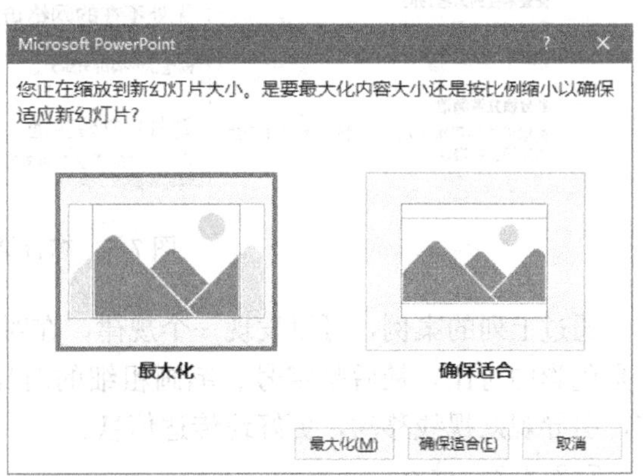

图 7.4　比例调整后的提示

图 7.5 大小对比

7.2.2.2 对比

对比是增强幻灯片画面视觉效果最有效的方法之一。强烈的对比画面，对观众的吸引力是巨大的，能快速地突出重点。

如图 7.5 所示，标题中的关键词和其他文字大小进行了较大的变化，产生了强烈的大小对比效果，这种做法马上突出了页面的重点。

如图 7.6 所示，主标题做了反色处理，幻灯片实现了标题强调突出，其次有了层次感。

PowerPoint的应用场景

PowerPoint的应用场景已经早已不限于课堂，其完全应用到了各种生产生活环境中。产品的发布会上不能没有它，电视媒体的大屏幕和新闻互动上也不能少了它，户外广告显示屏中它也是刚需，它还穿梭于动画片的制作场景中，更是成为了平面设计师的设计利器……可见，一款这么伟大的软件，为各行各业都带来了新的动力，不折不扣的成为了生产力工具。

PowerPoint的应用场景

PowerPoint的应用场景已经早已不限于课堂，其完全应用到了各种生产生活环境中。产品的发布会上不能没有它，电视媒体的大屏幕和新闻互动上也不能少了它，户外广告显示屏中它也是刚需，它还穿梭于动画片的制作场景中，更是成为了平面设计师的设计利器……可见，一款这么伟大的软件，为各行各业都带来了新的动力，不折不扣的成为了生产力工具。

图 7.6 色彩对比

下列这个案例分别通过加粗标题、加大字体和标红标题等方式将原始画面进行了修改，这种修改方式保证了画面的逻辑清晰，排列有序，如图 7.7 所示。

按需自助服务

用户只需要根据服务商提供的交互平台自助的选择、获取和配置计算资源。

无处不在的网络访问

可以借助不同的客户端来通过标准的应用对网络访问的可用能力。

划分独立资源池

根据用户的需求来动态的划分或释放不同的物理和虚拟资源。

按需自助服务

用户只需要根据服务商提供的交互平台自助的选择、获取和配置计算资源。

无处不在的网络访问

可以借助不同的客户端来通过标准的应用对网络访问的可用能力。

划分独立资源池

根据用户的需求来动态的划分或释放不同的物理和虚拟资源。

按需自助服务

用户只需要根据服务商提供的交互平台自助的选择、获取和配置计算资源。

无处不在的网络访问

可以借助不同的客户端来通过标准的应用对网络访问的可用能力。

划分独立资源池

根据用户的需求来动态的划分或释放不同的物理和虚拟资源。

按需自助服务

用户只需要根据服务商提供的交互平台自助的选择、获取和配置计算资源。

无处不在的网络访问

可以借助不同的客户端来通过标准的应用对网络访问的可用能力。

划分独立资源池

根据用户的需求来动态的划分或释放不同的物理和虚拟资源。

图 7.7 综合类型的对比

通过上列的案例，可以发现一个规律，在对比效果中，空间大小的对比是最强烈的，其次是色彩的对比，最后是字号、笔画粗细的对比。利用这个规律，就可以合理安排页面内容，引导观众视线移动，更好地传达信息。

7.2.2.3 对齐

在排版时，为了让页面上的元素整齐划一，就需要使用到对齐。

常见的有 3 种对齐方式，即左对齐、右对齐和居中对齐。

有个小规律，若图文混排时，图片在文本框左边，段落使用左对齐；若图片在文本框右边，段落使用右对齐；若图片在文本框顶部，3 种方式皆可，但一般采用居中对齐。

注意：对于多个段落或对象而言，还需要注意段落或对象之间的间距也应保持一致，保证间距对齐。

段落内的对齐较为简单，同 Word，但多个文本框或对象对齐怎么操作呢？

1. 参考线对齐

PowerPoint2010 开始增加了参考线对齐，后续版本更是完善了更多的对齐参考线。当单击一个对象移动到需要对齐的另一个对象时，对齐参考线会出现，可实现左、右、上、下、垂直居中、水平居中、间距等方式的对齐。

2. 排列对齐

在鼠标框选或按 Shift 键单击对象多选后，在“格式”选项卡中，选择“排列”选项中的“对齐”，即可进行各类方向的对齐排列，如图 7.8 所示。

注意：选择的对象中，哪个对象最靠近对齐的方向，就以它为参照对齐。

7.2.2.4　亲密

排版中的亲密，是指把有关联系的图文分到同一个视觉单元，从而有利于组织信息，减少混乱，保证版面上的理解和视觉上都有条理、有逻辑。就如同饭馆的点菜单，凉菜、热菜、饮料、小吃等都是分门别类地聚合在一起，如图 7.9 所示。

图 7.8　对齐设置

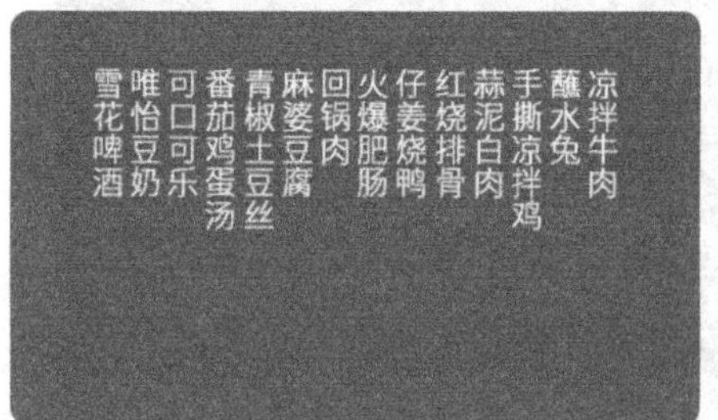

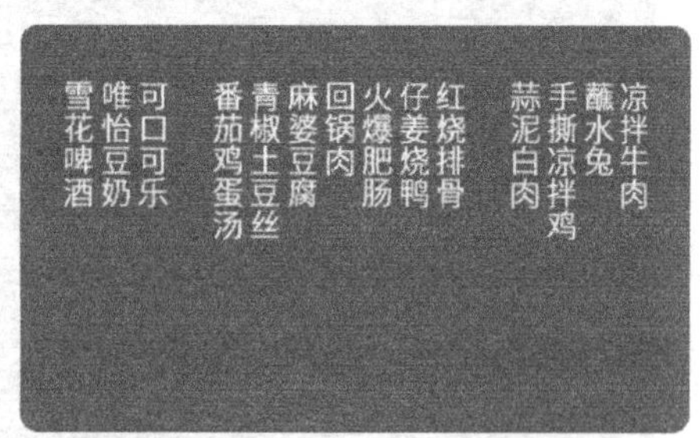

图 7.9　亲密度示例

在排版中的亲密度，一般从相关内容是否汇聚、段落层次是否间隔、图片文字是否协调三方面检查即可。

7.2.2.5　平衡

如何安排页面中内容的位置关系才能保持视觉的平衡感，使页面不空洞，一般有以下几种方法：

1. 中心对称

若页面上只有一段话或一张图，把它放在页面中心位置可以保证视觉平衡，如图 7.10 所示。

图 7.10 中心对称

2. 左右对称

若页面存在多个元素，可以根据页面的垂直中心线，左右分布元素，达到视觉平衡，如图 7.11 所示。

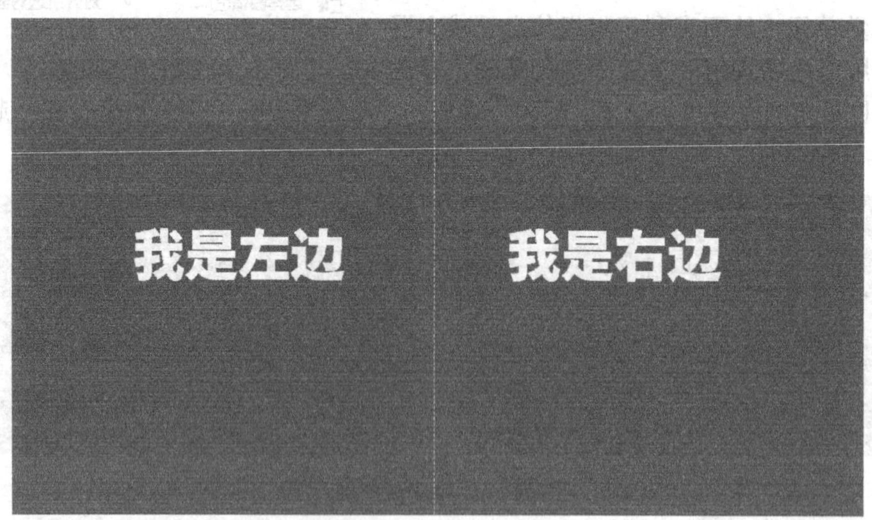

图 7.11 左右对称

3. 上下对称

若页面上部分出现元素，为了视觉平衡，可以在下半部分填充一些元素，如图 7.12 所示。

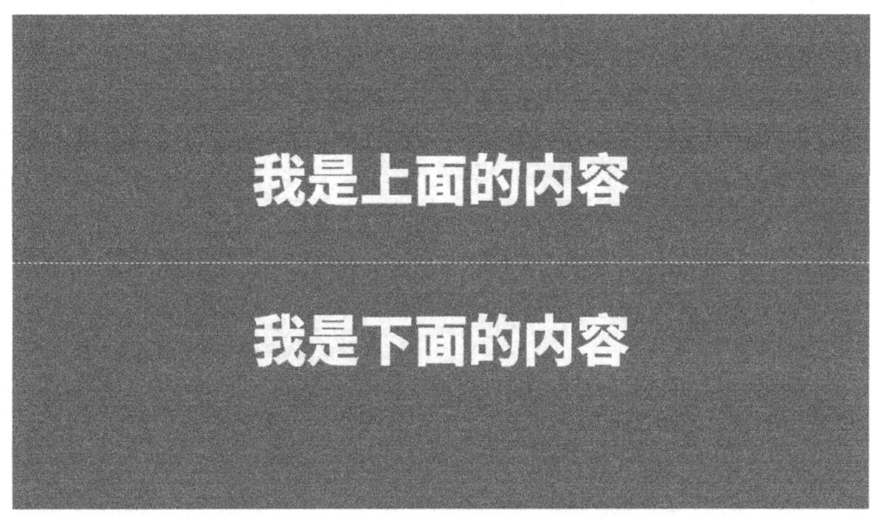

图 7.12 上下对称

4. 对角线对称

当页面左（右）下角出现一些对象时，应该在右（左）上角来填充对等的内容，以维持视觉平衡，如图 7.13 所示。

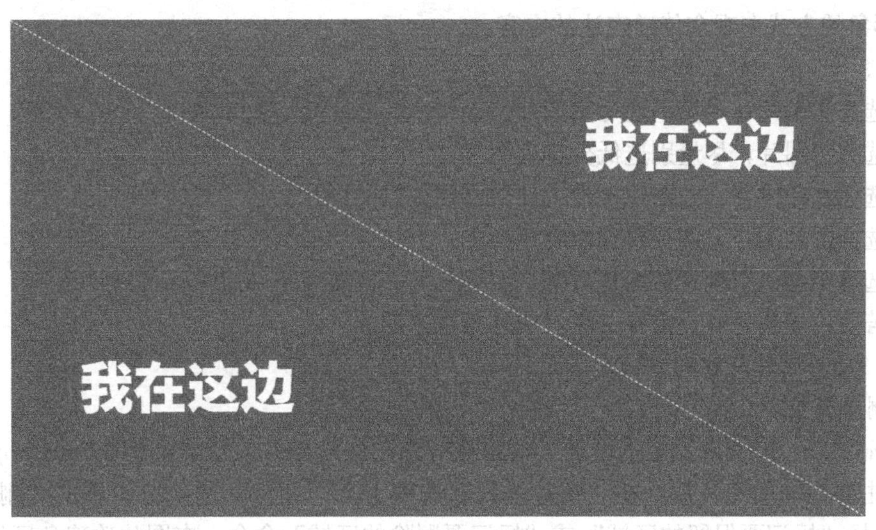

图 7.13 对角线对称

5. 全图型的平衡

对于全图型的幻灯片，应首先明确图片的视觉重心，然后在图片的非重心区域排版，如图 7.14 所示。

排版时，需要注意 4 个原则，即：

- 对比是为了体现出层次感，突出重点内容。
- 对齐是为了让页面看起来更整齐。
- 亲密是为了让内容更有条理和逻辑。

图 7.14 全图型平衡

• 平衡是为了确定页面元素的位置关系，使其和谐。

7.2.3 图片的应用

图片是幻灯片非常重要的组成元素，一张好的图片不仅有助于提升幻灯片的美观度，还能以更形象的方式向观众传递表达的内容。

7.2.3.1 图片的选择标准

• 选真实图片，尽量不选写实图片。
• 选高清图片，尽量别选低分辨率图片。
• 选无水印图片，即图片上没有任何水印信息的图片。
• 选合适的图片，图片要和内容相匹配。
• 选有美感、有创意的图片。
• 若使用场景是商业需要，注意图片版权来源。

7.2.3.2 图片处理的方法

1. 删除背景

PowerPoint 2010 以上版本增加了“删除背景”的功能，该功能类似 Photoshop 的“抠图”，单击要编辑的图片后，在“图片格式”选项卡下“调整”选项组中单击“删除背景”命令，选择“标记要保留的区域”或“标记要删除的区域”命令，在图片玫瑰色区域关于绘制标记保留或删除的区域，完成后，单击“保留更改”命令，即可完成删除背景操作，如图 7.15 所示。

图 7.15 删除背景

2. 图片校正

单击要编辑的图片后，在“图片格式”选项卡下“调整”选项组中单击“校正”命令，即可选择软件预设的“锐化、柔化、亮度对比度”效果，也可以选择弹出菜单中的“图片校正选项”对图片调整参数进行详细调整，如图 7.16 所示。

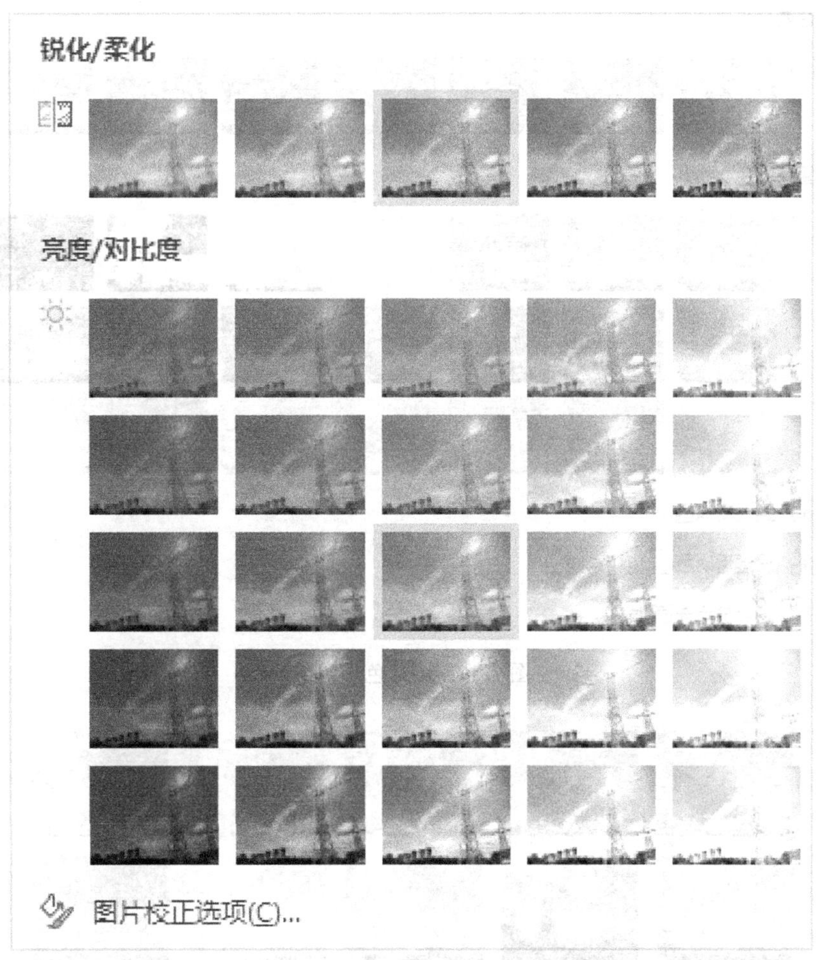

图 7.16　图片校正

3. 图片色彩调整

单击要编辑的图片后，在“图片格式”选项卡下“调整”选项组中单击“颜色”命令，即可选择软件预设的“饱和度、色调、重新着色”效果，也可以选择弹出菜单中的“图片颜色选项”对图片调整参数进行详细调整，如图 7.17 所示。

4. 图片艺术效果

单击要编辑的图片后，在“图片格式”选项卡“调整”选项组中单击“艺术效果”命令，即可选择软件预设的类似 Photoshop 中滤镜的“虚化、素描、水彩、蜡笔”等各种效果，如图 7.18 所示。

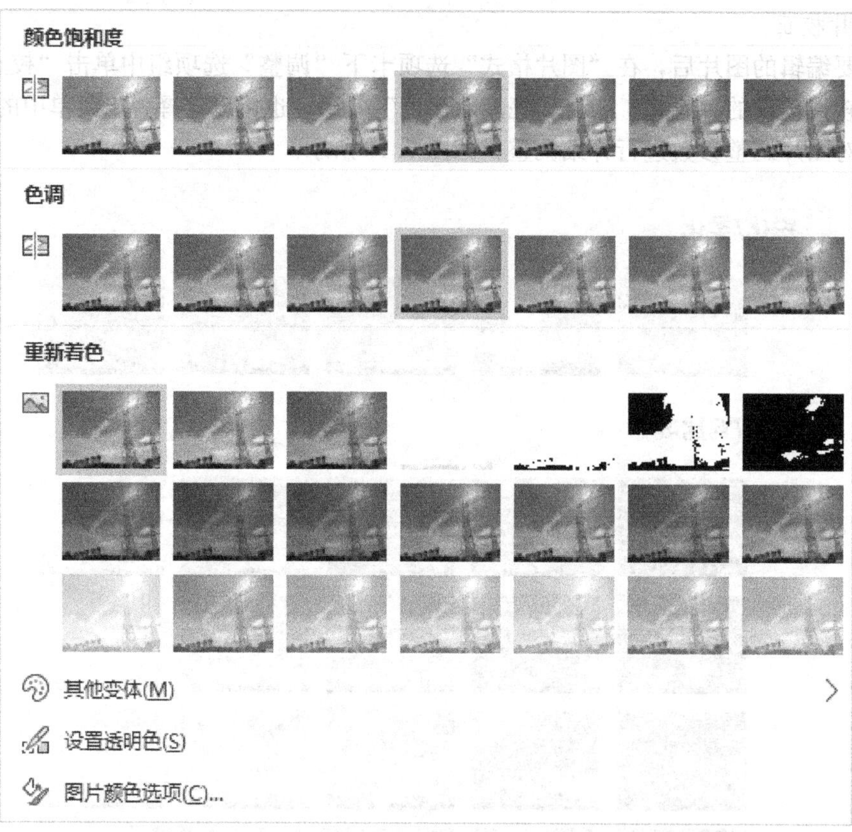

图 7.17　图片色彩调整

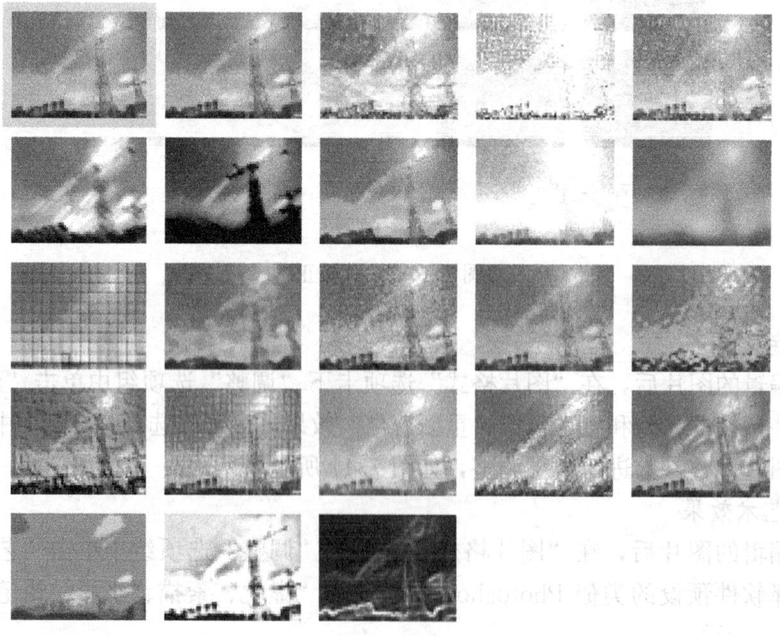

艺术效果选项(E)...

图 7.18　图片艺术效果

5. 图片透明度

PowerPoint 2019 新增了图片透明度设置功能，单击要编辑的图片后，单击“图片格式”选项卡，在“调整”选项组中选择“透明度”命令，即可选择软件预设的透明度，也可以选择弹出菜单中的“图片透明度选项”对图片调整参数进行详细调整，如图 7.19 所示。

图 7.19　图片透明度

6. 图片样式

PowerPoint 可以对图片设置轮廓、阴影、映像、发光、柔化边缘、棱台、三维旋转等样式，单击要编辑的图片后，选择“图片格式”选项卡，即可在“图片样式”选项组中选择预设好的样式，也可以在图片边框和图片效果中详细设置每一种样式参数，如图 7.20 所示。

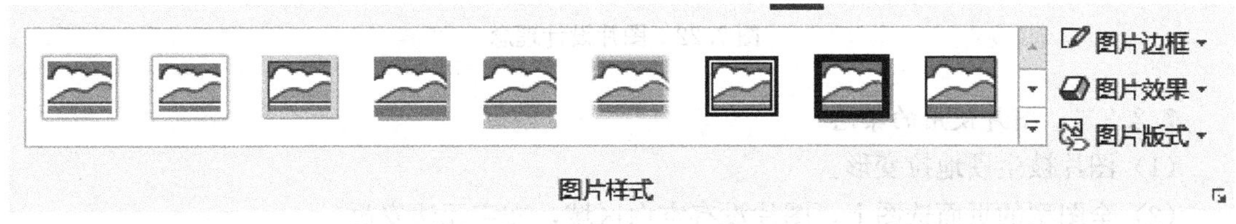

图 7.20　图片样式

7. 图片裁剪

单击要编辑的图片后，选择“图片格式”选项卡，在“大小”选项组中单击“裁剪”命令，即可对图片进行裁剪处理，“裁剪”按钮有个 ˇ 图标，单击后可以设置裁剪的“纵横比”，可以设置“裁剪为形状”，将图片变化成其他各种图形的形状，如图 7.21 所示。

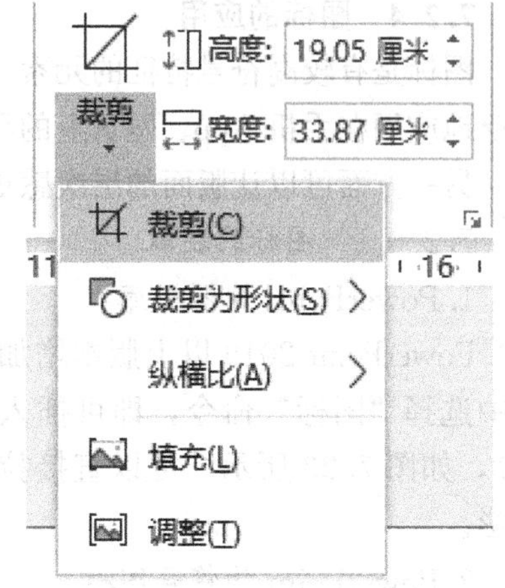

图 7.21　图片裁剪

8. 图片设计理念

PowerPoint 2016 及以上版本增加了智能化图片排版服务的工具“设计理念”，如图 7.22 所示。当插入一张或多张图片时，PowerPoint 右侧会自动弹出“设计理念”窗口，提供各种已经排版好的风格，用户只需要单击选择即可自动变化。若 PowerPoint 2016 该功能尚未出现，可单击“文件”选项卡，选择“选项”命令，在“常规菜单”中勾选“PowerPoint 设计器”中的“自动显示设计灵感”即可打开该功能，在 Power-

Point 2019 中可单击“设计”选项卡的“设计器”选项组中“设计灵感”启用该功能。

图 7.22　图片设计理念

7.2.3.3　**图片使用的禁忌**

(1) 图片被生硬地拉变形。

(2) 全图型的页面选图上，图片没有空白区域，文字无法安放。

(3) 同一页面多幅图片风格不统一。

(4) 一张图整个幻灯片就没更换过。

(5) 图片色彩和主题颜色冲突。

(6) 图片叠加在一起，排列混乱。

7.2.4　图标的应用

图标是有较高符号特征的元素，是文字的视觉体现，能通过其象形属性传达含义，现在广泛地应用在手机 App、网页上的导航等。图标的应用一方面可以避免版面只有文字的单调感，另一方面可以让版面的层次感更鲜明。

7.2.4.1　**图标的获取**

1. PowerPoint 的图标库

PowerPoint 2019 以上版本增加了图标功能，单击“插入”选项卡，在“插图”选项组中选择“图标”命令，即可插入软件预设的各种图标（注：该功能须连接网络才能使用），如图 7.23 所示。可以直接拉伸来调整图标的大小，在“图形格式”选项卡中调整色彩。

2. PowerPoint 的符号图标

PowerPoint 所有版本均支持该操作，单击“插入”选项卡，首先在“文本”选项组中单击插入“文本框”命令后单击页面空白处，选择“插入”选项卡中“符号”选项组的符号

图 7.23　插入图标

功能，如图 7.24 所示。

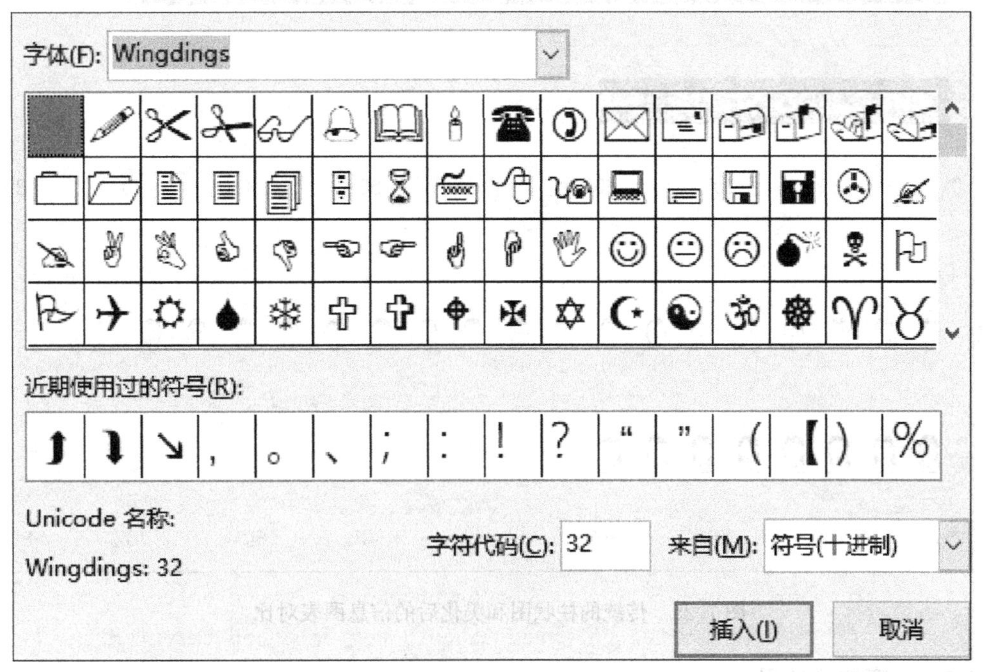

图 7.24　插入符号图标

注意：如果用户的操作系统是苹果的 Mac，可以直接插入苹果系统自带的各种图标；若用户的操作系统是 Windows，可以在弹出窗口的字体中选择 Webdings、Windings、Windings2、Windings3 等图标字体，即可看到各类图标，选择后单击“插入”按钮即可。图标的大小和颜色在字体大小和字体颜色中进行调整。

3. 通过其他专业网站获取

可通过 iconfont. cn、easyicon. net、flaticon. com 等专业图标网站下载获取，可直接下载 SVG 矢量格式，PowerPoint 2019 以上版本支持插入和编辑，低版本可下载 png 格式。

7.2.4.2 图标使用标准

(1) 图标要符合主题，要和文字匹配，表达的意思容易理解。

(2) 图标风格特征要统一，包括复杂度、形状和线条粗细等。

(3) 要统一图标的大小，必要情况下，添加形状作为容器，统一大小。

7.2.5 图表的应用

图表是数据的图形表达，是呈现数据、变化趋势和分析数据背后所传递信息的图示化工具。在前文 Excel 中，已对图表有详细的介绍，本章主要介绍图表的延伸——信息图表。

信息图表不仅可以直观地展示数据，而且增加了数据的生动性，让数据在图表的展示上更能与 PowerPoint 的内容有机融合，如图 7.25、图 7.26 所示，对传统图表进行二次创作后，可以生动地展现出数据。

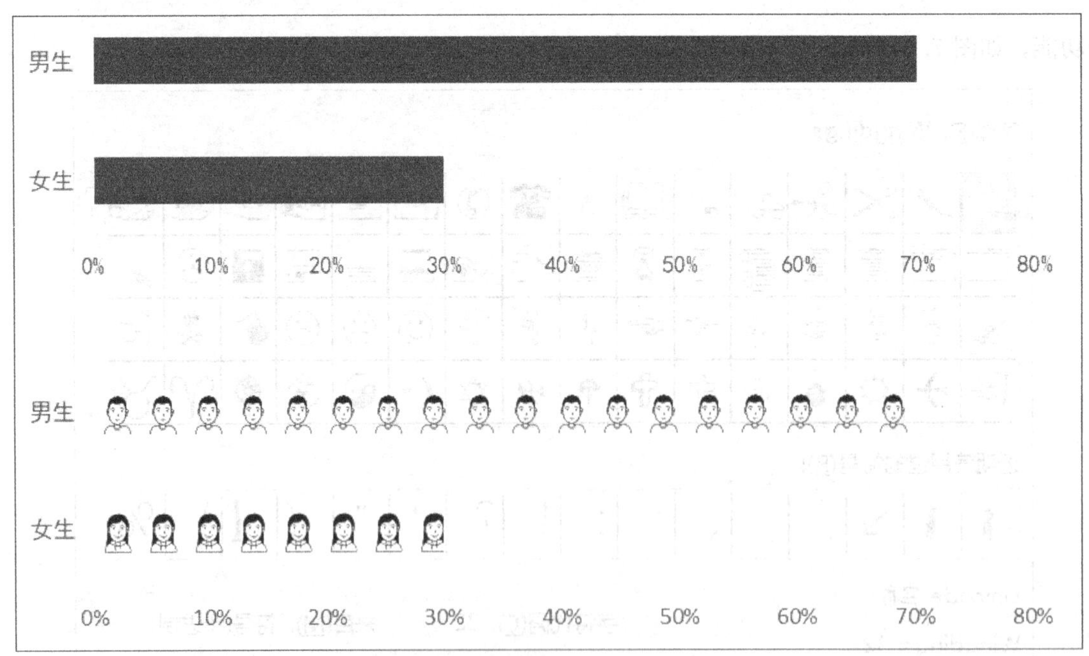

图 7.25 传统的柱状图和美化后的信息图表对比

7.2.6 字体的应用

字体本身也是一种艺术图形，不同的字体有不同的性格，有的可爱、有的古典、有的现

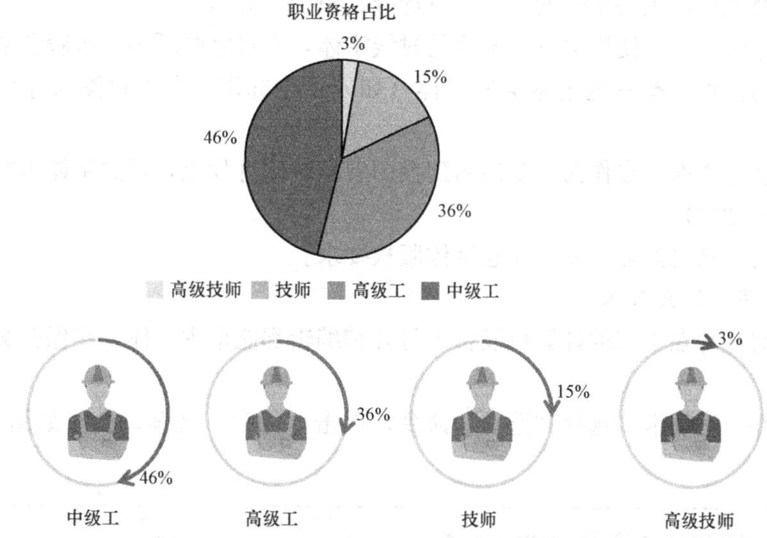

图7.26　传统的饼状图和图形数据展示对比

代、有的粗犷、有的气质。根据场合选择合适的字体，可以给整个PowerPoint带来协调与提升。字体的挑选没有标准，只能相对来说适合不适合，可以根据日常中的网页、海报广告中获取灵感，作为参考。

7.2.6.1　字体的性格

1. 粗犷

粗犷类的字体比较大气，一般用于标题、口号等，常见的字体有微软雅黑bold、思源黑体bold、站酷酷黑、汉仪尚巍手书、汉仪锐智、叶根友行书繁、方正吕建德体等。

2. 气质

气质类的字体比较纤细，能给人高贵、细腻的感觉，常见的字体有微软雅黑light、方正兰亭细黑、思源黑体light等。

3. 文艺

文艺类的字体能给人清新文艺的感觉，常见的字体有方正清刻本悦宋、方正苏新诗柳楷简体、站酷文艺体等。

4. 古典

古典类字体一方面用在标题比较多，另外就是用在中国风的页面，常见字体有汉仪尚巍手书、叶根友行书繁、方正吕建德体等。

5. 现代

现代类字体主要应用在科技类、时尚类的页面，常见字体有腾讯体、庞门正道标题体、思源黑体、站酷高端黑等。

6. 卡通

卡通类字体更多用在儿童类或比较轻松的页面，常见字体有华康海报体、方正卡通体、站酷快乐体等。

7.2.6.2　字体应用的注意点

（1）一份幻灯片中的字体选择和使用一般不超过三种。

(2) 正文避免使用风格复杂的字体，应选择易识别、阅读的。

(3) 幻灯片中一般不使用宋体，宋体是衬线字体，本身笔画纤细，排版和某些投影设备展示会出现影响，可选择一些艺术类的宋体（如方正小标宋、方正粗黑宋等）用于标题等场景。

(4) 字体字号方面，在作为需要使用到投影展示的幻灯片上，正文字体不能小于 14 号，建议控制在 18～22 号。

(5) 若使用场景是商业需要，注意字体版权要求。

7.2.6.3 字体的嵌入保存

为了保证幻灯片在不同的计算机设备上打开和编辑都能呈现字体，在保存文档时，可先进行以下设置：

单击“文件”选项卡，选择“选项”命令，单击“保存”选项，会有如图 7.27 所示的选项。

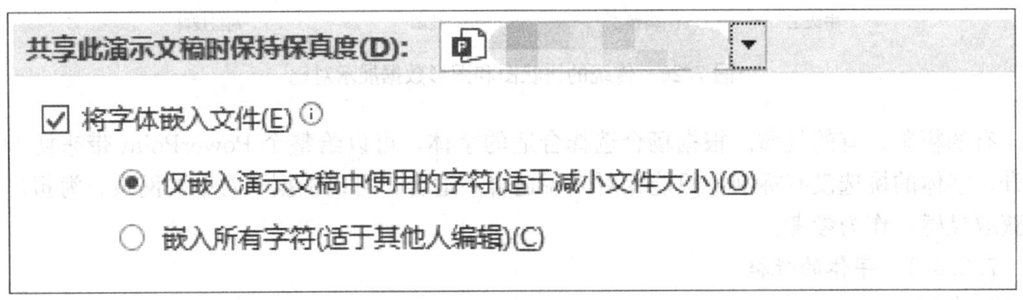

图 7.27 字体嵌入

勾选“将字体嵌入文件”，若该演示文稿不需要其他人编辑，只需要传播，选择“仅嵌入演示文稿中使用的字符”，若需要其他人继续编辑该文稿，可选择“嵌入所有字符”（适于其他人编辑）。

7.2.7 形状的应用

形状是幻灯片中最基本的组成元素之一，只要涉及幻灯片的制作，就离不开形状的应用。

7.2.7.1 形状使用的方法

单击“插入”选项卡，在“插图”选项组选择“形状”命令，即可选择需要的图形插入。“形状”中分为线条、矩形、基本形状、箭头总汇、公示形状、流程图、星与旗帜、标注、动作按钮九种类型，单击图形后，在幻灯片编辑区域拉拽鼠标即可绘制。如果要构建正圆形、正方形、直线等形状，只需要选择对应图例后，按住 Shift 键拉拽拖动即可构图。单击图形，不同的图形周围会出现不同的控制点，其中白色点可以拉拽图形大小，黄色点可以变化其形状，旋转箭头可对图形进行旋转控制，如图 7.28 所示。

7.2.7.2 形状格式的设置

单击形状图形后，会出现“形状格式”选项卡，在“形状样式”选项组中可对形状填充颜色、图片、渐变、纹理等，可对形状轮廓设置颜色、粗细、虚线等，可对形状添加阴影、映像、发光、柔化边缘、棱台、三维旋转等效果。

文本框本身也是一种形状，因此，文本框可以赋予上述所有的样式设置，同样，各类形状也可以直接转化为文本框。在PowerPoint 2019版本中，只要双击绘制的形状，即可添加文字，在其他版本中，右键单击绘制的形状，选择“编辑文字”即可将其转化为文本框。需要注意的是，文本框和文字的格式设置是完全独立的，在“形状格式”选项卡的“艺术字样式”选项组中，可对文字进行样式设置。

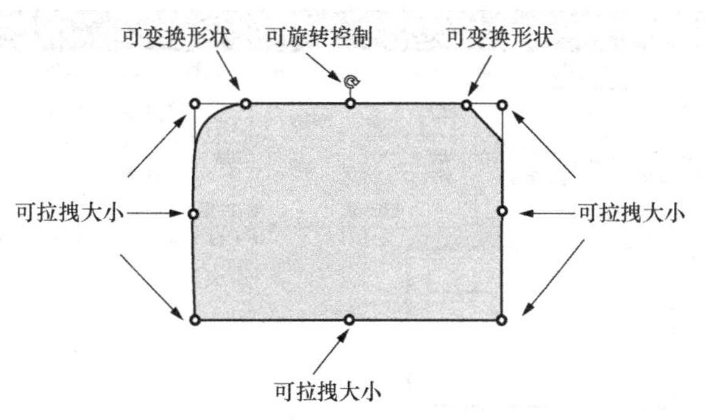

图7.28　形状的调整

7.2.7.3　形状合并

形状合并功能是PowerPoint 2013版本增加的功能，满足了多种形状相互耦合形成新形体的需求。形状合并又称为布尔运算，是一种数字符号化的逻辑推演法，在很多平面设计软件中都有此功能，包括结合、组合、拆分、相交、剪除等，如图7.29所示。

图7.29　形状合并

按Shift键连续单击两个及以上形状后，在“形状格式”选项卡的“插入形状”选项组中就有“合并形状”命令，单击后共有结合、组合、相交、拆分和剪除五种方式。“结合”即将多个图形组合在一起；“组合”是将多个图形组合在一起，但相互重叠部分剪掉；“拆分”是用一个形状减去另一个形状，构成了重叠部分形状、减去重叠部分的两个形状；“相交”是只保留形状重叠部分；“剪除”是用最后选的形状作为剪刀去剪先选的形状。

7.2.7.4　形状的作用

（1）可对版面进行划分。

（2）能构建幻灯片页面的层次，丰富内容。

（3）能增加视觉冲击力，实现画面元素或主体的强调。

（4）可以利用透明度和形状的结合，实现蒙版遮罩效果。

7.3　幻灯片母版与版式

若要使所有的幻灯片都在同样的位置上包含相同的字体、图像或是图形，只要修改一次，所有页面都能更新，这个操作就要使用到幻灯片母版。

在“视图”选项卡上选择“母版版式”选项组的“幻灯片母版”命令，在窗口左侧缩略图窗格中最上方的幻灯片即为“母版幻灯片”，而其下方的是“版式”，如图7.30所示。

在“母版幻灯片”上添加或修改的任何元素，在下列所有的“版式”中都会有相应的变化。“版式”是幻灯片排版结构格式化的一种工具。举例来说，一个幻灯片文件，一般会有标题页、目录页、章节页、正文页等，这些页面大多排版风格统一，因此，可以将排版风格统一的页面固化到“版式”中，若要统一修改，仅需修改“版式”即可。在“版式”上，可以“插入占位符”，“占位符”有内容、文本、图片、表格、图表等，其作用是“版式”设计好后，在幻灯片制作中，同样风格但内容要变化的区域，就用占位符

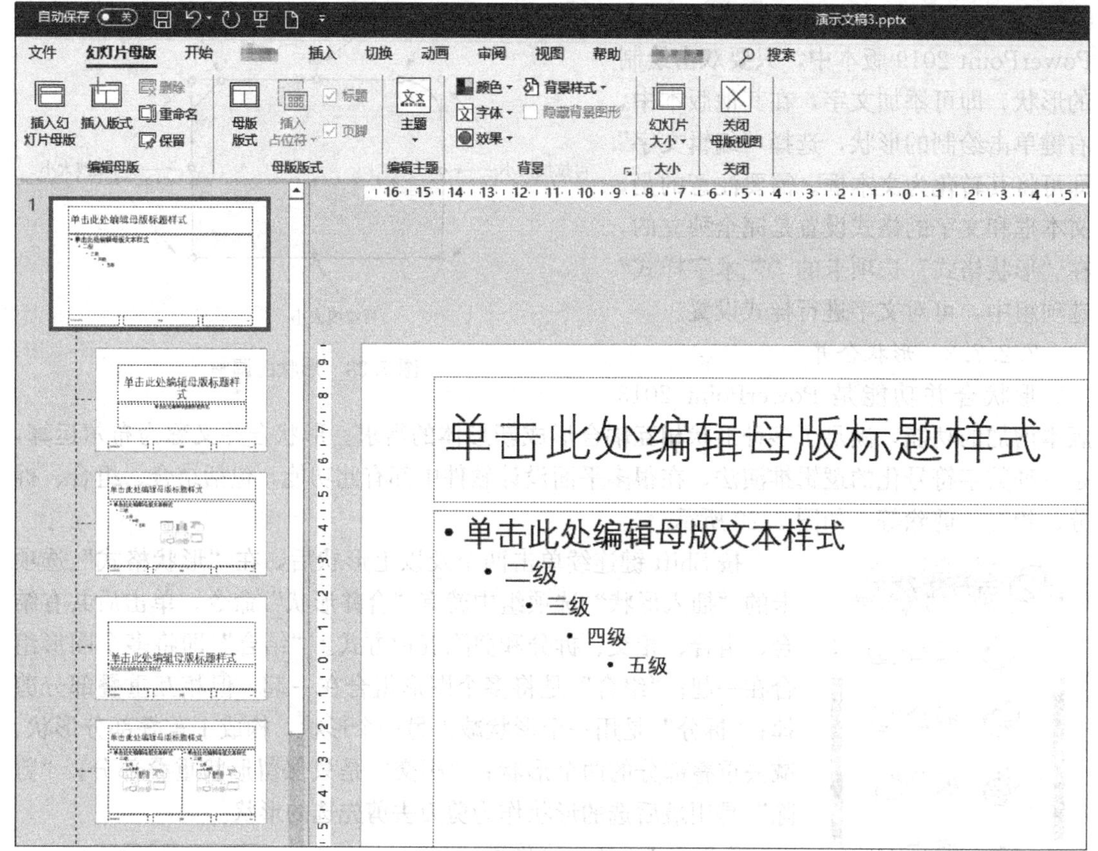

图 7.30 母版与版式

表示。

母版制作完成后，单击“幻灯片母版”选项卡中的“关闭母版视图”即可回到幻灯片正常制作界面。

一个演示文稿可以制作多个“幻灯片母版”，可根据实际需求在演示文稿中切换不同母版的版式。

演示文稿还可以设置“讲义母版”和“备注母版”。“讲义母版”的目的是将演示文稿作为讲义，主要是在打印输出时使用，它允许一页讲义中设置几张幻灯片，可设置页眉、页脚、页码等信息。“备注母版”的目的是将幻灯片每页的“备注”内容与幻灯片打印输出到页面上，同样可设置页眉、页脚、页码等信息。

7.4 幻灯片的制作

PowerPoint 界面上方为选项卡，左侧为幻灯片缩略图，右边为幻灯片编辑区域，右下方为备注，可以添加幻灯片讲义文稿，如图 7.31 所示。

单击“开始”选项卡中“幻灯片”选项组的“新建幻灯片”命令，即可新建一张幻灯片，或是单击“新建幻灯片”下方的小箭头，可以选择已在“母版与版式”中设计好的“版式”来新建幻灯片。或是选择左侧缩略图后直接按 Enter 键，即可在该幻灯片下方新

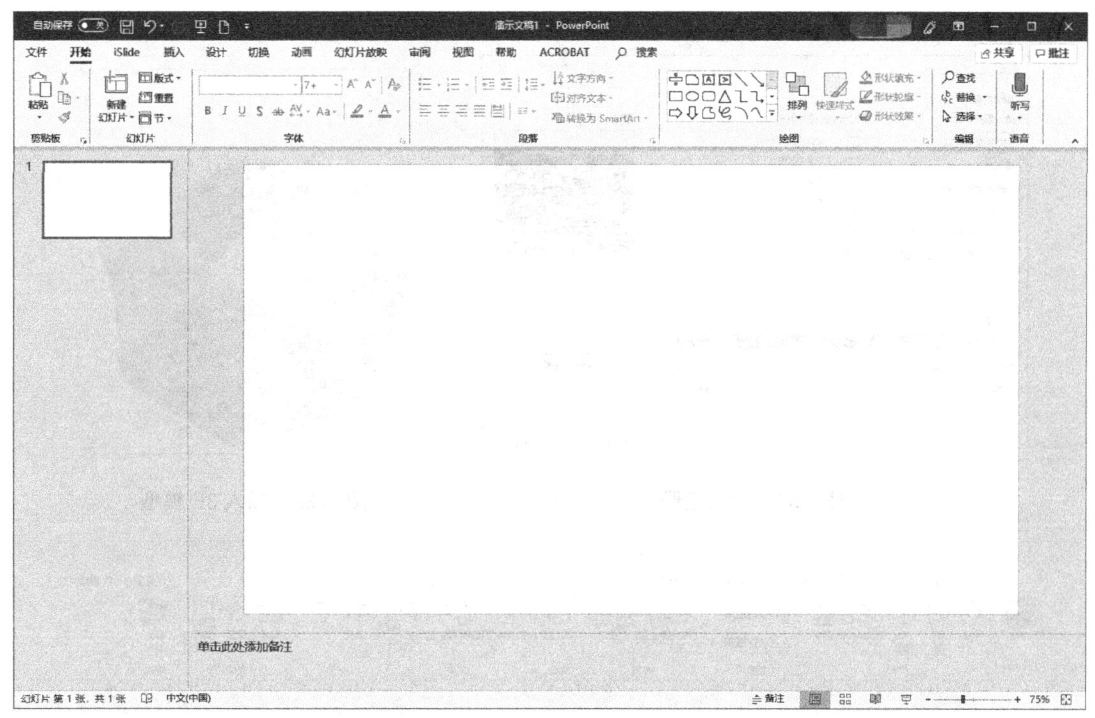

图 7.31　幻灯片窗口

增一张幻灯片，只需要右键单击该新建幻灯片的缩略图，即可选择“版式”命令进行版式切换。

在窗口右侧即为幻灯片编辑区，可以在页面上插入文本框、形状、图片、图表、屏幕截图等各类元素。常见元素已在前文中介绍过，本章不再阐述，以下就其他元素进行简要介绍。

1. 插入大量图片

如果需要插入大量的图片到演示文稿中，可单击“插入”选项卡，选择“图像”选项组的“相册”命令，单击“插入图片来自文件/磁盘”按钮，选择所有要插入的图片，可选择图片版式下拉菜单，也可单击“浏览”按钮选择“主题”，创建后即可将所有照片导入到演示文稿中，如图 7.32 所示。

2. 插入 3D 模型

PowerPoint 2016 版本增加了插入 3D 模型，可单击“插入”选项卡，选择“插图”选项组的“3D 模型”命令，可支持各类 3D 软件制作的 3D 模型。举例来说，可以使用 AutoCAD 或是 3DsMax 制作好模型后导出 stl 格式的文件，然后直接插入到演示文稿中即可，可以直接在演示文稿中对模型进行旋转设置，如图 7.33 所示。

3. 缩放定位

缩放定位功能是 PowerPoint 2016 版本增加的功能，可以实现在幻灯片页面上摆放多张幻灯片缩略图，在播放幻灯片的时候，就会有酷炫的幻灯片导航和切换效果，如图 7.34 所示。

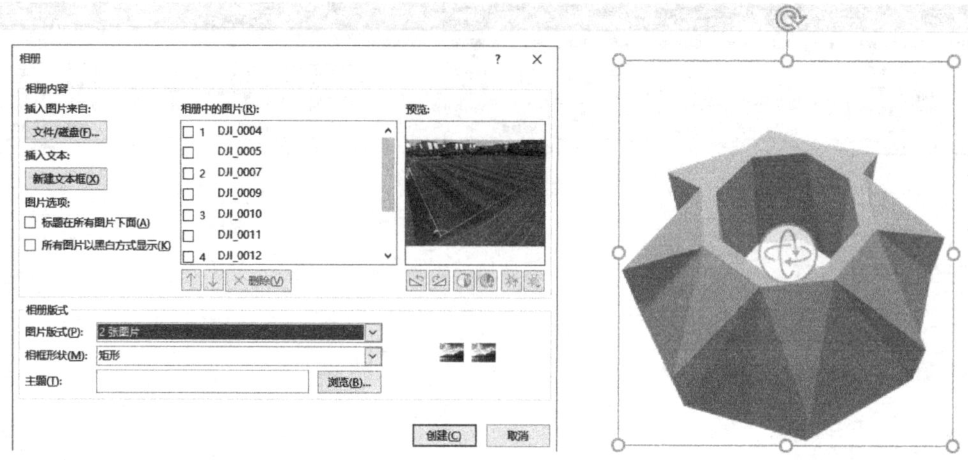

图 7.32　插入相册　　　　图 7.33　插入 3D 模型

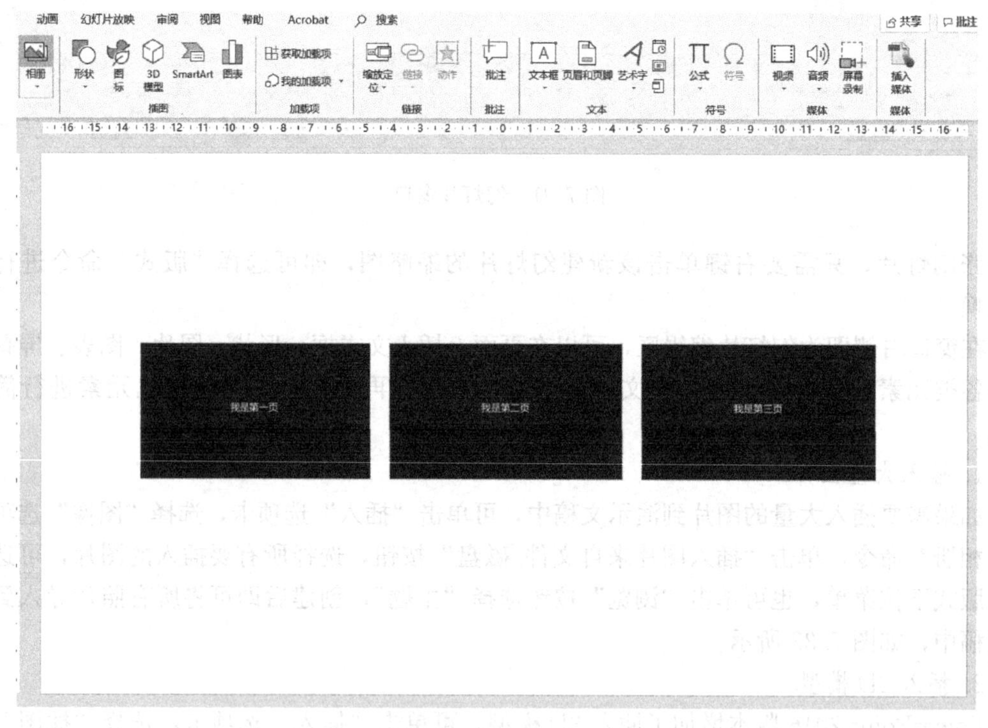

图 7.34　缩放定位

4. 音/视频

自 PowerPoint 2010 开始，音/视频可以直接嵌入到演示文稿中，只要其他软件环境是 2010 以上版本，即可正常播放，无需把音/视频文件和演示文稿文件一并打包，当然，这样插入后，PowerPoint 的文档会变得比较大。若不嵌入而只是外连音/视频，单击“插入”选项卡“媒体”选项组中“视频”或“音频”命令后，选择文件，然后单击选择框下方的“插入”按钮旁的小箭头，选择“链接到文件”即可，如图 7.35 所示。

插入的音频或视频文件均可在PowerPoint中进行剪裁，只需要单击文件后，选择“播放”选项卡，单击“编辑”选项组中的“剪裁”命令进行操作即可，如图 7.36 所示。

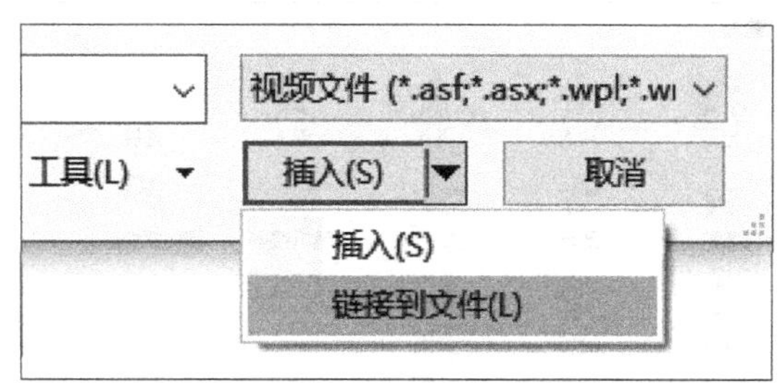

图 7.35　链接到文件

插入后的音频文件会在幻灯片上显示一个灰色的喇叭图标，如果不希望该图标在幻灯片放映时显示出来，只需要将该图标移动到幻灯片页面以外的区域，这样是不会影响到音频文件播放效果的，也可以在“播放”选项卡的“音频选项”选项组中选择“放映时隐藏”命令，若多张幻灯片均要播放该音频文件，选择“跨幻灯片播放”命令，若要循环播放，选择“循环播放，直到停止”命令。视频文件操作类似，此处不再赘述。

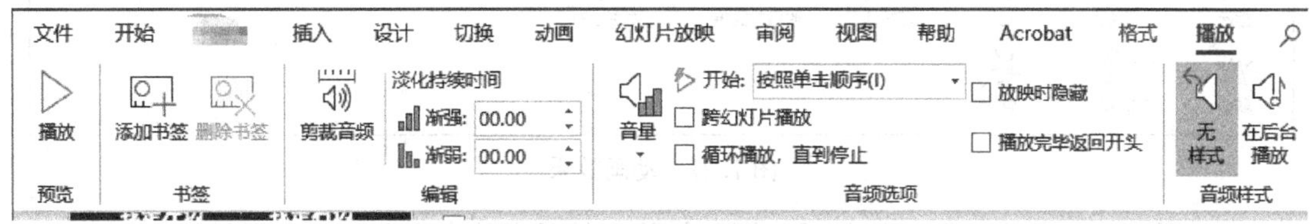

图 7.36　音频播放设置

为了保证文档的兼容性，视频文件建议使用 WMV 格式，音频文件建议使用 MP3 格式。

5. 屏幕录制

PowerPoint 2016 版本新增“屏幕录制”功能，单击“插入”选项卡的“媒体”选项组中“屏幕录制”命令，选择“录制区域”即可开始录制屏幕的所有操作，按 Win+Shift+Q 组合键即可结束录制，形成一个视频文档自动插入到幻灯片中。

7.5　动画的制作

动画能丰富演示效果，是非常重要的演示手段。PowerPoint 提供了完整的动画制作解决方案，可以说，只需要使用 PowerPoint，就可以打造一部完美的动画片。PowerPoint 将动画的制作划分成了几块，以下详细说明。

7.5.1　动画效果

PowerPoint 对动画效果分为进入、强调、退出、动作路径四类，如图 7.37 所示。

(1) 进入。即幻灯片中的元素从没有到有的动画效果，常见的效果有淡入、飞入、浮入、劈裂、擦除、形状等，大部分效果都有独立的效果选项，比如可以设置元素飞入的方向，在“动画”选项卡中即可设置。

(2) 强调。即幻灯片中的元素有各种形状或色彩等方式的变化动画效果，常见的效果有跷跷板、放大缩小、陀螺旋、补色等，大部分效果都有独立的效果选项，比如可以设置元素放大缩小的方式，在“动画”选项卡中即可设置。

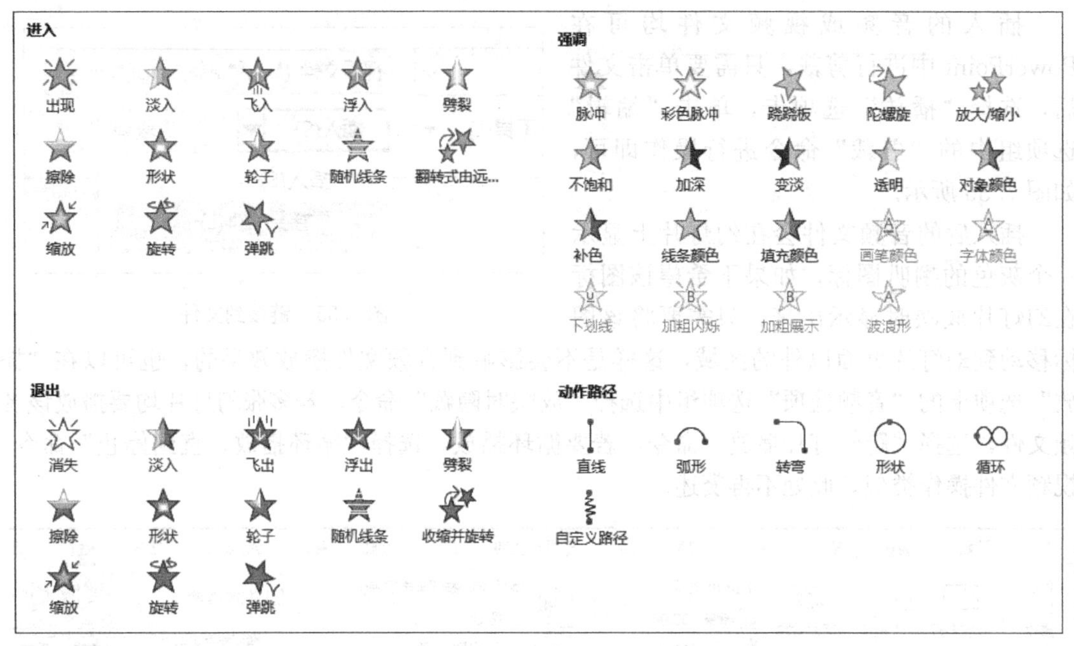

图 7.37　动画效果

(3) 退出。和“进入”正好相反，即幻灯片中的元素从有到消失的动画效果。

(4) 动作路径。即元素在幻灯片页面上移动的动画效果，常见的效果有直线、弧形、转弯、形状、循环、自定义路径等。所有效果均有独立的效果选项，比如可以设置元素移动的方向等，在“动画”选项卡中即可设置。

7.5.2　动画控制

PowerPoint 提供了完善的动画控制方式。设置动画时，应打开“动画”选项卡中“高级动画”选项组的“动画窗格”命令。

“动画窗格”如同我们歌曲播放软件的播放列表一样，只要设置了动画的元素均会在动画窗格中排列，动画将由上至下的顺序播放。所有元素动画效果的播放控制有单击时、与上一动画同时、上一动画之后三种方式，如图 7.38 所示。

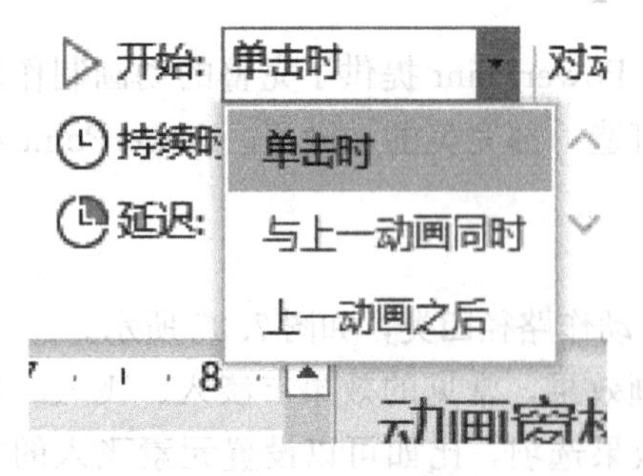

图 7.38　动画播放控制

单击时，即当鼠标单击或键盘敲击后动画效果开始播放。

与上一动画同时，即上一元素动画效果在播放时，本元素的动画效果同时播放。

上一动画之后，即上一元素动画效果播放后，本元素的动画效果才开始播放。

这三种控制方式均可设置持续时间，还可以设置延迟时间，比如在“与上一动画同时”中，可以设置上一元素动画效果播放 2s 后，本元素的动画效果才开始播放。

以上设置均在“动画”选项卡的“高级动画”选项组和“计时”选项组中设置。

动画的播放还可以通过触发器进行控制，实现交互应用场景，即当单击某个指定对象后，动画才开始播放。首先单击某动画项目，在“高级动画”选项组中，选择“触发”命令，单击“通过单击”命令，选择动画播放时需要单击的指定对象即可，如图 7.39 所示。

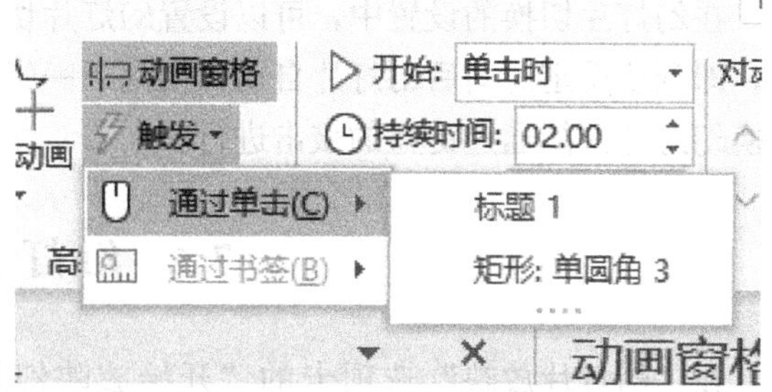

图 7.39　动画触发器

在“动画窗格”中，各元素动画效果顺序只需要鼠标拖拽即可调整顺序，选中每个元素的动画效果后单击鼠标右键，选择“效果选项”或“计时”命令，均有详细的效果设置或是设置动画重复、速度等，如图 7.40 所示。

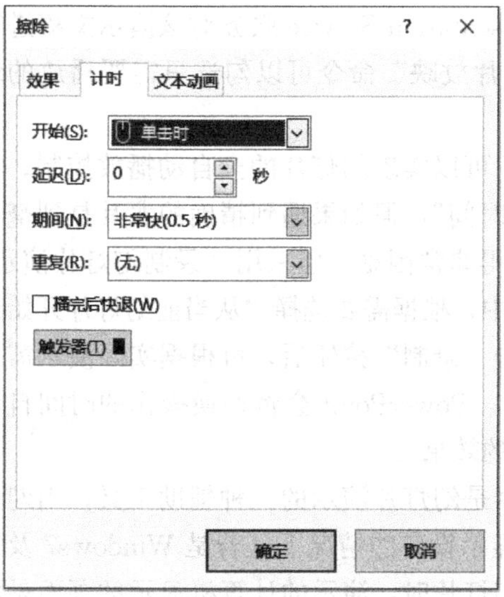

图 7.40　动画效果计时设置

在“高级动画”选项组中，“动画刷”命令的功能和“格式刷”类似，只需要单击已经设置好动画的元素后，单击“动画刷”命令，再单击需要设置同样动画的元素，即可完成动画效果的复制。

7.5.3　幻灯片切换动画

PowerPoint 还可以设置幻灯片之间的切换动画，在“切换”选项卡中即可设置。需要指出的是，有部分华丽的切换效果只有 PowerPoint 2010 以上版本才支持，如图 7.41 所示。

PowerPoint 2016 以上版本增加了一个切换效果称为平滑，该效果在其他动画软件中称为补间动画，即可以实现同一元素在不同幻灯片之间因大小、色彩、旋转、位置等属性不同而产生自然变化的动画效果。

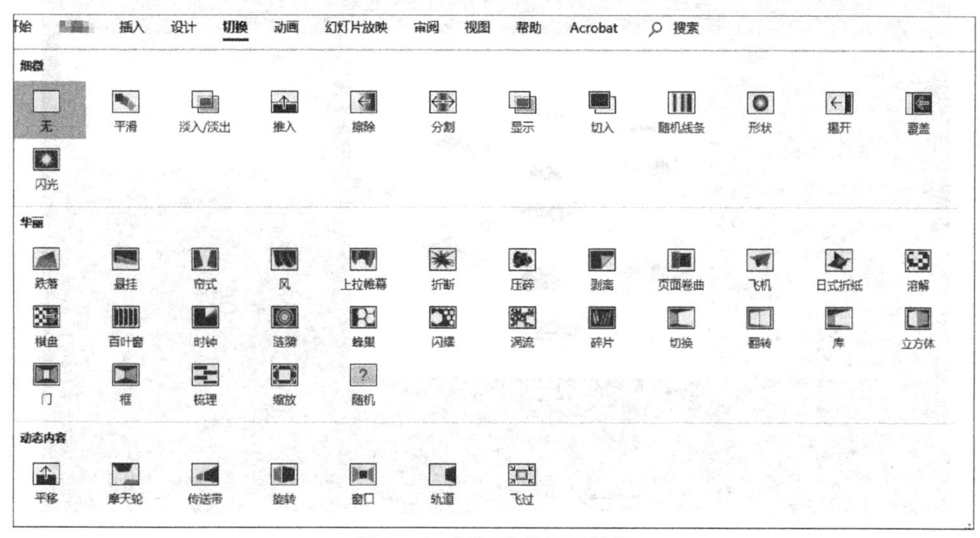

图 7.41　幻灯片的切换效果

在幻灯片切换的设置中，可以设置幻灯片切换的持续时间，可以设置幻灯片自动换片时间，即到达设定时间后幻灯片自动切换到下一张，可以取消勾选“单击鼠标时”命令，这样切换幻灯片只能通过键盘的敲击进行。

7.6 幻灯片放映

在“幻灯片放映”选项卡的“开始放映幻灯片”选项组中，可以进行幻灯片放映的设置。

“从头开始”命令，即从此演示文稿的第一张幻灯片开始放映，快捷键是 F5 键。“从当前幻灯片开始”命令，即从此演示文稿当前选择的幻灯片开始放映，快捷键是 Shift＋F5 键。“联机演示”命令是通过微软提供的 Office Presentation Service 服务对该演示文稿进行发布演示，该功能在国内很少使用。“自定义幻灯片放映”命令可以勾选只需要播放的幻灯片。

“设置”选项组中的“录制幻灯片演示”命令，可以实现幻灯片的全自动播放控制。在前文提到幻灯片切换的设置中可以设置“自动换片时间”，但如果遇到精确的尤其是到毫秒级的切换时间时，人工设置“自动换片时间”就显得非常困难，但采用“录制幻灯片演示”功能就可以轻松实现。在“录制幻灯片演示”命令中，根据需要选择“从当前幻灯片开始录制”或“从头开始录制”，即可进入录制页面，单击“录制”按钮后，可根据实际演示需要人工进行一次幻灯片的单击切换操作，录制完成后，PowerPoint 会将切换操作的时间自动记录到“自动换片时间”中，实现全自动播放控制的效果。

“监视器”选项组中的“使用演示者视图”命令是幻灯片演示的一种辅助工具，当勾选“使用演示者视图”命令后，在计算机连接第二台显示设备的情况下（若是 Windows7 及以下版本，需要将显示器设置为扩展模式），当放映幻灯片时，演示的计算机显示的画面是演示者视图，如图 7.42 所示，而第二台显示设备显示的是全屏的演示文稿。

图 7.42 演示者视图模式

通过演示者视窗，演示者可以看到幻灯片索引，可以看到每张幻灯片的备注信息，可以在幻灯片上用屏幕笔书写内容等各种互动操作。

另外，在“设置幻灯片放映”命令中，可以设置“放映时不加动画”“循环放映，按Esc键终止”等项目，均可对幻灯片的播放进行各种配置，如图 7.43 所示。

图 7.43　幻灯片放映设置

在 PowerPoint 2016 以上版本中，增加了字幕新功能。在“辅助字幕与字幕”选项组中，勾选“始终使用字幕”命令，该功能启用并联网后，在放映幻灯片时，会根据计算机麦克风采集的演示者语音自动转化为文字显示在幻灯片下方。另外，“字幕设置”命令还可以选择字幕显示的位置、所说的语言、字幕语言、麦克风设置等。

7.7　保存与打印

PowerPoint 可以将文件保存为多种格式，默认格式扩展名为 *.pptx，若要低版本打开，可将文档保存为 *.ppt；亦可将文档保存为 *.ppsx 格式，可实现演示文稿一打开即全屏，而无需进行幻灯片放映的操作；还可以将文档保存为 PDF，作为电子文档进行发布。以下操作均在“文件”选项卡中：

在“信息”设置中，可以对文档进行优化媒体的兼容性；可对演示文稿中的媒体进行压缩；可保护演示文稿，实现文档只读甚至加密；还可以对文档的兼容性进行检查，实现低版本的 PowerPoint 也能正常打开。

在“导出”操作中，可创建 PDF/XPS 文档，或是将演示文稿转化为视频，或是将演示文稿打包成 CD，抑或是创建讲义，将备注和幻灯片融合在一起，形成一个 Word 文档。

在“打印”设置中，可以打印幻灯片的版式：打印整张幻灯片、备注页、大纲，也可以是多张幻灯片组合的讲义。另外，还可以设置打印的颜色模式是颜色、灰度或纯黑白。

参 考 文 献

[1] 史巧硕，柴欣．大学计算机基础（Windows 7＋Office 2010）［M］．2 版．北京：人民邮电出版社，2017.

[2] 侯冬梅，张海丰，张宁林．计算机应用基础［M］．3 版．北京：中国铁道出版社，2018.

[3] 吴雪飞，王铮钧，赵艳红，等．大学计算机基础［M］．2 版．北京：中国铁道出版社，2017.

[4] 何冰，陈建莉，燕飞，等．大学计算机基础［M］．成都：西南交通大学出版社，2016.

[5] 吴兰华，任伟，等．计算机应用基础［M］．北京：中国水利水电出版社，2016.

[6] 邵云蛟．PPT 设计思维［M］．北京：电子工业出版社，2016.

[7] 阿里研究院．互联网＋从 IT 到 DT［M］．北京：机械工业出版社，2016.

[8] 冯注龙．PPT 之光：三个维度打造完美 PPT［M］．北京：电子工业出版社，2019.

[9] 谢希仁．计算机网络［M］．7 版．北京：电子工业出版社，2017.

[10] 朱银端．网络道德教育［M］．北京：社会科学文献出版社，2017.

[11] 龙马高新教育．新手学电脑从入门到精通：Windows 10＋Office 2019 版［M］．北京：北京大学出版社，2019.